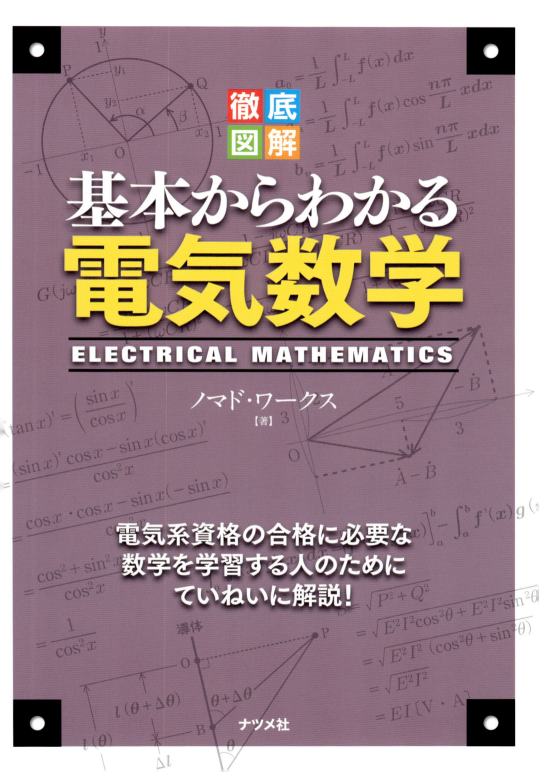

1 三角関数

まずは三角比を覚えよう

三角比は直角三角形の2辺の比だ。

サイン（正弦）	$\sin\theta = \dfrac{高さ}{斜辺}$
コサイン（余弦）	$\cos\theta = \dfrac{底辺}{斜辺}$
タンジェント（正接）	$\tan\theta = \dfrac{高さ}{底辺}$

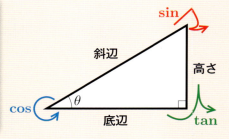

これら三角比の値は、上の直角三角形の角度 θ に応じて変化します。そこで、これらを θ の値によって決まる関数とみなして、$\sin\theta$、$\cos\theta$、$\tan\theta$ で表したのが三角関数です。

三角定規でおなじみの2種類の直角三角形の3辺の比は必ず覚えよう。

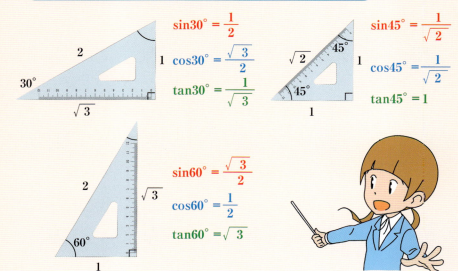

$\sin 30° = \dfrac{1}{2}$
$\cos 30° = \dfrac{\sqrt{3}}{2}$
$\tan 30° = \dfrac{1}{\sqrt{3}}$

$\sin 45° = \dfrac{1}{\sqrt{2}}$
$\cos 45° = \dfrac{1}{\sqrt{2}}$
$\tan 45° = 1$

$\sin 60° = \dfrac{\sqrt{3}}{2}$
$\cos 60° = \dfrac{1}{2}$
$\tan 60° = \sqrt{3}$

三角関数のグラフ

sinθ と cosθ は、周期的な波形のグラフになる。

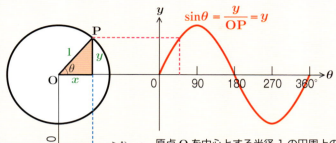

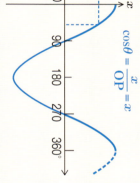

原点 O を中心とする半径 1 の円周上の点を P とし、OP を斜辺とする直角三角形の三角比を考えます。円周上を反時計回りに 1 周すると、0°〜360°の三角関数ができます。さらに円周上を動くことで、360°以上の角度の三角関数や、マイナスの角度の三角関数を考えることもできます。

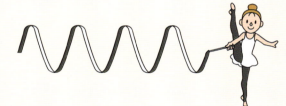

加法定理

加法定理は三角関数の計算の基本の定理だ。

倍角・半角の公式や積を和にする公式など、三角関数に関する公式の多くは、加法定理から導くことができます。まずは加法定理を覚えましょう。

$$\sin(\alpha + \beta) = \sin\alpha\cos\beta + \cos\alpha\sin\beta$$
$$\sin(\alpha - \beta) = \sin\alpha\cos\beta - \cos\alpha\sin\beta$$
$$\cos(\alpha + \beta) = \cos\alpha\cos\beta - \sin\alpha\sin\beta$$
$$\cos(\alpha - \beta) = \cos\alpha\cos\beta + \sin\alpha\sin\beta$$

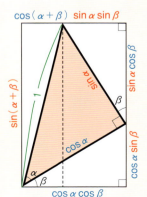

2 ベクトルと複素数

ベクトルとは

ベクトルとは、大きさと向きをもった量のこと。

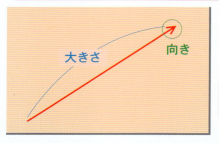
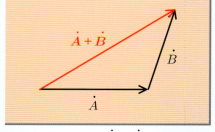

ベクトルを矢印で表すと、矢印の方向がベクトルの向き、矢印の長さがベクトルの大きさになります。

ベクトルの足し算：$\dot{A}$ と $\dot{B}$ を連結し、その始点と終点を結んだ赤い矢印が、$\dot{A}$ と $\dot{B}$ の和 ($\dot{A}+\dot{B}$) を表します。

複素数とは

複素数は実数と虚数を組み合わせた数。

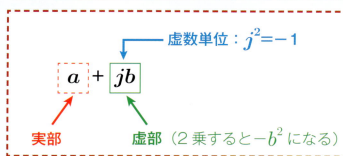

「2乗すると負になる数」を虚数といいます。2乗すると -1 になる数を記号 j で表せば、2乗すると $-(b^2)$ になる虚数は「jb」と書けます（b は実数）。実部 a と虚部 jb を組み合わせた数 $a+jb$ を複素数といいます。

✏️ ベクトルを複素数で表す

> ベクトルを複素平面上に描く。

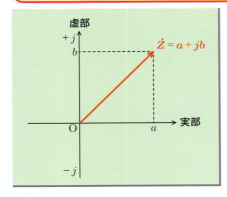

複素数 $a + jb$ の実部 a を横軸、虚部 b を縦軸にプロットすると、任意の複素数は平面上の座標 (a, b) で表すことができます。原点 O を始点、点 (a, b) を終点とする $\dot{Z}$ を、$\dot{Z} = a + jb$ で表します。

✏️ ベクトルの演算

> ベクトルの演算は複素数の演算でできる。

ベクトルを複素数で表すことで、ベクトル同士の和や差、ベクトルの回転などが、複素数の演算でできるようになります。

〈ベクトルの和〉

$$\dot{A} + \dot{B} = (a + jb) + (c + jd)$$
$$= (a + c) + j(b + d)$$

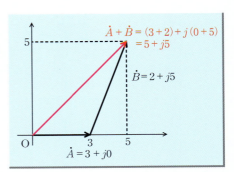

〈$\dot{A}$ を反時計回りに θ 回転〉

$$\dot{A} \times (\cos\theta + j\sin\theta)$$

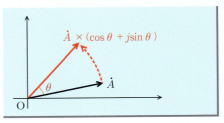

3 微分・積分

微分は瞬間変化率

微分は曲線の瞬間の変化率を表す。

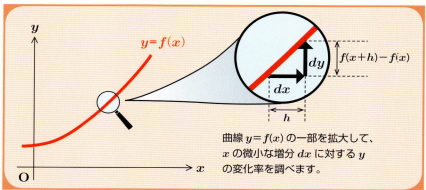

この変化率は、次の式で計算できます。

$$\frac{dy}{dx} = \lim_{h \to 0} \frac{f(x+h) - f(x)}{h}$$

瞬間の変化率は、曲線 $y = f(x)$ の位置によって変化します。曲線全体にわたる変化率の変化を、関数で表したものを導関数といいます。

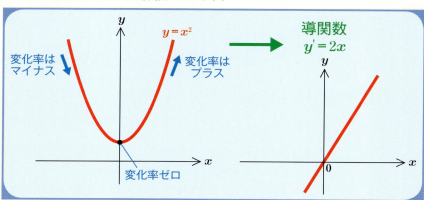

積分と面積

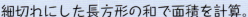

細切れにした長方形の和で面積を計算。

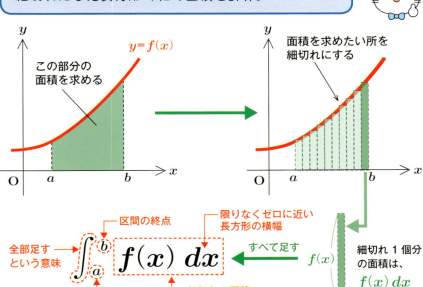

複雑な形をした土地の面積を求めるには、その土地を小さな区画に切り分け、切り分けた区画の面積をすべて合計します。1個の区画を小さくするほど、正確な面積を求めることができます。これが積分の基本的な考え方です。

微分と積分は逆の作業。

$$F(x) = \int f(x)\,dx \quad \xrightarrow{\text{微分（部分に切り分ける）}} \quad F'(x) = f(x)$$

積分（切り分けたものを積み上げる）

vii

4 フーリエ変換

あらゆる波形は、サインとコサインの合成でできている。

周波数の異なるサインとコサインを合成すれば、どんな波形の関数でもつくることができます。このようなサインとコサインの合成をフーリエ級数といいます。

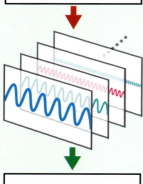

フーリエ級数

$$f(x) = \frac{a_0}{2} + \sum_{n=1}^{\infty}\left(a_n\cos\frac{n\pi}{L}x + b_n\sin\frac{n\pi}{L}x\right)$$

$$a_0 = \frac{1}{L}\int_{-L}^{L} f(x)\,dx$$

$$a_n = \frac{1}{L}\int_{-L}^{L} f(x)\cos\frac{n\pi}{L}x\,dx$$

$$b_n = \frac{1}{L}\int_{-L}^{L} f(x)\sin\frac{n\pi}{L}x\,dx$$

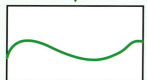

フーリエ変換は、元の波形を周波数の異なるサインやコサインに分解し、各周波数の大きさを関数として表したものです。

フーリエ変換はいろいろな技術に活用されている。

マイクが拾った音声をフーリエ変換し、雑音の周波数を取り除いてからフーリエ逆変換すれば、周囲の雑音がないクリアな音声になります。

画像データの圧縮では、画像のパターンを関数とみなしてフーリエ変換し、出現頻度の高い周波数を取り出して圧縮する技術（離散コサイン変換）が使われています。

はじめに

　電気関係の資格をとるための学習で、多くの人がつきあたるのが数学です。

　社会人の受験者は、学校を卒業以来数学から離れていたり、もともと文系で数学に触れる機会が少なく、「数学が苦手」「計算に自信がない」という方が少なくありません。ところが、いざ数学を復習しようとしても、中学数学では物足りなかったり、電磁気学関連のものは内容が難しすぎたりと、なかなかピッタリした参考書がありません。

　本書は、電気関係の資格試験や初歩的な電磁気学で必要となる数学の知識を、わかりやすく学習できるようにまとめたものです。

　電気工事士や電験三種の試験には、本書の第4章までを学習すればよいでしょう。電験二種を目指す方は、微分・積分の知識が必須なので、第7章までしっかり学習していただきたいと思います。また、第8章ではフーリエ変換についてもごく簡単にまとめています。フーリエ変換は電験二種でもほとんど出題されませんが、この機会に知識として概要を理解しておいてください。

　そもそも電気の理論を理解するためには、数学の知識は欠かせません。たとえば「交流の実効値はなぜ最大値の$\sqrt{2}$分の1になるのか」「ビオ・サバールの法則から電界の強さをどう求めるのか」。こうした事柄は数学的に説明できるのですが、一般的な資格試験の参考書は公式の説明があるだけで、なかなかそこまでは解説されません。学習した数学知識の応用として、本書ではこうした事柄についても紙面を割いています。

　結果として、分数の計算からフーリエ変換まで、1冊でかなりの距離を駆け抜ける内容となりました。本書によって、数学や電磁気学への理解がより深まることを願っています。

目次

はじめに・・・ 1

Chapter 01 数と計算

Section 01　分数の計算・・・・・・・・・・・・・・・・・・・・・・・・・・・・・・・・・・ 8
数には種類がある／分数の計算を復習しよう／小数を分数に変換／分数の分数／合成抵抗の計算

Section 02　指数の計算・・・・・・・・・・・・・・・・・・・・・・・・・・・・・・・・・・ 15
指数法則／負の指数／単位につける接頭辞

Section 03　平方根と無理数・・・・・・・・・・・・・・・・・・・・・・・・・・・・ 21
平方根とは／平方根の計算／√記号の中はできるだけ外に出す／分母を有理化する／√と指数

Section 04　対数・・ 26
対数とは／対数の公式／ネイピア数と自然対数／ネイピア数の定義

章末問題 … 32　　　解答 … 33

Chapter 02 式の計算と方程式

Section 01　文字式・・・・・・・・・・・・・・・・・・・・・・・・・・・・・・・・・・・・・・・ 36
文字式の書き方／単項式と多項式／式の展開／因数分解

Section 02　一次方程式・・・・・・・・・・・・・・・・・・・・・・・・・・・・・・・・・ 43
方程式とは／一次方程式の解き方／式の変形

Section 03　連立一次方程式・・・・・・・・・・・・・・・・・・・・・・・・・・・ 48
加減法／代入法／キルヒホッフの法則

Section 04　二次方程式・・・・・・・・・・・・・・・・・・・・・・・・・・・・・・・・・ 56
平方根で解く／因数分解で解く／解の公式で解く／二次方程式の応用

章末問題 … 62   解答 … 63

Chapter 03 三角関数

Section 01 三平方の定理 ･･････････････････ 68
三平方の定理とは／三平方の定理の証明

Section 02 三角比 ･････････････････････ 70
三角比とは／覚えておきたい三角比／三角比の公式

Section 03 三角関数 ･･････････････････ 75
単位円を使った三角比／三角関数の角度 θ を指定する／三角関数の
値の範囲

Section 04 余弦定理と加法定理 ･･････････ 83
三角関数の余弦定理／三角関数の加法定理

Section 05 加法定理から導かれる公式 ･･････ 90
２倍角の公式／半角の公式／積を和にする公式／和を積にする公式／
三角関数の合成

Section 06 弧度法（ラジアン） ･･････････ 98
ラジアンとは／三角関数とラジアン

Section 07 三角関数のグラフと交流 ･･････ 102
三角関数のグラフ／交流を正弦波で表す／交流の実効値

章末問題 … 112   解答 … 113

Chapter 04 ベクトルと複素数

Section 01 ベクトルの計算 ･･････････････ 116
ベクトルとは／ベクトルの足し算と引き算／磁界の大きさ

Section 02 成分表示と極座標表示 ･･････････ 121
ベクトルを成分表示で表す／ベクトルを極座標表示で表す

3

Section **03** **複素数とベクトル** ・・・・・・・・・・・・・・・・・・・・・・・・・125

複素数とは／複素数の計算／複素平面とベクトル／複素数表示と極座標表示／ベクトルを指数関数表示で表す

Section **04** **複素数によるベクトル演算** ・・・・・・・・・・・・・・135

ベクトルの足し算・引き算／ベクトルの掛け算・割り算

Section **05** **ベクトルと交流** ・・・・・・・・・・・・・・・・・・・・・・・・・・139

交流をベクトルで表す／電流の合成／交流回路のインピーダンス

Section **06** **交流電力とベクトル** ・・・・・・・・・・・・・・・・・・・・・147

交流の電力／交流電力の力率／共役複素数とは／電力ベクトルの計算

Section **07** **三相交流とベクトル** ・・・・・・・・・・・・・・・・・・・・・155

三相交流とベクトルオペレータ／Y結線と△結線／三相交流の電力

章末問題 ・・・ 166　　　解答 ・・・ 168

Chapter 05 微分と電気

Section **01** **微分とはなにか** ・・・・・・・・・・・・・・・・・・・・・・・・・・174

微分係数を求める／導関数を求める／導関数の書き方

Section **02** **微分の基本公式** ・・・・・・・・・・・・・・・・・・・・・・・・・179

微分の計算を簡単にする

Section **03** **いろいろな微分の計算** ・・・・・・・・・・・・・・・・・182

積の微分公式／逆数の微分公式／商の微分公式／合成関数の微分／逆関数の微分

Section **04** **三角関数の微分** ・・・・・・・・・・・・・・・・・・・・・・・・・190

三角関数の微分公式

Section **05** **指数関数の微分** ・・・・・・・・・・・・・・・・・・・・・・・・・194

指数関数のグラフ／指数関数の微分公式

Section **06** **対数関数の微分** ・・・・・・・・・・・・・・・・・・・・・・・・・197

対数関数とは／対数関数の微分公式

Section 07 **微分法と最大・最小問題**・・・・・・・・・・・・・・・・200

微分法で最大・最小値を求める／最大電力の問題を微分法で求める／
最小定理を使う方法

Section 08 **オイラーの公式の証明**・・・・・・・・・・・・・・・・・205

関数のべき級数展開／$\sin x$ と $\cos x$ をべき級数で表す／オイラーの公式
を導く

章末問題 ・・・ 201　　**解答** ・・・ 211

Chapter
06 積分と電気

Section 01 **積分とはなにか**・・・・・・・・・・・・・・・・・・・・・・216

積分はグラフの面積を表す／積分は微分の逆演算

Section 02 **積分の基本公式**・・・・・・・・・・・・・・・・・・・・・221

不定積分の計算

Section 03 **いろいろな関数の積分**・・・・・・・・・・・・・・・・224

分数関数の積分／指数関数の積分／三角関数の積分／置換積分の方
法／部分積分の方法

Section 04 **定積分**・・・・・・・・・・・・・・・・・・・・・・・・・・・・231

定積分とは／定積分の基本公式／定積分の置換積分／定積分の部分積
分／交流電流の実効値を定積分で求める

Section 05 **電位と電位差**・・・・・・・・・・・・・・・・・・・・・・・237

積分で電位を求める／ガウスの法則

Section 06 **ビオ・サバールの法則と積分**・・・・・・・・・・・241

ビオ・サバールの法則／円形コイルの磁界／直線導体の磁界

Section 07 **アンペアの周回積分の法則**・・・・・・・・・・・・247

アンペアの周回積分の法則／ソレノイド内の磁界の強さを計算／導体
内の磁界の強さを計算

章末問題 ・・・ 251　　**解答** ・・・ 252

5

Chapter

07 微分方程式とラプラス変換

Section **01** 微分方程式とは ･････････････････････････256

RL 直流回路の過渡現象／過渡現象と微分方程式／微分方程式を解く／微分方程式の初期条件／時定数とは

Section **02** いろいろな過渡現象 ･･････････････････264

RC 直流回路の過渡現象／ RLC 直流回路の過渡現象

Section **03** ラプラス変換 ･･･････････････････････270

ラプラス変換とは／ラプラス変換の公式／ラプラス変換表

Section **04** ラプラス変換と微分方程式 ･･･････････275

微分方程式をラプラス変換で解く

Section **05** 自動制御とラプラス変換 ････････････281

伝達関数とは／周波数伝達関数／ゲインとデシベル

章末問題 ･･･ 289　　解答 ･･･ 290

Chapter

08 フーリエ変換

Section **01** フーリエ級数 ･･･････････････････････294

フーリエ級数とは／方形波のフーリエ級数を求める／ノコギリ波のフーリエ級数を求める

Section **02** 複素フーリエ級数 ･･････････････････304

フーリエ級数を複素数で表す

Section **03** フーリエ変換 ･･･････････････････････309

フーリエ変換とは／フーリエ変換はなぜ必要か／いろいろな関数をフーリエ変換する

章末問題 ･･･ 314　　解答 ･･･ 315

索引 ････････････････････････････････････317

Chapter

01

数と計算

01	分数の計算・・・・・・・・・・・・・・・・・・・・・・・・	8
02	指数の計算・・・・・・・・・・・・・・・・・・・・・・・・	15
03	平方根と無理数・・・・・・・・・・・・・・・・・・・	21
04	対数・・・・・・・・・・・・・・・・・・・・・・・・・・・・・	26
章末問題・・・・・・・・・・・・・・・・・・・・・・・・・・・・		32

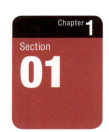

【数と計算】
分数の計算

分数は小学校で習いますが、大人になるとあまり筆算をしなくなるので、カンを取り戻すために軽く復習しておきましょう。電気計算では、繁分数もよくでてきます。

▶数には種類がある

次のように、数直線上の点で表すことができる数を**実数**といいます。

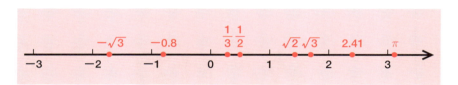

実数は**有理数**と**無理数**に分かれます。有理数とは分数で表すことができる数、無理数は分数で表すことができない数です。

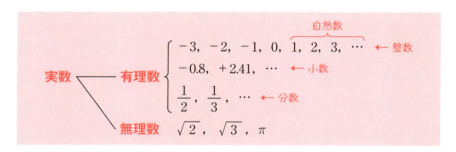

▶分数の計算を復習しよう

まずは、分数の計算のおさらいからはじめましょう。

例題 1 次の計算をしなさい。

❶ $\dfrac{2}{3} + \dfrac{1}{4}$　❷ $\dfrac{1}{3} - \dfrac{2}{5}$　❸ $\dfrac{3}{4} \times \dfrac{2}{3}$　❹ $\dfrac{1}{3} \div \dfrac{2}{5}$

例題の解説

1 分数の足し算

分数同士の足し算は、足し算する分数の分母が同じ数になるように調整します。これを**通分**といいます。

$$\frac{2}{3} + \frac{1}{4} = \frac{2 \times 4}{3 \times 4} + \frac{1 \times 3}{4 \times 3} = \frac{8}{12} + \frac{3}{12} = \frac{8+3}{12} = \frac{11}{12} \quad \cdots (\text{答})$$

(分母と分子に3を掛ける / 分子同士を足す / 分母と分子に4を掛ける / 分母が共通の数12になる)

通分する数は、2つの分母の数に共通する倍数（**公倍数**）になります。上の例で、$\frac{2}{3}$ の分母 3 と、$\frac{1}{4}$ の分母 4 の倍数は、それぞれ

3の倍数：3, 6, 9, **12**, 15, 18, 21, **24**, …
4の倍数：4, 8, **12**, 16, 20, **24**, …

で、公倍数には 12, 24, 36 などがあることがわかります。このうち、いちばん小さい公倍数 12 を**最小公倍数**といいます。一般に、最小公倍数で通分するのがいちばん計算が楽です。

整数AとBがあったら、A×Bはかならず AとBの公倍数になります（ただし、最小公倍数とは限らない）。

2 分数の引き算

足し算のときと同様に、通分してから分子を引き算します。

$$\frac{1}{3} - \frac{2}{5} = \frac{1 \times 5}{3 \times 5} - \frac{2 \times 3}{5 \times 3} = \frac{5}{15} - \frac{6}{15} = \frac{5-6}{15} = \frac{-1}{15} = -\frac{1}{15} \quad \cdots (\text{答})$$

上のように、分母が正の数で分子が負の数のときは、分数全体が負数になります。

3 分数の掛け算

分数同士の掛け算では、分母と分母、分子と分子をそれぞれ掛け算します。通分する必要はありません。

$$\frac{3}{4} \times \frac{2}{3} = \frac{\overset{1}{\cancel{3}} \times \overset{1}{\cancel{2}}}{\underset{2}{\cancel{4}} \times \underset{1}{\cancel{3}}} = \frac{1}{2} \quad \cdots (\text{答})$$

上のように、計算の途中で必要に応じて約分をすると、計算が楽になります。

4 分数の割り算

分数の割り算は、掛け算に直して計算します。「割る数」の分母と分子をひっくり返す（逆数にする）と、割り算を掛け算に変換できます。

掛け算にする

$$\frac{1}{3} \div \frac{2}{5} = \frac{1}{3} \times \frac{5}{2} = \frac{1 \times 5}{3 \times 2} = \frac{5}{6} \quad \cdots (答)$$

分母と分子をひっくり返す

用語 約分

分数の分母と分子を公約数で割って簡単にすること。

$$\frac{4}{6} \Rightarrow \frac{2}{3}$$

公約数2で割る

用語 逆数

ある数 A に掛けると1になる数を、A の逆数という。

例：$\frac{2}{5} \times \frac{5}{2} = 1 \Leftrightarrow \frac{2}{5}$ の逆数は $\frac{5}{2}$

▶小数を分数に変換

小数と分数が混在している計算では、原則として小数を分数に直します。小数で表せる数は、すべて分数で表せます。小数を分数に変換する練習をしておきましょう。

例題 2 次の小数を分数に直しなさい。

1 1.4 　**2** 0.125 　**3** 0.3333… 　**4** 0.123123123…

例題の解説

1 1.4 は、10 倍すると 14 になります。よって、

$$1.4 = 14 \div 10 = \frac{14}{10} = \frac{7}{5} \quad \cdots （答）$$

2 0.125 は、1000 倍すると 125 になります。よって、

$$0.125 = 125 \div 1000 = \frac{125}{1000} = \frac{1}{8} \quad \cdots （答）$$

Chap.
1
数と計算

3 0.3333…のように、同じ数が無限に続く小数を**循環小数**といいます。循環小数は一見すると無理数に似ていますが、次のように分数で表すことができる有理数です。$x = 0.3333…$とすると、$10x = 3.3333…$ です。$10x$からxを引くと、

$$10x = 3.3333…$$
$$-\ \ x = 0.3333…$$
$$9x = 3$$

$$\therefore x = \frac{3}{9} = \frac{1}{3} \quad …（答）$$

| 用語 | 循環小数 |

小数点以下に、特定のパターンが繰り返し現れる小数。

例：0.3333…
　　0.142857142857…

循環小数は、循環節に黒丸をつけて次のように表す場合もあります。

例：$0.\dot{3} = 0.3333…$
　　$0.14285\dot{7} = 0.142857142857…$

4 0.123123123…のように、複数桁のパターンが繰り返される循環小数もあります。繰り返しのパターン123を、**循環節**といいます。$x = 0.123123123…$とします。循環節1個分を小数点の前に出すと、

$$1000x = 123.123123123…$$

$1000x$からxを引くと、

$$1000x = 123.123123123…$$
$$-\ \ \ x = \ \ \ \ 0.123123123…$$
$$999x = 123$$

$$\therefore x = \frac{123}{999} = \frac{41}{333} \quad …（答）$$

電卓で41÷333を計算すると、0.123123…になることが確認できます。

▶分数の分数

分数の分母や分子に、さらに分数が含まれている場合を**繁分数**といいます。

例　$\dfrac{\frac{3}{5}}{\frac{2}{7}}$　←分子　←分母

繁分数をふつうの分数に直すには、割り算にする方法と分母を払う方法があります。どちらの方法でも結果は同じです。

①割り算にする方法

ひっくり返して掛け算にする

$$\dfrac{\dfrac{3}{5}}{\dfrac{2}{7}} = \dfrac{3}{5} \div \dfrac{2}{7} = \dfrac{3 \times 7}{5 \times 2} = \dfrac{21}{10}$$

②分母を払う方法

$$\dfrac{\dfrac{3}{5}}{\dfrac{2}{7}} = \dfrac{\dfrac{3}{5} \times 5 \times 7}{\dfrac{2}{7} \times 5 \times 7} = \dfrac{3 \times 7}{2 \times 5} = \dfrac{21}{10}$$

用語 **分母を払う**

　分数に、分母の倍数を掛けて整数にすること。

　慣れてきたら、次のような**階数移動の法則**を覚えておくと便利です。

---

3 階建ての繁分数

$$\dfrac{\dfrac{4}{3}}{2} = \dfrac{4 \times 2}{3}$$

分母の分母を
上にあげる

$$\dfrac{\dfrac{3}{4}}{5} = \dfrac{3}{5 \times 4}$$

分子の分母を
下におろす

4 階建ての繁分数

$$\dfrac{\dfrac{5}{4}}{\dfrac{3}{2}} = \dfrac{5}{4} \times \dfrac{2}{3}$$

ひっくり返す

例題 3 次の繁分数を、簡単な形の分数に直しなさい。

1 $\dfrac{\dfrac{3}{5}}{3}$　　**2** $\dfrac{5}{\dfrac{3}{4}}$　　**3** $\dfrac{\dfrac{5}{4}}{\dfrac{3}{2}}$　　**4** $\dfrac{1}{\dfrac{1}{3} + \dfrac{1}{4}}$

例題の解説

1 $\dfrac{\dfrac{3}{5}}{3} = \dfrac{3}{5} \div 3 = \dfrac{3}{5 \times 3} = \dfrac{1}{5}$ … （答）

2 $\dfrac{5}{\frac{3}{4}} = 5 \div \dfrac{3}{4} = \dfrac{5 \times 4}{3} = \dfrac{20}{3}$　…（答）

3 $\dfrac{\frac{5}{4}}{\frac{3}{2}} = \dfrac{5}{4} \div \dfrac{3}{2} = \dfrac{5 \times \overset{1}{\cancel{2}}}{\underset{2}{\cancel{4}} \times 3} = \dfrac{5}{6}$　…（答）

4 $\dfrac{1}{\frac{1}{3}+\frac{1}{4}} = 1 \div \left(\dfrac{1 \times 4}{3 \times 4} + \dfrac{1 \times 3}{4 \times 3}\right) = 1 \div \dfrac{4+3}{12} = \dfrac{12}{4+3} = \dfrac{12}{7}$　…（答）

▶合成抵抗の計算

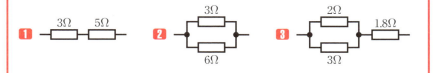

例題4　図のような回路の合成抵抗の値〔Ω〕を求めなさい。

1 3Ω　5Ω　　**2** 3Ω／6Ω　　**3** 2Ω／3Ω　1.8Ω

　分数計算の応用例として、合成抵抗の計算問題を解いてみましょう。複数の抵抗を接続した回路の合成抵抗は、次のように求めます。

抵抗が直列に接続されている場合

R_1　R_2　R_3　　　$R = R_1 + R_2 + R_3$〔Ω〕

抵抗が並列に接続されている場合

R_1／R_2／R_3　　　$R = \dfrac{1}{\dfrac{1}{R_1} + \dfrac{1}{R_2} + \dfrac{1}{R_3}}$〔Ω〕

なお、2つの抵抗 R_1, R_2 が並列に接続されている場合の合成抵抗 R は、次のように求められます。

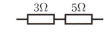

$$R = \frac{1}{\frac{1}{R_1} + \frac{1}{R_2}} = \frac{1}{\frac{R_2}{R_1 R_2} + \frac{R_1}{R_2 R_1}} = \frac{1}{\frac{R_1 + R_2}{R_1 R_2}} = 1 \div \frac{R_1 + R_2}{R_1 R_2}$$

$$= \frac{R_1 R_2}{R_1 + R_2} \,[\Omega]$$

この式は、分母が足し算（和）、分子が掛け算（積）になっているので、「和分の積」と覚えます。

例題の解説

1 直列回路の合成抵抗

複数の抵抗が直列に接続されている場合は、各抵抗値の和が全体の抵抗値になります。

$R = 3 + 5 = 8\,[\Omega]$ …（答）

2 並列回路の合成抵抗

2つの抵抗が並列に接続されている場合は、「和分の積」で合成抵抗を求めます。

$R = \dfrac{3 \times 6}{3 + 6} = \dfrac{18}{9} = 2\,[\Omega]$ …（答）

3 直並列回路の合成抵抗

右図のように直列と並列が混在する回路の場合は、まず並列部分（点線で囲まれた部分）の合成抵抗を求め、この部分の抵抗と 1.8Ω の抵抗とを直列に接続した合成抵抗を考えます。

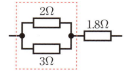

$R = \dfrac{2 \times 3}{2 + 3} + 1.8 = \dfrac{6}{5} + 1.8 = 1.2 + 1.8 = 3\,[\Omega]$ …（答）

小数に直したほうが計算が楽な場合もある

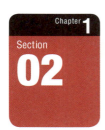

【数と計算】
指数の計算

2×2、3×3×3のように、同じ数を何回か掛け合わせることを累乗といいます。累乗は、指数を使って表します。指数の計算方法を復習しましょう。

▶指数法則

ある数 a を n 回掛け合わせた数を「a の n 乗」といい、a^n と書きます。

$$\underbrace{a \times a \times a \times \cdots \times a}_{n\,回} = a^n$$

用語　累乗

2×2，3×3×3のように、同じ数を何回か掛け合わせること。

「a^n」の a を**底**、右肩に乗っている数 n を**指数**といいます。指数については、次のような法則を覚えておいてください。

指数法則

❶ $a^m \times a^n = a^{m+n}$

❷ $a^m \div a^n = a^{m-n}$

❸ $(a^m)^n = a^{mn}$

❹ $(ab)^n = a^n b^n$

❺ $a^0 = 1$ 　　※ただし、$a \neq 0, b \neq 0$ とする

---

❶ $a^m \times a^n = a^{m+n}$

たとえば $m = 2, n = 3$ とすると、

$$a^2 \times a^3 = \underline{a \times a} \times \underline{a \times a \times a} = a^{5(=2+3)}$$

となります。

❷ $a^m \div a^n = a^{m-n}$

たとえば $m = 5, n = 2$ とすると、

$$a^5 \div a^2 = \frac{a \times a \times a \times \cancel{a} \times \cancel{a}}{\cancel{a} \times \cancel{a}} = a \times a \times a = a^{3(=5-2)}$$

15

となります。

❸ $(a^m)^n = a^{mn}$

たとえば $m = 2,\ n = 3$ とすると、

$(a^2)^3 = (a \times a)^3 = \underline{a \times a} \times \underline{a \times a} \times \underline{a \times a} = a^{6\,(=\,2\times3)}$

となります。

❹ $(ab)^n = a^n b^n$

たとえば $n = 3$ とすると、

$$(ab)^3 = (a \times b) \times (a \times b) \times (a \times b)$$
$$= a \times a \times a \times b \times b \times b$$
$$= a^3 b^3$$

となります。

❺ $a^0 = 1$

たとえば、$a^n \div a^n = a^{n-n} = a^0$ となります。$n = 3$ とすれば、

$$a^3 \div a^3 = \frac{a \times a \times a}{a \times a \times a} = 1$$

これは n がどんな値でも同じなので、$a^0 = 1$ となることがわかります。なお、0^0 は定義されていません。

コラム▸ 電卓で累乗計算

電卓で累乗の計算をするには、［２］［×］［２］［×］［２］［×］［２］［×］…のように同じ数を何度も掛けてもよいのですが、次の方法を覚えておくと便利です。

たとえば「2 の n 乗」を計算するには、はじめに

［２］［×］［×］

と押します。次に、［＝］を 1 回押すと「2 の 2 乗」が表示されます。もう 1 回［＝］を押すと「2 の 3 乗」、さらに 1 回押すと「2 の 4 乗」…のように、［＝］を押すごとに指数が 1 つ増えます。

一般に、「a の n 乗」を求めるには、a を入力して［×］キーを 2 回押し、［＝］キーを $n-1$ 回押します。

例題 5 次の計算をしなさい。

1 $10^3 \times 10^2$ **2** $5^{17} \div 5^{14}$ **3** $6^4 \div 9^2$ **4** $(7^2)^3 \times 7^4 \div 7^{10}$

例題の解説

指数を整理して、簡単な累乗の数に直すと計算が楽になります。

1 $10^3 \times 10^2 = 10^{(3+2)} = 10^5 = 10 \times 10 \times 10 \times 10 \times 10 = 100000$ …（答）

2 $5^{17} \div 5^{14} = 5^{(17-14)} = 5^3 = 5 \times 5 \times 5 = 125$ …（答）

3 $6^4 \div 9^2 = (2 \times 3)^4 \div (3^2)^2 = 2^4 \times 3^4 \div 3^4 = 2^4 = 16$ …（答）

4 $(7^2)^3 \times 7^4 \div 7^{10} = 7^{2 \times 3 + 4 - 10} = 7^0 = 1$ …（答）

▶負の指数

a^n の逆数 $\dfrac{1}{a^n}$ を、a^{-n} と書きます。

$$a^{-n} = \frac{1}{a^n}$$

15 ページの指数法則**❶**〜**❹**は、指数が負の数であっても成り立ちます。

❶ $a^{-3} \times a^{-2} = \dfrac{1}{a^3} \times \dfrac{1}{a^2} = \dfrac{1}{a^5} = a^{-5\,(=-3-2)}$

❷ $a^{-5} \div a^{-3} = \dfrac{1}{a^5} \div \dfrac{1}{a^3} = \dfrac{a^3}{a^5} = \dfrac{1}{a^2} = a^{-2\,(=-5-(-3))}$

❸ $(a^{-3})^{-2} = \left(\dfrac{1}{a^3}\right)^{-2} = \dfrac{1}{\left(\dfrac{1}{a^3}\right)^2} = \dfrac{1}{\dfrac{1}{a^3 \times a^3}} = a^{6\,(=(-3)\times(-2))}$

❹ $(ab)^{-2} = \dfrac{1}{(ab)^2} = \dfrac{1}{a^2 b^2} = \dfrac{1}{a^2} \times \dfrac{1}{b^2} = a^{-2} b^{-2}$

例題 6 次の計算をしなさい。

1 $10^5 \times 10^{-3}$ **2** $5^{-2} \div 5^{-5}$ **3** $(-3)^{-3}$ **4** $\dfrac{10^5 \times 10^{-3}}{10^3 \times 10^{-4}}$

Sec.
02

指数の計算

例題の解説

1 $10^5 \times 10^{-3} = 10^{(5-3)} = 10^2 = 10 \times 10 = 100$ ・・・（答）

2 $5^{-2} \div 5^{-5} = 5^{(-2-(-5))} = 5^{(-2+5)} = 5^3 = 125$ ・・・（答）

3 $(-3)^{-3} = \dfrac{1}{(-3)^3} = \dfrac{1}{-27} = -\dfrac{1}{27}$ ・・・（答）

4 $\dfrac{10^5 \times 10^{-3}}{10^3 \times 10^{-4}} = \dfrac{10^{(5-3)}}{10^{(3-4)}} = \dfrac{10^2}{10^{-1}} = 10^{(2-(-1))} = 10^3$
$= 1000$ ・・・（答）

▶単位につける接頭辞

　指数について学習したついでに、単位につける接頭辞についてまとめておきましょう。

　長さを表す基本単位はメートル〔m〕ですが、キロメートル〔km〕、ミリメートル〔mm〕のように、基本単位の前に記号をつけることがあります。このような記号を接頭辞といいます。

　k（キロ）は 10^3（＝ 1000）を表す接頭辞で、1km＝1000mになります。また、m（ミリ）は $10^{-3}\left(=\dfrac{1}{1000}\right)$ を表す接頭辞で、$1mm = \dfrac{1}{1000}$ m になります。

　主な接頭辞を覚えておきましょう。

・大きい単位

接頭辞	読み方	倍数
k	キロ	10^3
M	メガ	10^6
G	ギガ	10^9
T	テラ	10^{12}

※ 接頭辞は 10^3 ごとにつく。

・小さい単位

接頭辞	読み方	倍数
c	センチ	10^{-2}
m	ミリ	10^{-3}
μ	マイクロ	10^{-6}
n	ナノ	10^{-9}
p	ピコ	10^{-12}

※ 接頭辞は 10^{-3} ごとにつく。

例 電力の単位：ワット〔**W**〕

$1〔kW〕= 10^3〔W〕$

$1〔MW〕= 10^3〔kW〕= 10^3 \times 10^3〔W〕= 10^6〔W〕$

$1〔GW〕= 10^3〔MW〕= 10^6〔kW〕= 10^6 \times 10^3〔W〕= 10^9〔W〕$

（例） 電流の単位：アンペア〔A〕

$1 \, \text{(mA)} = 10^{-3} \, \text{(A)}$

$1 \, \text{($\mu$A)} = 10^{-3} \, \text{(mA)} = 10^{-3} \times 10^{-3} \, \text{(A)} = 10^{-6} \, \text{(A)}$

$1 \, \text{(nA)} = 10^{-3} \, \text{(μA)} = 10^{-6} \, \text{(mA)} = 10^{-9} \, \text{(A)}$

$1 \, \text{(pA)} = 10^{-3} \, \text{(nA)} = 10^{-6} \, \text{(μA)} = 10^{-9} \, \text{(mA)} = 10^{-12} \, \text{(A)}$

　上のように、接頭辞は 10^3 ごとにつきます（c は例外で、cm 以外にはほとんど使いません）。

例題7 真空中に $Q_1 = 4$ 〔μC〕 および $Q_2 = 5$ 〔μC〕 の 2 つの点電荷が 30 〔mm〕離れてあるとき、2 つの点電荷の間に働く力の大きさ 〔N〕 は幾らか。
　　ただし、$\dfrac{1}{4\pi\varepsilon_0} = 9 \times 10^9$ とする。

例題の解説

　2 つの電荷間に働く力の大きさは、次のような**クーロンの法則**にしたがいます。

クーロンの法則

$$F = \frac{Q_1 Q_2}{4\pi\varepsilon_0 r^2}$$

F 　　　：電荷間に働く力の大きさ〔単位：N〕

Q_1, Q_2：2 つの電荷の量〔単位：C〕

r 　　　：2 つの電荷間の距離〔単位：m〕

ε_0 　　　：真空の誘電率（定数）〔単位：F/m〕

$$F \text{(N)} \longleftarrow \overset{Q_1 \text{(C)}}{\bullet} \qquad \overset{Q_2 \text{(C)}}{\bullet} \longrightarrow F \text{(N)}$$
$$r \text{(m)}$$

　上の式に、問題の数値を当てはめて計算します。このとき、単位の換

19

算を忘れないようにしましょう。

$1\,[\mu C] = 10^{-6}\,[C]$
$1\,[mm] = 10^{-3}\,[m]$

です。したがって、

$Q_1 = 4\,[\mu C] = 4 \times 10^{-6}\,[C]$
$Q_2 = 5\,[\mu C] = 5 \times 10^{-6}\,[C]$
$r = 30\,[mm] = 30 \times 10^{-3}\,[m]$

となります。

$$F = \frac{Q_1 Q_2}{4\pi\varepsilon_0 r^2} = \boxed{\frac{1}{4\pi\varepsilon_0}} \times \frac{Q_1 Q_2}{r^2}$$

$$= \boxed{9 \times 10^9} \times \frac{4 \times 10^{-6} \times 5 \times 10^{-6}}{(30 \times 10^{-3})^2}$$

$$= \frac{9 \times 10^9 \times 4 \times 10^{-6} \times 5 \times 10^{-6}}{30^2 \times (10^{-3})^2}$$

$$= \frac{9 \times 4 \times 5}{30^2} \times \boxed{\frac{10^9 \times 10^{-6} \times 10^{-6}}{10^{-6}}} \quad \leftarrow 10^n \text{だけをまとめる}$$

$$= \frac{180}{900} \times 10^{(9-6-6-(-6))}$$

$$= \frac{2}{10} \times 10^3$$

$$= 2 \times 10^2 = 200\,[N] \quad \cdots \text{(答)}$$

> 1km²=1000m² ではないことに注意。正しくは
> 1km²=1000m×1000m=10⁶m² となります。

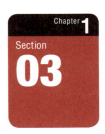

【数と計算】
平方根と無理数

実数のうち、分数で表せない数を無理数といいます。$\sqrt{2}$、$\sqrt{3}$など、平方根の多くは無理数です。ここでは平方根の計算方法と、$\sqrt{}$ の計算を指数を使って行う方法を説明します。

▶平方根とは

2乗するとaになる数を、aの**平方根**といいます。たとえば9の平方根は、「2乗すると9になる数」なので、3または-3です（正と負の2つあることに注意）。

平方根は、ルート記号$\sqrt{}$を使って、

$$\sqrt{a}\ ,\ -\sqrt{a}$$

のように表します。

（例）
2の平方根（2乗すると2になる数）　➡　$\pm\sqrt{2}$
4の平方根（2乗すると4になる数）　➡　$\pm\sqrt{4} = \pm 2$
9の平方根（2乗すると9になる数）　➡　$\pm\sqrt{9} = \pm 3$

$\sqrt{2}$は、小数で表すと1.41421356…のように、小数点以下に規則性のない数が無限に続きます。1桁の平方根は覚えておくとなにかと便利です。

覚え方

$\sqrt{2} = 1.41421356\cdots$　ひとよひとよにひとみごろ
$\sqrt{3} = 1.7320508\cdots$　ひとなみにおごれや
$\sqrt{5} = 2.2360679\cdots$　富士山麓オーム鳴く
$\sqrt{6} = 2.4494897\cdots$　煮よ、よくよく（四捨五入して2.44949）
$\sqrt{7} = 2.64575\cdots$　（菜）に虫いない
　　　　　　　　　　　　　　7　　　　1ではなく5

このような数は分数で表すことができないので、**無理数**といいます。

▶平方根の計算

平方根を含む計算には、次のような規則があります。

> ❶ $(\pm\sqrt{a})^2 = a$ ←「aの平方根」の2乗はaになる
> ❷ $\sqrt{a} \times \sqrt{b} = \sqrt{ab}$
> ❸ $\sqrt{a} \div \sqrt{b} = \dfrac{\sqrt{a}}{\sqrt{b}} = \sqrt{\dfrac{a}{b}}$
> ❹ $\sqrt{m^2 a} = m\sqrt{a}$ ←$m\sqrt{a}$は、$m \times \sqrt{a}$ という意味
> ❺ $m\sqrt{a} \pm n\sqrt{a} = (m \pm n)\sqrt{a}$

❶ $(\sqrt{5})^2 = \sqrt{5} \times \sqrt{5} = \sqrt{5 \times 5} = 5$
❷ $\sqrt{3} \times \sqrt{2} = \sqrt{3 \times 2} = \sqrt{6}$
❸ $\sqrt{10} \div \sqrt{5} = \dfrac{\sqrt{10}}{\sqrt{5}} = \sqrt{\dfrac{10}{5}} = \sqrt{2}$
❹ $\sqrt{8} = \sqrt{2^2 \times 2} = 2\sqrt{2}$
❺ $3\sqrt{3} + 4\sqrt{3} = (3+4)\sqrt{3} = 7\sqrt{3}$

▶√ 記号の中はできるだけ外に出す

√ 記号の中の数は、上の規則❹にしたがい、なるべく小さい数にするのが原則です。

(例) $2\sqrt{63} = 2\sqrt{3^2 \times 7} = 2 \times 3\sqrt{7} = 6\sqrt{7}$

平方根どうしの掛け算は、はじめに√ の中を素因数分解すると計算が楽になります。

(例) $\sqrt{6} \times \sqrt{10} = \sqrt{2 \times 3} \times \sqrt{2 \times 5} = \sqrt{2^2 \times 3 \times 5}$
$= 2\sqrt{3 \times 5} = 2\sqrt{15}$

$\sqrt{a} + \sqrt{b} = \sqrt{a+b}$ は成り立たないので注意。

例題 8 次の計算をしなさい。

1 $(-\sqrt{3})^3$　**2** $\sqrt{8^2 + 6^2}$　**3** $\sqrt{112}$　**4** $\sqrt{24} \times \sqrt{30}$

5 $2\sqrt{12} - \sqrt{27}$

例題の解説

1 $(-\sqrt{3})^3 = (-\sqrt{3})^2 \times (-\sqrt{3}) = 3 \times (-\sqrt{3}) = -3\sqrt{3}$ …（答）

2 $\sqrt{8^2 + 6^2} = \sqrt{64 + 36} = \sqrt{100} = \sqrt{10^2} = 10$ …（答）

3 $\sqrt{112} = \sqrt{\underline{2 \times 2 \times 2 \times 2 \times 7}} = \sqrt{4^2 \times 7} = 4\sqrt{7}$ …（答）

　　　　　　素因数分解する

4 $\sqrt{24} \times \sqrt{30} = \sqrt{6 \times 4} \times \sqrt{6 \times 5} = 6 \times 2 \times \sqrt{5} = 12\sqrt{5}$ …（答）

5 $2\sqrt{12} - \sqrt{27} = 2\sqrt{2 \times 2 \times 3} - \sqrt{3 \times 3 \times 3}$

　　　　　　　　$= 4\sqrt{3} - 3\sqrt{3} = \sqrt{3}$ …（答）

▶分母を有理化する

　分数の分母を、平方根を含まない形に変形することを**分母の有理化**といいます。計算の過程で、分母の有理化が必要になることがあるのでやり方を覚えておきましょう。

①分母が$\sqrt{a}$のみの場合

分母と分子に$\sqrt{a}$を掛ける

$$\frac{1}{\sqrt{a}} = \frac{1 \times \sqrt{a}}{\sqrt{a} \times \sqrt{a}} = \frac{\sqrt{a}}{(\sqrt{a})^2} = \frac{\sqrt{a}}{a}$$

②分母が$\sqrt{a} + \sqrt{b}$の形の場合

　式の展開公式のひとつ、$(a + b)(a - b) = a^2 - b^2$を応用します。

分母と分子に$\sqrt{a} - \sqrt{b}$を掛ける

$$\frac{1}{\sqrt{a} + \sqrt{b}} = \frac{1 \times (\sqrt{a} - \sqrt{b})}{(\sqrt{a} + \sqrt{b})(\sqrt{a} - \sqrt{b})} = \frac{\sqrt{a} - \sqrt{b}}{(\sqrt{a})^2 - (\sqrt{b})^2} = \frac{\sqrt{a} - \sqrt{b}}{a - b}$$

Sec.
03

平方根と無理数

例題 9 次の分数の分母を有理化しなさい。

1 $\dfrac{6}{\sqrt{12}}$　　**2** $\dfrac{1}{\sqrt{2}+\sqrt{3}}$　　**3** $\dfrac{3\sqrt{5}}{\sqrt{5}-\sqrt{2}}$　　**4** $\dfrac{\sqrt{2}+1}{\sqrt{2}-1}$

例題の解説

1 $\dfrac{6}{\sqrt{12}} = \dfrac{6}{\sqrt{2^2 \times 3}} = \dfrac{\overset{3}{\cancel{6}}}{\underset{1}{\cancel{2}}\sqrt{3}}$ ←　いきなり$\sqrt{12}$を掛けずに、$\sqrt{\ }$の中を小さくするほうがよい

$= \dfrac{3 \times \sqrt{3}}{\sqrt{3} \times \sqrt{3}} = \dfrac{3\sqrt{3}}{\cancel{3}} = \sqrt{3} \cdots （答）$

2 $\dfrac{1}{\sqrt{2}+\sqrt{3}} = \dfrac{1 \times (\sqrt{2}-\sqrt{3})}{(\sqrt{2}+\sqrt{3})(\sqrt{2}-\sqrt{3})} = \dfrac{\sqrt{2}-\sqrt{3}}{(\sqrt{2})^2-(\sqrt{3})^2}$

$= \dfrac{\sqrt{2}-\sqrt{3}}{2-3} = \dfrac{\sqrt{2}-\sqrt{3}}{-1} = -(\sqrt{2}-\sqrt{3})$

$= \sqrt{3}-\sqrt{2} \cdots （答）$

└─ $-\sqrt{2}+\sqrt{3}$ でも正解

3 $\dfrac{3\sqrt{5}}{\sqrt{5}-\sqrt{2}} = \dfrac{3\sqrt{5} \times (\sqrt{5}+\sqrt{2})}{(\sqrt{5}-\sqrt{2})(\sqrt{5}+\sqrt{2})} = \dfrac{3\sqrt{5}(\sqrt{5}+\sqrt{2})}{(\sqrt{5})^2-(\sqrt{2})^2}$

$= \dfrac{\cancel{3}\sqrt{5}(\sqrt{5}+\sqrt{2})}{\cancel{3}} = \sqrt{5}(\sqrt{5}+\sqrt{2})$

$= 5+\sqrt{10} \cdots （答）$

4 $\dfrac{\sqrt{2}+1}{\sqrt{2}-1} = \dfrac{(\sqrt{2}+1)(\sqrt{2}+1)}{(\sqrt{2}-1)(\sqrt{2}+1)} = \dfrac{(\sqrt{2}+1)^2}{(\sqrt{2})^2-1^2}$

$\downarrow (a+b)^2 = a^2+2ab+b^2$

$= \dfrac{(\sqrt{2})^2+2\sqrt{2}+1^2}{2-1} = \dfrac{2+2\sqrt{2}+1}{1}$

$= 3+2\sqrt{2} \cdots （答）$

Chap.
1
数と計算

24

▶√ と指数

$\sqrt{a}$ は「2乗すると a になる数」でしたが、「3乗すると a になる数」や「4乗すると a になる数」を考えることもできます。「n 乗すると a になる数」を、一般に $\sqrt[n]{a}$ のように表し、「a の n 乗根」と読みます。ただし、これまでみてきたように平方根の場合だけは例外で、$\sqrt[2]{a}$ とは書かず、$\sqrt{a}$ とすることができます。

(例) 27の3乗根（3乗すると27になる数） ➡ $\sqrt[3]{27} = 3$

16の4乗根（4乗すると16になる数） ➡ $\sqrt[4]{16} = 2$

また、$\sqrt[n]{a}$ は、$a^{\frac{1}{n}}$ のように分数の指数で表すことができます。

(例) $\sqrt{a} = a^{\frac{1}{2}}$, $\sqrt[3]{a} = a^{\frac{1}{3}}$, $\sqrt[3]{a^2} = a^{\frac{2}{3}}$, $\dfrac{1}{\sqrt[3]{a^2}} = a^{-\frac{2}{3}}$

15ページの指数法則❶〜❹は、指数が分数の場合にも成り立ちます。

例題 10 次の計算をしなさい。

❶ $\sqrt{3} \times 3\sqrt{3}$ **❷** $\sqrt[3]{25} \div \sqrt[3]{5}$ **❸** $(\sqrt[3]{2})^3$ **❹** $\sqrt[3]{2} \times \sqrt[3]{3}$

例題の解説

❶ $\sqrt{3} \times 3\sqrt{3} = 3^{\frac{1}{2}} \times (3 \times 3^{\frac{1}{2}}) = 3^{(\frac{1}{2}+1+\frac{1}{2})}$
$\qquad\qquad\qquad\qquad\qquad = 3^2 = 9 \cdots$ （答）

❷ $\sqrt[3]{25} \div \sqrt[3]{5} = \sqrt[3]{5^2} \div \sqrt[3]{5} = (5^2)^{\frac{1}{3}} \div 5^{\frac{1}{3}} = 5^{\frac{2}{3}} \div 5^{\frac{1}{3}} = 5^{(\frac{2}{3}-\frac{1}{3})}$
$\qquad\qquad\qquad\qquad = 5^{\frac{1}{3}} = \sqrt[3]{5} \cdots$ （答）

❸ $(\sqrt[3]{2})^3 = (2^{\frac{1}{3}})^3 = 2^{(\frac{1}{3} \times 3)} = 2 \cdots$ （答）

❹ $\sqrt[3]{2} \times \sqrt[3]{3} = 2^{\frac{1}{3}} \times 3^{\frac{1}{3}} = (2 \times 3)^{\frac{1}{3}} = 6^{\frac{1}{3}} = \sqrt[3]{6} \cdots$ （答）

Sec.
03
平方根と無理数

【数と計算】
対数

対数は「$\log_a N$」のように書き、「a を何乗すると N になるか」を表します。対数の基本的な計算方法を理解しましょう。また、ネイピア数と自然対数についても説明します。

▶対数とは

2^3 は、「2 を 3 回掛けた数」を表し、$2 \times 2 \times 2 = 8$ になります。これに対し、「2 を何回掛けたら 8 になるか」を、次のように表します。

$$\underbrace{2 \times 2 \times 2}_{\text{2 を 3 回掛ける}} = 8 \quad \Longleftrightarrow \quad \underbrace{\log_2 8}_{\text{2 を何回掛けると 8 になるか}} = 3$$

一般に、$a^b = M$ のとき、b を「a を底とする M の**対数**」といい、$\log_a M = b$ と書きます（また、M を対数 b の**真数**といいます）。

$$a^b = M \quad \Rightarrow \quad \log_a M = b$$

底　　　真数　対数

例題 11 次の等式を、$\log_a M = b$ の形で表しなさい。

❶ $5^2 = 25$　　**❷** $10^3 = 1000$　　**❸** $5^0 = 1$　　**❹** $2^1 = 2$

例題の解説

❶ $\log_5 25 = 2$　　（25 は 5 の 2 乗）
❷ $\log_{10} 1000 = 3$　（1000 は 10 の 3 乗）
❸ $\log_5 1 = 0$　　　（1 は 5 の 0 乗）
❹ $\log_2 2 = 1$　　　（2 は 2 の 1 乗）

▶対数の公式

対数の基本的な公式を確認しておきましょう。

対数の基本公式

❶ $\log_a a^k = k$
❷ $\log_a a = 1,\ \log_a 1 = 0$
❸ $\log_a M^k = k\log_a M$
❹ $\log_a MN = \log_a M + \log_a N$
❺ $\log_a \dfrac{M}{N} = \log_a M - \log_a N$
❻ $\log_a b = \dfrac{\log_c b}{\log_c a}$
❼ $a^{\log_a b} = b$

❶ $\log_a a^k = k$

$\log_a a^k$ は「a の k 乗は、a の何乗か」の答えなので、当然 k になります。

（例） $\log_2 2^4 = 4$

❷ $\log_a a = 1,\ \log_a 1 = 0$

$\log_a a$ は「a は a の何乗か」の答えなので、$a^1 = a$ より 1 になります。また、$\log_a 1$ は「1 は a の何乗か」の答えなので、$a^0 = 1$ より 0 になります。

（例） $\log_{10} 10 = 1,\ \log_{10} 1 = 0$

❸ $\log_a M^k = k\log_a M$

$\log_a M = x$ とすると、

$a^x = M$
$\Rightarrow a^{kx} = M^k$ ←両辺を k 乗する

上の式は「M^k は a の kx 乗」を表すので、

$\log_a M^k = kx = k\log_a M$

となります。

例 $\log_2 1000 = \log_2 10^3 = 3\log_2 10$

$\log_2 128 = \log_2 2^7 = 7\log_2 2 = 7$

❹ $\log_a MN = \log_a M + \log_a N$

$\log_a M = x$, $\log_a N = y$ とすると、$a^x = M$, $a^y = N$ なので、

$$MN = a^x \times a^y = a^{(x+y)}$$

です。上の式は「MN は a の $(x+y)$ 乗」を表すので、

$$\log_a MN = x + y = \log_a M + \log_a N$$

となります。

例 $\log_2 20 + \log_2 5 = \log_2 (20 \times 5) = \boxed{\log_2 100} = 2\log_2 10$

$\log_2 10^2$

❺ $\log_a \dfrac{M}{N} = \log_a M - \log_a N$

$\log_a M = x$, $\log_a N = y$ とすると、$a^x = M$, $a^y = N$ なので、

$$\frac{M}{N} = \frac{a^x}{a^y} = a^{(x-y)}$$

です。上の式は「$\dfrac{M}{N}$ は a の $(x-y)$ 乗」を表すので、

$$\log_a \frac{M}{N} = x - y = \log_a M - \log_a N$$

となります。

例 $2\log_2 10 - 2\log_2 5 = 2(\log_2 10 - \log_2 5) = 2\log_2 \dfrac{10}{5} = 2\log_2 2$ ← $\log_2 2 = 1$

$= 2$

❻ $\log_a b = \dfrac{\log_c b}{\log_c a}$

$\log_a b = x$, $\log_c b = y$, $\log_c a = z$ と置くと、

$$b = a^x \ \cdots ①, \quad b = c^y \ \cdots ②, \quad a = c^z \ \cdots ③$$

なので、①②より、$a^x = c^y \cdots ④$

③を④に代入して、$(c^z)^x = c^y \ \Rightarrow \ c^{xz} = c^y$

したがって、

$$xz = y \ \Rightarrow \ x = \frac{y}{z} \ \Rightarrow \ \log_a b = \frac{\log_c b}{\log_c a}$$

この公式は、対数の底を任意の数に変換するときに使います。

（例）$\log_4 10 \times \log_{10} 16 = \dfrac{\log_2 10}{\log_2 4} \times \dfrac{\log_2 16}{\log_2 10} = \dfrac{\log_2 16}{\log_2 4} = \dfrac{\log_2 2^4}{\log_2 2^2} = \dfrac{4}{2} = 2$

❼ $a^{\log_a b} = b$

　一見すると複雑に入り組んだ式に見えますが、$\log_a b$ とは「a を何乗すると b になるか」を表します。これを x とすれば、当然、

$$a^x = b$$

が成り立つので、

$$a^{\log_a b} = b$$

となります。

（例）$2^{\log_2 8} = 2^{\log_2 2^3} = 2^3 = 8$

例題12 次の値を求めなさい。

1 $\log_{10} 16 + \log_{10} 25$　　**2** $\log_2 28 - \log_2 7$　　**3** $\log_4 25 - \log_2 20$

例題の解説

1 $\log_{10} 16 + \log_{10} 25 = \log_{10}(16 \times 25) = \log_{10} 400 = \log_{10} 20^2$
$$= 2\log_{10} 20 \ \cdots （答）$$

Sec.
04
対数

29

2 $\log_2 28 - \log_2 7 = \log_2 \dfrac{28}{7} = \log_2 4 = 2$ …（答）

3 $\log_4 25 - \log_2 20 = \dfrac{\log_2 25}{\log_2 4} - \log_2 20 = \dfrac{\log_2 5^2}{\log_2 2^2} - \log_2 20$

$= \dfrac{2\log_2 5}{2\log_2 2} - \log_2 20 = \log_2 5 - \log_2 20$

$\log_a a = 1$

$= \log_2 \dfrac{5}{20} = \log_2 \dfrac{1}{4} = \log_2 \dfrac{1}{2^2} = \log_2 2^{-2}$

$\log_a a^k = k$

$= -2$ …（答）

▶ネイピア数と自然対数

　元本を 1、年利を 1 とする預金は、1 年ごとに利子 1 が付きます。1 年後の元利合計（元金＋利子）は、次のように求められます。

$(1 + 1)^1 = 2$

　付利期間（金利が付く期間）を半年とすると、$\dfrac{1}{2}$ 年ごとに年利 $\times \dfrac{1}{2}$ の利子が付くので、1 年後の元利合計は次のようになります。

$\left(1 + \dfrac{1}{2}\right)\left(1 + \dfrac{1}{2}\right) = \left(1 + \dfrac{1}{2}\right)^2 = 2.25$

同様に、付利期間を 4 か月（$= \dfrac{1}{3}$ 年）とすれば、

$\left(1 + \dfrac{1}{3}\right)^3 = 2.37037\cdots$

また、付利期間を 3 か月（$= \dfrac{1}{4}$ 年）とすれば、

$\left(1 + \dfrac{1}{4}\right)^4 = 2.44140\cdots$

このように、付利期間を $\dfrac{1}{n}$ 年としたときの元利合計は、

$\left(1 + \dfrac{1}{n}\right)^n$

と表せます。n を大きくするほど、元利合計は増えていく……かと思いきや、そうはなりません。n をどんどん大きくしていくと、次のような

特定の値に近づいていきます。この値を**ネイピア数**といいます。

$$\varepsilon = 2.71828182845904523536\cdots$$

ネイピア数は、円周率 π などと同様、分数で表すことができない無理数です。数学では、記号 e で表すのが一般的ですが、電気数学では電圧の記号 e とまぎらわしいので、イプシロン ε を使います。

また、ネイピア数を底とする対数を、**自然対数**といいます。一般に、自然対数の表記では底を省略し、

$$\log 10 \text{ または } \ln 10$$ ← ε を底とする 10 の対数（$\log_{\varepsilon} 10$）

のように書きます。ネイピア数はこの後の説明でもちょくちょく登場しますが、いまのところは「ネイピア数は自然対数の底」と覚えておいてください。

▶ネイピア数の定義

ネイピア数は、一般に次のような式で定義することができます。

ネイピア数の定義

$$\varepsilon = \lim_{x \to \infty} \left(1 + \frac{1}{x} \right)^x$$ ←「 $\lim\limits_{x \to \infty}$ 」は、後に続く式中の x を ∞（無限大）に近づけるという意味

なお、上の式で $\dfrac{1}{x} = y$ と置くと、$x \to \infty$ のとき $y \to 0$ となるので、

$$\lim_{x \to \infty} \left(1 + \frac{1}{x} \right)^x = \lim_{y \to 0} (1 + y)^{\frac{1}{y}} = \varepsilon$$

以上から、ネイピア数は次のように定義することもできます。

$$\varepsilon = \lim_{x \to 0} (1 + x)^{\frac{1}{x}}$$

第1章 章末問題

（解答は 33 ～ 34 ページ）

問1 図のような回路において、端子 a − b 間の合成抵抗〔Ω〕はいくらか。

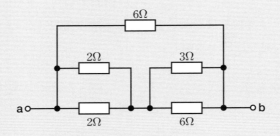

問2 図のような直流回路において、末端の抵抗の端子間電圧が 2V であった。このとき、電源電圧 E〔V〕の値はいくらか。

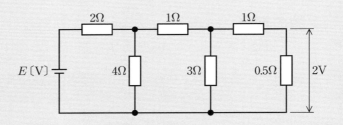

第 1 章　章末問題　解答

問1 回路の各部の合成抵抗を順番に求めます。

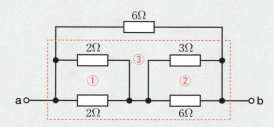

① 2Ωの抵抗 2 本が並列に接続されている部分の合成抵抗 (14 ページ) は、

$$\frac{2\times 2}{2+2} = \frac{4}{4} = 1 \,[\Omega]$$

② 3Ωと 6Ωの抵抗が並列に接続されている部分の合成抵抗は、

$$\frac{3\times 6}{3+6} = \frac{18}{9} = 2 \,[\Omega]$$

③ ①と②は直列に接続されているので、この部分の合成抵抗は、

$$1 + 2 = 3 \,[\Omega]$$

④ ③と 6Ωの抵抗は並列に接続されているので、この部分の合成抵抗は、

$$\frac{3\times 6}{3+6} = \frac{18}{9} = 2 \,[\Omega]$$

以上から、a − b 間の合成抵抗は 2Ωになります。　　　**答** **2Ω**

問2 図のように、回路の各部の端子電圧を $V_1 \sim V_6$、各部を流れる電流を $I_1 \sim I_5$ とします。

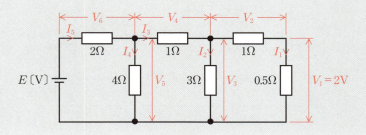

これらを、次のように順番に求めていきます。なお、問2の回路図をわかりやすく作図しなおすと、下図のようになります。

$I_1 = \dfrac{V_1}{0.5\,[\Omega]} = \dfrac{2}{0.5} = 4\,[A]$ ←オームの法則：$I = \dfrac{V}{R}$ より (46ページ)

$V_2 = I_1 \times 1\,[\Omega] = 4 \times 1 = 4\,[V]$ ←オームの法則：$V = IR$ より

$V_3 = V_1 + V_2 = 2 + 4 = 6\,[V]$ ←3Ωの抵抗に加わる電圧は、並列に接続されている0.5Ω＋1Ωの抵抗に加わる電圧と等しい

$I_2 = \dfrac{V_3}{3\,[\Omega]} = \dfrac{6}{3} = 2\,[A]$ ←オームの法則：$I = \dfrac{V}{R}$ より

$I_3 = I_1 + I_2 = 4 + 2 = 6\,[A]$ ←電流I_3はI_1とI_2に分岐する

$V_4 = I_3 \times 1\,[\Omega] = 6 \times 1 = 6\,[V]$ ←オームの法則：$V = IR$ より

$V_5 = V_3 + V_4 = 6 + 6 = 12\,[V]$ ←4Ωの抵抗は、その右側部分と並列に接続されているとみなせるので、等しい電圧が加わる

$I_4 = \dfrac{V_5}{4\,[\Omega]} = \dfrac{12}{4} = 3\,[A]$ ←オームの法則：$I = \dfrac{V}{R}$ より

$I_5 = I_3 + I_4 = 6 + 3 = 9\,[A]$ ←電流I_5はI_3とI_4に分岐する

$V_6 = I_5 \times 2\,[\Omega] = 9 \times 2 = 18\,[V]$ ←オームの法則：$V = IR$ より

$E = V_5 + V_6 = 12 + 18 = 30\,[V]$ ←2Ωの抵抗と、その右側部分とが直列に接続されているとみなせば、両者に加わる電圧の和が電源電圧に等しい

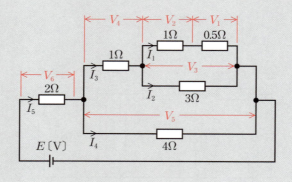

答 30V

Chapter 02

式の計算と方程式

01	文字式・・・・・・・・・・・・・・・・・・・・・・・・・・・・・	36
02	一次方程式・・・・・・・・・・・・・・・・・・・・・・・・・	43
03	連立一次方程式・・・・・・・・・・・・・・・・・・・	48
04	二次方程式・・・・・・・・・・・・・・・・・・・・・・・	56
章末問題・・・・・・・・・・・・・・・・・・・・・・・・・・・・・		62

【式の計算と方程式】
文字式

電気数学では、文字式を使った計算がたくさんでてきます。文字式の展開や因数分解について説明します。

▶文字式の書き方

数字のほかに x, y, z, a, b, c といった文字を使った式を**文字式**といいます。文字式の書き方をまとめておきましょう。

①掛け算は × を省略する

$a \times 3$ といった文字と数字の掛け算や、$a \times b$ といった文字同士の掛け算は、一般に × 記号を省略して $3a$、ab のように書きます。なお、$a \cdot b$ のように × の代わりに・記号を使うこともあります。

(例)　$a \times (-3) = -3a$　←文字×数字では、数字を先に書く

　　　$a \times 1 = a$　←文字×1では「1」を省略する

　　　$a \times b = a \cdot b$　←×の代わりに・記号を使う

②同じ文字同士の掛け算は累乗で表す

$a \cdot a \cdot a$ のような同じ文字同士の掛け算は、aaa ではなく、a^3 のような累乗で表します。

(例)　$a \cdot 2 \cdot b \cdot a \cdot b \cdot a = 2a^3 b^2$

　　　$a \cdot a \cdot (-1) = -a^2$　←$-a^2$ と $(-a)^2$ の違いに注意

　　　$(a+b) \cdot (a+b) = (a+b)^2$

③割り算は分数で表す

$a \div b$ などの割り算は、÷記号を使わず、$\dfrac{a}{b}$ のような分数で表します。

(例)　$a \div 3 = \dfrac{a}{3}$

▶単項式と多項式

文字式のうち、数字と文字の掛け算（積）だけで表される式を**単項式**といいます。

（例）　$2a$，$3ab$，a^2，$\boxed{\dfrac{a}{3}}$　←分数式は $\dfrac{1}{3} \times a$ のような掛け算と考える

単項式において、掛け合わせている文字の個数を**次数**といいます。また、数字の部分を**係数**といいます。

（例）　$-3a^2b = \underset{\text{係数}}{-3} \cdot \underset{3個}{\underbrace{a \cdot a \cdot b}}$　➡ 次数：3次、係数：−3

$\dfrac{3x^3y^2}{5} = \underset{\text{係数}}{\dfrac{3}{5}} \cdot \underset{5個}{\underbrace{x \cdot x \cdot x \cdot y \cdot y}}$　➡ 次数：5次、係数：$\dfrac{3}{5}$

また、複数の単項式の和で表される式を**多項式**といいます。

（例）　$2x^2 - 3x + 5$，　$4a^2b + 3ab^2 + 7a - 9$

多項式を構成する各単項式を**項**といいます。多項式に含まれる各項の中でいちばん大きい次数が、その多項式の次数になります。。

（例）　$\underset{2次}{3x^2} - \underset{2次}{2y^2} + \underset{2次}{4xy} - \underset{3次}{x^3} + \underset{1次}{7y} + 5$　➡ **次数：3次**

多項式の各項のうち、次数と文字の構成が同じものを**同類項**といいます。同類項どうしは足し算・引き算することができます。

（例）　$\boxed{4x^2} + \boxed{5xy} + 8y^2 - \boxed{3x^2} + \boxed{xy} + 2 = x^2 + 6xy + 8y^2 + 2$

同類項

同類項

なお、計算には次のような基本法則が使えます。

Sec.
01

文字式

37

計算の基本法則

❶**交換法則**：$A + B = B + A \qquad A \cdot B = B \cdot A$

❷**結合法則**：$(A + B) + C = A + (B + C)$

$\qquad\qquad\quad (A \cdot B) \cdot C = A \cdot (B \cdot C)$

❸**分配法則**：$A \cdot (B + C) = A \cdot B + A \cdot C$

例題 1 次の計算をしなさい。

1 $3x + 4y - 3xy + 5xy + 2x - y + 7$

2 $2x - \dfrac{2x - 1}{3}$

例題の解説

1 $3x + 4y - 3xy + 5xy + 2x - y + 7$

$= -3xy + 5xy + 3x + 2x + 4y - y + 7$ ←交換法則

$= (-3xy + 5xy) + (3x + 2x) + (4y - y) + 7$ ←結合法則

$= (-3 + 5)xy + (3 + 2)x + (4 - 1)y + 7$ ←分配法則

$= 2xy + 5x + 3y + 7$ …（答）

2 $2x - \dfrac{2x - 1}{3} = \dfrac{2x}{1} - \dfrac{2x - 1}{3}$

$\qquad\qquad = \dfrac{6x}{3} - \dfrac{2x - 1}{3}$ ←分母を3に通分する

$\qquad\qquad = \dfrac{6x - (2x - 1)}{3}$ ←分子にカッコをつける

$\qquad\qquad = \dfrac{6x - 2x + 1}{3}$ ←カッコをはずすときの符号の変化に注意

$\qquad\qquad = \dfrac{4x + 1}{3}$ …（答）

▶式の展開

多項式どうしの掛け算を、分配法則などを使って1つの多項式に整理することを、**式の展開**といいます。

（例） $(x+4)(x-3) = (x+4) \cdot x - (x+4) \cdot 3$ ←分配法則
$= x^2 + 4x - (3x + 4 \cdot 3)$ ←分配法則
$= x^2 + 4x - 3x - 12$
$= x^2 + x - 12$

このようにいちいち計算することもできますが、式の展開には次のような公式があり、様々な計算で利用されています。

式の展開公式

❶ $(a \pm b)^2 = a^2 \pm 2ab + b^2$

❷ $(x+a)(x+b) = x^2 + (a+b)x + ab$

❸ $(a+b)(a-b) = a^2 - b^2$

❹ $(ax+b)(cx+d) = acx^2 + (ad+bc)x + bd$

❺ $(a+b+c)^2 = a^2 + b^2 + c^2 + 2(ab+bc+ca)$

Sec.
01

文字式

上の例を公式を利用して計算すると、次のようになります。

（例） $(x+4)(x-3) = x^2 + (4-3)x + 4 \cdot (-3)$ ←公式❷を利用
$= x^2 + x - 12$

例題2 次の式を展開しなさい。

1 $(x+3)^2$　　　　**2** $(x-7)^2$

3 $(x-2)(x-3)$　　**4** $(x-5)(x+5)$

5 $(2x+3)(3x+5)$　**6** $(x+2y+3)^2$

7 $(x+2)(2x-4)$

39

例題の解説

式の展開公式の使い方の練習です。

1 $(x+3)^2 = x^2 + 2(3x) + 3^2$ ←公式❶

$\quad\quad\quad\quad = x^2 + 6x + 9$ …（答）

2 $(x-7)^2 = x^2 - 2(7x) + 7^2$ ←公式❶

$\quad\quad\quad\quad = x^2 - 14x + 49$ …（答）

3 $(x-2)(x-3) = x^2 + \{(-2)+(-3)\}x + (-2)\cdot(-3)$ ←公式❷

$\quad\quad\quad\quad\quad = x^2 - 5x + 6$ …（答）

4 $(x-5)(x+5) = x^2 - 5^2$ ←公式❸

$\quad\quad\quad\quad\quad = x^2 - 25$ …（答）

5 $(2x+3)(3x+5) = (2\cdot3)x^2 + (2\cdot5+3\cdot3)x + 3\cdot5$ ←公式❹

$\quad\quad\quad\quad\quad = 6x^2 + 19x + 15$ …（答）

6 $(x+2y+3)^2 = x^2 + (2y)^2 + 3^2 + 2(x\cdot2y + 2y\cdot3 + 3\cdot x)$ ←公式❺

$\quad\quad\quad\quad = x^2 + 4y^2 + 9 + 2(2xy + 6y + 3x)$

$\quad\quad\quad\quad = x^2 + 4y^2 + 4xy + 6x + 12y + 9$ …（答）

7 $(x+2)(2x-4) = 2(x+2)(x-2) = 2(x^2-4)$ ←公式❸

$\quad\quad\quad\quad = 2x^2 - 8$ …（答）

▶因数分解

1つの多項式を、複数の単項式や多項式の積の形にすることを因数分解といいます。

式の展開の逆が因数分解だね。

例 $3x^2 + 6x$ →（因数分解）→ $3x(x+2)$

因数分解には、次の2つの方法があります。

（1）共通の因数でくくる

項を数や文字の積の形に分解したとき、それぞれのパーツを因数といいます。たとえば「$6xy$」は $2\cdot3\cdot x\cdot y$ に分解できるので、「2」「3」「x」「y」が因数になります。

共通因数は、各項が共通してもつ因数です。因数分解では、共通因数を見つけたら必ず取り出してくくります。分配法則の逆ですね。

（例）　$3x^2 + x = x(3x+1)$　←共通因数 x でくくる

　　　　$-4x - 2 = -2(2x+1)$　←共通因数 -2 でくくる

（2）式の展開公式を当てはめる

39ページの式の展開公式を逆に使います。

① $a^2 \pm 2ab + b^2 = (a \pm b)^2$
　　　　　2倍　　2乗

（例）　$x^2 + 6x + 9 = (x+3)^2$
　　　　　　$2\cdot 3\cdot x$　3^2　　　└ 2倍すると6、2乗すると9になる数

② $x^2 + (a+b)x + ab = (x+a)(x+b)$
　　　　　足し算　　掛け算

（例）　$x^2 + 4x + 3 = (x+1)(x+3)$
　　　　　　$1+3$　$1\cdot 3$
　　　　　　　　　　　足して4、掛けて3に
　　　　　　　　　　　なる2つの数に分解

③ $a^2 - b^2 = (a+b)(a-b)$
（2乗）－（2乗）の形

（例）　$x^2 - 4 = (x+2)(x-2)$
　　　xの2乗　2の2乗

④ $acx^2 + (ad+bc)x + bd = (ax+b)(cx+d)$

a　　　　b　→　$b \cdot c$
$\times$　　$\times$　　　　$+$
c　　　　d　→　$a \cdot d$
　　　　　　　　　　$=$
　　　　　　　　　$ad+bc$

（例）　$2x^2 + 13x + 15 = (2x+3)(x+5)$

2　　　　3　→　$3 \cdot 1 =$ 3
$\times$　　$\times$　　　　　　　　$+$
1　　　　5　→　$2 \cdot 5 =$ 10
　　　　　　　　　　　$=$
　　　　　　　　　　　13

因数分解は、二次方程式の解を求めるときに必要になるよ。

> **例題 3** 次の式を因数分解しなさい。
>
> **1** $x^2y - xy^2 - 2x + 2y$　　　**2** $x^2 - 4x + 4$
>
> **3** $x^2 - x - 6$　　　**4** $2x^3 - 50x$
>
> **5** $2x^2 - 3x - 2$　　　**6** $x^3 + y^3$

例題の解説

1 $\underset{xyでくくる}{x^2y - xy^2} \underset{-2でくくる}{- 2x + 2y} = xy\,(x - y) - 2\,(x - y) = (xy - 2)\,(x - y)$　…（答）

2 $x^2 \underset{2\cdot(-2)\cdot x}{-4x} \underset{(-2)^2}{+ 4} = (x - 2)^2$　…（答）

2倍すると−4、
2乗すると4になる数

3 $x^2 - x \underset{-3+2}{-6} = (\underset{(-3)\cdot 2}{x - 3})\,(x + 2)$　…（答）

足して−1、掛けて
−6になる数

4 $2x^3 - 50x = 2x\,(x^2 - 25) = 2x\,(x + 5)\,(x - 5)$　…（答）

5 $2x^2 - 3x - 2 = (2x + 1)\,(x - 2)$　…（答）

$$
\begin{array}{ccc}
2 & 1 & \Rightarrow\ 1\times\ 1\ =\ \ \ 1 \\
\times & \times & \qquad\qquad\quad + \\
1 & -2 & \Rightarrow\ 2\times-2\ =-4 \\
& & \qquad\qquad\quad \| \\
& & \qquad\qquad -3
\end{array}
$$

6 $x^3 + y^3 = \underset{とえあえず\,x + y\,でくくる}{(x + y)\,(x^2 + y^2)} \underset{余分な項を引く}{- xy^2 - yx^2}$

$\qquad = (x + y)\,(x^2 + y^2) - \underset{xy\,でくくる}{xy\,(y + x)}$

$\qquad = \underset{x + y\,でくくる}{(x + y)}\,(x^2 - xy + y^2)$　…（答）

Chap.
2
式の計算と方程式

42

【式の計算と方程式】
一次方程式

2つの文字式を等号で結んだものを方程式といいます。一次方程式の解き方と、式の変形について説明します。

▶方程式とは

　未知数を含む2つの文字式を等号（＝）で結んだものを**方程式**といいます。

(例)　$x + 2 = 3$,　$x^2 - 2x + 1 = 0$

　一次方程式は、未知数の次数が1次の方程式です。

(例)　$\underset{1次}{2x} + 3 = 0$,　$\underset{1次}{3x} - \underset{1次}{2y} = 8$

▶一次方程式の解き方

　方程式に含まれる未知数の値を**解**といい、解を求めることを「**方程式を解く**」といいます。一次方程式を解くには、次のような等式の性質を利用します。

等式の性質

$A = B$　ならば
- ❶ $A + C = B + C$
- ❷ $A - C = B - C$
- ❸ $A \times C = B \times C$
- ❹ $A \div C = B \div C$

※等式の両辺に同じ数を＋－×÷しても、等式は成り立つ。

　例として、次の一次方程式を解く手順を考えてみましょう。

(例)　$3x + 4 = 7$

上の性質❶、❷を利用すると、等式の一方の辺にある項を、もう一方に移すことができます。この作業を**移項**といいます。

$$3x + 4 = 7$$
（左辺）　（右辺）

$$3x + 4 - 4 = 7 - 4 \quad ←両辺-4$$

$$3x = 7 - 4 \quad ←左辺の+4が右辺に移る$$

$$3x = 3$$

左辺にあった+4が、右辺に移項すると-4に変わることに注意。移項をすると項の符号が変わります。

次に、上の性質❹を利用し、両辺を3で割ります。

$$3x ÷ 3 = 3 ÷ 3 \quad ←両辺÷3$$

$$x = 1$$

以上で「$3x = \cdots$」の形が「$x = \cdots$」の形になり、x の値が右辺に求められます。

例題4 次の方程式を解きなさい。

❶ $3x - 4 = 2x - 1$
❷ $8x - 7 = 5x + 2$
❸ $0.82x + 4.07 = 0.73x + 3.53$
❹ $\dfrac{x-2}{3} - \dfrac{x+3}{2} = 2$

例題の解説

❶ $3x - 4 = 2x - 1$

$3x - 2x = 4 - 1 \quad ←移項すると項の符号（+−）が変わる$

$x = 3 \quad \cdots（答）$

2 $8x - 7 = 5x + 2$

$8x - 5x = 2 + 7$

$3x = 9$

$3x \div 3 = 9 \div 3$　←両辺を3で割る

$x = 3$　…（答）

3　$0.82x + 4.07 = 0.73x + 3.53$

　小数点を含む方程式は、両辺に10の倍数を掛けて小数を整数にすると計算しやすくなります。

$(0.82x + 4.07) \times 100 = (0.73x + 3.53) \times 100$　←両辺×100

$82x + 407 = 73x + 353$

$82x - 73x = 353 - 407$

$9x = -54$

$x = -\dfrac{54}{9} = -6$　…（答）

4　$\dfrac{x-2}{3} - \dfrac{x+3}{2} = 2$

　分数を含む方程式は、次のように両辺に同じ数を掛け、分母を払います。

$\left(\dfrac{x-2}{3} - \dfrac{x+3}{2} \right) \times 6 = 2 \times 6$

$\dfrac{x-2}{3} \times 6 - \dfrac{x+3}{2} \times 6 = 2 \times 6$

$2(x-2) - 3(x+3) = 12$　←分配法則を使う

$2x - 4 - 3x - 9 = 12$

$-x - 13 = 12$　←同類項を整理

移項

$-x = 12 + 13$

$-x = 25$　←両辺に−1を掛ける

$x = -25$　…（答）

Sec.
02
一次方程式

45

▶式の変形

電気回路の電圧と電流、抵抗の関係には、次のような**オームの法則**が成り立ちます。

オームの法則

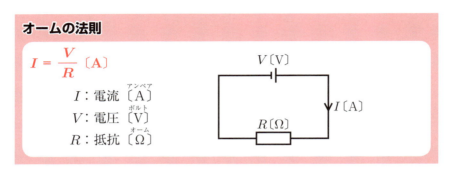

上の式は、オームの法則を「$I = \cdots$」の形の式で表していますが、式を変形すれば「$V = \cdots$」や「$R = \cdots$」の形にすることもできます。

$I = \dfrac{V}{R}$ …①

$IR = \dfrac{V}{R} \cdot R$ ←両辺×R

$IR = V \Rightarrow V = IR$ …②

$IR \div I = V \div I$ ←両辺÷I

$\dfrac{IR}{I} = \dfrac{V}{I}$

$R = \dfrac{V}{I}$ …③

以上のように、オームの法則は上の①〜③の3種類の式に変形できます。このうちどれか1つを覚えておけば、後の2つは式の変形によって導けることを覚えておきましょう。

$I = \dfrac{V}{R}$ ➡ $IR = V$ ➡ $R = \dfrac{V}{I}$

分母を移動　　分母に移動

式の変形

❶ 一方の分母は、他方の辺の分子に移動できる。

$$\frac{A}{B} = \frac{C}{D} \Rightarrow A = \frac{BC}{D}$$

❷ 一方の辺の分子は、他方の辺の分母に移動できる。

$$\frac{A}{B} = \frac{C}{D} \Rightarrow \frac{A}{BC} = \frac{1}{D}$$

❸ 両辺の分子と分母を同時にひっくり返すことができる。

$$\frac{A}{B} = \frac{C}{D} \Rightarrow \frac{B}{A} = \frac{D}{C}$$

例題 5 図のような直流回路において、抵抗 R_0〔Ω〕の値はいくらか。

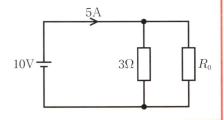

例題の解説

電圧 V と電流 I の値は与えられているので、オームの法則より、回路全体の抵抗 R は次のようになります。

$$R = \frac{V}{I} = \frac{10}{5} = 2 \,〔Ω〕$$

回路の抵抗は、3Ωの抵抗と R_0 を並列に接続した合成抵抗なので、「和分の積」（14ページ）より、次の式が成り立ちます。

$$R = \frac{3R_0}{3 + R_0} = 2$$

この式を「$R_0 = \cdots$」の形に変形します。

$$\frac{3R_0}{3 + R_0}(3 + R_0) = 2(3 + R_0) \quad \leftarrow 両辺 \times (3 + R_0)$$
$$3R_0 = 6 + 2R_0$$
$$3R_0 - 2R_0 = 6 \quad \leftarrow 両辺 - 2R_0$$
$$R_0 = 6 \,〔Ω〕 \quad \cdots（答）$$

【式の計算と方程式】
連立一次方程式

複数の方程式を組み合わせたものを連立方程式といいます。連立一次方程式の解き方には、加減法と代入法の2通りがあります。

連立一次方程式は、複数の方程式がひと組になっていて、未知数も複数ある一次方程式です。未知数が2個（例えば x, y）ある場合を **2元連立一次方程式**、未知数が3個ある場合を **3元連立一次方程式** といいます。

例　2元連立一次方程式　　3元連立一次方程式

$$\begin{cases} 2x - y = 3 \\ x - 3y = -1 \end{cases} \quad \begin{cases} 2x - y + z = 1 \\ 3x + 2y - z = 2 \\ x - 3y + 2z = -3 \end{cases}$$

連立一次方程式の解き方には、**加減法**と**代入法**の2通りがあります。

▶加減法

例として、次の2元連立一次方程式を加減法で解きます。

例
$$\begin{cases} 5x + 3y = 1 & \cdots ① \\ x + 2y = 3 & \cdots ② \end{cases}$$

（1）消したい文字の係数をそろえる

x と y のどちらかを消してもよいのですが、なるべく計算が楽なほうを選びます。ここでは x を選びましょう。

式①の x の係数は5、式②の x の係数は1です。式②の両辺に5を掛けて、x の係数を5にそろえます。

式②×5：　$(x + 2y) \times 5 = 3 \times 5$　←両辺×5
　　　　　　　$5x + 10y = 15$　…③

（2）文字を消す

等式の両辺から同じ数を引いても、等式は成り立ちます（43ページの

性質❷）。この性質を利用して、式③の両辺から式①の両辺を引きます。

式③－式①：
$$
\begin{array}{r}
5x + 10y = 15 \\
-\quad 5x + 3y = 1 \\
\hline
7y = 14
\end{array}
$$

未知数 x が消え、y に関する一次方程式になりました。この方程式を解いて、y の値を求めます。

$$7y = 14 \quad \text{←両辺÷7}$$
$$\Rightarrow \quad y = 2 \quad \cdots④$$

（3）未知数に値を代入する

式④で y の値が求められたので、この式を式①、式②のどちらかに代入し、x の値を求めます。どちらの式に代入してもよいのですが、なるべく計算が楽なほうを選びます。ここでは式②に代入しましょう。

$$x + 2 \cdot 2 = 3 \quad \text{←式②に}y=2\text{を代入}$$
$$\Rightarrow x + 4 = 3 \quad \text{←＋4を右辺に移項する}$$
$$\Rightarrow x = 3 - 4 = -1$$

以上から、$x = -1$、$y = 2$ が答えとなります。

▶代入法

先ほどと同じ連立一次方程式を、代入法で解いてみましょう。

（例）
$$
\begin{cases}
5x + 3y = 1 & \cdots① \\
x + 2y = 3 & \cdots②
\end{cases}
$$

（1）式を変形する

式①、式②のどちらかを選んで「$x = \cdots$」または「$y = \cdots$」の形に変形します。なるべく計算が楽なように選びます。ここでは式②を「$x = \cdots$」の形に変形しましょう。

$$x + 2y = 3 \quad \text{←＋2yを右辺に移項する}$$
$$\Rightarrow x = -2y + 3 \quad \cdots②'$$

49

（2）代入する

式②'の右辺を式①に代入します。

$$5\,(-2y + 3) + 3y = 1$$
$$\Rightarrow -10y + 15 + 3y = 1$$
$$\Rightarrow -10y + 3y = 1 - 15$$
$$\Rightarrow -7y = -14$$
$$\Rightarrow \quad y = 2 \quad \cdots ③$$

（3）未知数に値を代入する

式③で y の値がわかったので、この値を式②'に代入し、x の値を求めます。

$$x = -2 \cdot 2 + 3$$
$$= -4 + 3$$
$$= -1$$

以上から、$x = -1$、$y = 2$ が答えとなります。

例題6 次の連立一次方程式を解きなさい。

1 $\begin{cases} x + y = 5 \\ 3x - 2y = 5 \end{cases}$ **2** $\begin{cases} 5x - 2y = -4 \\ 3x - 7y = 15 \end{cases}$ **3** $\begin{cases} x + y + z = 6 \\ -2x - 3y + 4z = 4 \\ 3x - y + 2z = 7 \end{cases}$

例題の解説

加減法と代入法のどちらを使って解いてもかまいません。

1 $\begin{cases} x + y = 5 \quad \cdots ① \\ 3x - 2y = 5 \quad \cdots ② \end{cases}$

【加減法】

式①×2＋式②：

$$\begin{array}{r} 2x + 2y = 10 \\ +\ \ 3x - 2y = 5 \\ \hline 5x \qquad = 15 \\ x = 3 \quad \cdots ③ \end{array}$$

←式①×2

←消したい文字の符号が異なる場合は，
　足し算をする

50

式③を式①に代入： $3 + y = 5$
$$y = 5 - 3$$
$$= 2$$

答：$x = 3$, $y = 2$

【代入法】
式①より： $y = -x + 5$ …①'
式①'を式②に代入：
$$3x - 2(-x + 5) = 5$$
$$3x + 2x - 10 = 5$$
$$5x = 5 + 10$$
$$= 15$$
$$x = 3 \quad \text{…③}$$

式③を式①'に代入： $y = -3 + 5$
$$= 2$$

答：$x = 3$, $y = 2$

2 $\begin{cases} 5x - 2y = -4 & \text{…①} \\ 3x - 7y = 15 & \text{…②} \end{cases}$

　代入法で解こうとすると分数の計算が必要になるので、ここでは加減法で解きます。

式②×5－式①×3：
$$15x - 35y = 75 \quad \leftarrow 式②×5$$
$$\underline{-\ 15x - 6y = -12} \quad \leftarrow 式①×3$$
$$-29y = 87$$
$$y = -3 \quad \text{…③}$$

式③を式①に代入：
$$5x - 2 \times (-3) = -4$$
$$5x - (-6) = -4$$
$$5x + 6 = -4$$
$$5x = -4 - 6$$
$$= -10$$
$$x = -2$$

答：$x = -2$, $y = -3$

3 $\begin{cases} x + y + z = 6 & \cdots ① \\ -2x - 3y + 4z = 4 & \cdots ② \\ 3x - y + 2z = 7 & \cdots ③ \end{cases}$

三元連立一次方程式を解くには、まず1文字を消して二元連立一次方程式をつくります。

式①×2＋式②:

$$\begin{array}{r} 2x + 2y + 2z = 12 \\ +\quad -2x - 3y + 4z = 4 \\ \hline -y + 6z = 16 \end{array}$$ ←式①×2
←式②
…④

式①×3－式③:

$$\begin{array}{r} 3x + 3y + 3z = 18 \\ -\quad 3x - y + 2z = 7 \\ \hline 4y + z = 11 \end{array}$$ ←式①×3
←式③
…⑤

式④と式⑤による二元連立一次方程式を解いて、y, z の値を求めます。

式⑤×6－式④:

$$\begin{array}{r} 24y + 6z = 66 \\ -\quad -y + 6z = 16 \\ \hline 25y = 50 \\ y = 2 \end{array}$$ ←式⑤×6
←式④

…⑥

式⑥を式④に代入: $-2 + 6z = 16$
$6z = 16 + 2$
$= 18$
$z = 3$ …⑦

式⑥, 式⑦を式①に代入:
$x + 2 + 3 = 6$
$x + 5 = 6$
$x = 6 - 5$
$= 1$

答: $x = 1, y = 2, z = 3$

▶キルヒホッフの法則

連立一次方程式の応用例として、電気回路の端子電圧を**キルヒホッフの法則**を使って求める方法を説明しましょう。キルヒホッフの法則とは、次のような法則です。

キルヒホッフの法則

❶ある点に流れ込む電流の合計は、出ていく電流の合計に等しい。
❷閉回路の電圧降下の合計は、起電力の合計に等しい。

例題7 図のような直流回路において、抵抗 6〔Ω〕の端子間電圧の大きさ V〔V〕の値を求めなさい。

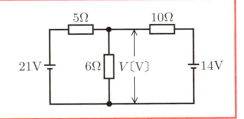

例題の解説

まず、方程式を組み立てるために、未知数を何にするかを決めましょう。この問題は、最終的には端子間の電圧の値を求めます。回路の電圧は、抵抗と電流の値がわかればオームの法則により求めることができます。このうち、抵抗の値 6〔Ω〕は問題で与えられているので、電流の値を求めることがとりあえずの目標となります。

そこで、この回路の電流の流れに注目すると、下図のようになります。

電流 I_1 と I_2 が分岐点で合流して電流 I となり、6Ω の抵抗に流れています。キルヒホッフの第1法則より、この電流の流れは次の式で表すことができます。

$$I = I_1 + I_2 \quad \cdots ①$$

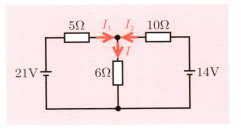

次に、この回路に右図のような2つの閉回路をとります。

回路上のある点から出発して、元の点に戻ってくる経路

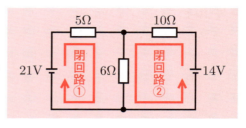

閉回路①の経路上には、5Ωと6Ωの2つの抵抗があり、それぞれに$5 \times I_1$、$6 \times I$の電圧が加わります。キルヒホッフの第2法則は、この2つの電圧の合計が、電源電圧21Vに等しい、といっています。

$5I_1 + 6I = 21$ …②

同様に、閉回路②の経路上には10Ωと6Ωの2つの抵抗があり、それぞれ$10 \times I_2$、$6 \times I$の電圧が加わります。この2つの電圧の合計が14Vに等しくなるので、

$10I_2 + 6I = 14$ …③

式①、②、③を三元連立一次方程式として解き、Iの値を求めます。

式①を式②, ③に代入：

$5I_1 + 6(I_1 + I_2) = 21$ ←式②に代入
$5I_1 + 6I_1 + 6I_2 = 21$
$11I_1 + 6I_2 = 21$ …②'

$10I_2 + 6(I_1 + I_2) = 14$ ←式③に代入
$10I_2 + 6I_1 + 6I_2 = 14$
$6I_1 + 16I_2 = 14$ ←両辺を2で割る
$3I_1 + 8I_2 = 7$ …③'

式②'×4－式③'×3：

$44I_1 + 24I_2 = 84$ ←式②'×4
$-\ 9I_1 + 24I_2 = 21$ ←式③'×3
―――――――――――
$35I_1\ \ \ \ \ \ \ \ \ \ = 63$

$I_1 = \dfrac{63}{35} = \dfrac{9}{5}$ …④

代入法と加減法を組み合わせた解法ね。

式④を式③'に代入：

$$3 \times \frac{9}{5} + 8I_2 = 7$$

$$3 \times \frac{9}{5} \times 5 + 8I_2 \times 5 = 7 \times 5 \quad \leftarrow 両辺に5を掛ける$$

$$27 + 40I_2 = 35$$

$$40I_2 = 35 - 27$$

$$= 8$$

$$I_2 = \frac{8}{40} = \frac{1}{5} \quad \cdots ⑤$$

式④，⑤を式①に代入：

$$I = \frac{9}{5} + \frac{1}{5} = \frac{10}{5} = 2 〔A〕$$

6Ωの抵抗に2Aの電流が流れるので、この抵抗に加わる電圧は、オームの法則（46ページ）より、

$$V = RI = 6 \times 2 = 12 〔V〕 \quad \cdots （答）$$

となります。

コラム 検算のすすめ

　方程式の解は、できる限り検算しましょう。検算の方法は、求めた解を元の方程式に代入し、等式が成り立つかどうかを確かめます。

　例題7の場合は、式①、式②、式③に、それぞれ $I = 2$, $I_1 = \dfrac{9}{5}$, $I_2 = \dfrac{1}{5}$ を代入します。

式①：$I = I_1 + I_2 \leftarrow \dfrac{9}{5} + \dfrac{1}{5} = \dfrac{10}{5} = 2$ なので、正しい

式②：$5I_1 + 6I = 21 \leftarrow 5 \cdot \dfrac{9}{5} + 6 \cdot 2 = 9 + 12 = 21$ なので、正しい

式③：$10I_2 + 6I = 14 \leftarrow 10 \cdot \dfrac{1}{5} + 6 \cdot 2 = 2 + 12 = 14$ なので、正しい

【式の計算と方程式】
二次方程式

二次方程式の解き方には、平方根と因数分解、解の公式の3通りがあります。解の公式は必ず覚えましょう。

未知数の次数が2次の方程式を、**二次方程式**といいます。

(例) $\underset{2次}{x^2 - 36 = 0}$, $\underset{2次}{x^2 - 4x + 6 = 0}$

二次方程式の解き方には、以下の3通りがあります。

① 平方根で解く
② 因数分解で解く
③ 解の公式で解く

▶平方根で解く

方程式が $x^2 = a$（a は定数）の形で表せる場合、未知数 x は「2乗すると a になる数」ですから、次のように表せます。

$$x = \pm\sqrt{a}$$

$x = 0$ の場合を除き、正と負の2つの解があることに注意しましょう。

(例) $x^2 = 4 \Rightarrow x = \pm\sqrt{4} = \pm 2$

▶因数分解で解く

方程式の右辺を0にし、左辺を因数分解します。

(例) $x^2 - 8x + 15 = 0$ ← $x^2 + (a+b)x + ab = (x+a)(x+b)$ より
$\Rightarrow (x - 3)(x - 5) = 0$

上の式は、$(x - 3)$ と $(x - 5)$ の積が0になることを示しています。

この式が成り立つには、$(x - 3)$ か $(x - 5)$ のどちらか一方が 0 でなければなりません。したがって、

$x - 3 = 0$　または　$x - 5 = 0$
$\Rightarrow x = 3$　　　　　　$\Rightarrow$　$x = 5$

以上から、$x = 3$ または $x = 5$ が解となります。

▶解の公式で解く

平方根や因数分解でうまく解けない場合は、次のような二次方程式の **解の公式** を使います。

解の公式

二次方程式 $ax^2 + bx + c = 0 \, (a \neq 0)$ のとき

$$x = \frac{-b \pm \sqrt{b^2 - 4ac}}{2a}$$

例　$2x^2 - 7x + 5 = 0$

解の公式に、$a = 2$，$b = -7$，$c = 5$ を代入すると、次のようになります。

$$x = \frac{-(-7) \pm \sqrt{(-7)^2 - 4 \cdot 2 \cdot 5}}{2 \cdot 2}$$

$$= \frac{7 \pm \sqrt{49 - 40}}{4}$$

$$= \frac{7 \pm \sqrt{9}}{4} = \frac{7 \pm 3}{4}$$

以上から、x の値は

$$x = \frac{7 + 3}{4} = \frac{10}{4} = \frac{5}{2} \text{ または、} x = \frac{7 - 3}{4} = \frac{4}{4} = 1$$

となります。

例題 8 次の方程式の解を求めなさい。

1 $3x^2 - 24 = 0$ **2** $x^2 + x - 6 = 0$
3 $x^2 - 6x + 9 = 0$ **4** $x^2 + 8x + 5 = 0$
5 $x^4 - 29x^2 + 100 = 0$

例題の解説

1 $3x^2 - 24 = 0$
$\Rightarrow 3x^2 = 24$
$\Rightarrow x^2 = 8$
$\Rightarrow x = \pm\sqrt{8} = \pm\sqrt{4 \cdot 2} = \pm 2\sqrt{2}$ …（答）

2 $x^2 + x - 6 = 0$
$\Rightarrow (x+3)(x-2) = 0$
$\Rightarrow x = -3$ または $x = 2$ …（答）

3 $x^2 - 6x + 9 = 0$
$\Rightarrow (x-3)^2 = 0$
$\Rightarrow x = 3$ …（答）

4 $x^2 + 8x + 5 = 0$

因数分解できないので、解の公式を使います。

$x = \dfrac{-8 \pm \sqrt{8^2 - 4 \cdot 1 \cdot 5}}{2 \cdot 1}$

$= \dfrac{-8 \pm \sqrt{64 - 20}}{2}$

$= \dfrac{-8 \pm \sqrt{44}}{2}$

$= \dfrac{-8 \pm \sqrt{4 \cdot 11}}{2}$

$$= \frac{-\overset{4}{\cancel{8}} \pm \overset{1}{\cancel{2}}\sqrt{11}}{\cancel{2}} = -4 \pm \sqrt{11} \quad \cdots \text{（答）}$$

5 $x^2 = X$ とすると、$x^4 - 29x^2 + 100$は$X^2 - 29X + 100$と表せます。したがって、

$X^2 - 29X + 100 = 0$

$\Rightarrow (X - 4)(X - 25) = 0$

$\Rightarrow (x^2 - 4)(x^2 - 25) = 0$　←$(x^2 - 2^2)(x^2 - 5^2) = 0$

$\Rightarrow (x + 2)(x - 2)(x + 5)(x - 5) = 0$　←39ページの公式❸

$\Rightarrow x = \pm 2$ または $x = \pm 5$ $\quad \cdots$（答）

コラム・二次方程式の解の判別

解の公式 $x = \dfrac{-b \pm \sqrt{b^2 - 4ac}}{2a}$ の、$b^2 - 4ac$ の部分に注目すると、

$b^2 - 4ac > 0$のときの解：$x = \dfrac{-b + \sqrt{b^2 - 4ac}}{2a}$ または $x = \dfrac{-b - \sqrt{b^2 - 4ac}}{2a}$

（2個）

$b^2 - 4ac = 0$のときの解：$x = \dfrac{-b \pm \sqrt{0}}{2a} = \dfrac{-b}{2a}$ （1個）

$b^2 - 4ac < 0$のときの解：$x = \dfrac{-b \pm \sqrt{\text{負の値}}}{2a}$ ←実数には存在しない！ （0個）

となります。$\sqrt{-1}$ のような「負の値の平方根」は実数には存在しないので、$b^2 - 4ac < 0$ のとき、この方程式には解がありません（ただし、数の範囲を「虚数」まで広げれば解をもつので、正確には「実数解がない」といいます）。

このように、$b^2 - 4ac$ の値の範囲を調べれば、二次方程式が実数解をもつかどうかがわかります。この式 $D = b^2 - 4ac$ を**判別式**といいます。

（例）$x^2 + 2x + 3 = 0$ の解の個数を調べよ。

$D = 2^2 - 4 \times 1 \times 3 = -8 < 0$ より、この方程式は実数解をもちません。

Sec.
04
二次方程式

▶二次方程式の応用

> **例題 9** 2つの抵抗 R_1〔Ω〕および R_2〔Ω〕を図1のように並列に接続した場合の全消費電力は、これら2つの抵抗を図2のように直列に接続した場合の全消費電力の6倍であった。$R_1 = 3$〔Ω〕のとき、R_2 の値はいくらか。ただし、$R_2 > R_1$ とし、電源 E の内部抵抗は無視するものとする。
>
>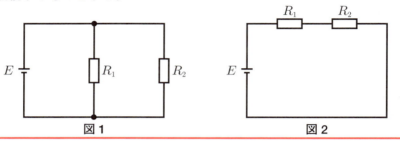

例題の解説

直流回路の消費電力は、次のように求めることができます。

直流回路の消費電力

$$P = IV = I^2 R = \frac{V^2}{R} \ \text{〔W〕}$$

P：消費電力〔W〕(ワット)
I：電流〔A〕
V：電圧〔V〕
R：抵抗〔Ω〕

図1の回路の消費電力 P_1 は、上の公式より次のように表すことができます。

$$P_1 = \frac{E^2}{\dfrac{R_1 R_2}{R_1 + R_2}} = \frac{E^2 (R_1 + R_2)}{R_1 R_2} \ \text{〔W〕}$$

←図1の R_1 と R_2 の合成抵抗 R は、「和分の積」(14ページ) で求められる

一方、図 2 の回路の消費電力 P_2 は、

$$P_2 = \frac{E^2}{R_1 + R_2} \text{〔W〕}$$

←図 2 の R_1 と R_2 は直列接続

です。P_1 は P_2 の 6 倍なので、次の式が成り立ちます。

$$P_1 = 6P_2 \Rightarrow \frac{E^2(R_1 + R_2)}{R_1 R_2} = 6 \cdot \frac{E^2}{R_1 + R_2}$$

$$\Rightarrow \frac{R_1 + R_2}{R_1 R_2} = \frac{6}{R_1 + R_2}$$

$$\Rightarrow \frac{R_1 + R_2}{R_1 R_2} \cdot R_1 R_2 \cdot (R_1 + R_2) = \frac{6}{R_1 + R_2} \cdot R_1 R_2 \cdot (R_1 + R_2)$$ ←両辺×$R_1 R_2 \cdot (R_1 + R_2)$

$$\Rightarrow (R_1 + R_2)^2 = 6R_1 R_2$$

$$\Rightarrow R_1{}^2 + 2R_1 R_2 + R_2{}^2 - 6R_1 R_2 = 0$$

$$\Rightarrow R_1{}^2 - 4R_1 R_2 + R_2{}^2 = 0 \quad \cdots ①$$

問題文より、①の式に $R_1 = 3$ を代入すると、次のようになります。

$$3^2 - 4 \cdot 3R_2 + R_2{}^2 = 0$$

$$\Rightarrow R_2{}^2 - 12R_2 + 9 = 0$$

この二次方程式を解いて R_2 の値を求めます。この式は因数分解できないので、解の公式（57 ページ）を使います。

$$R_2 = \frac{-(-12) \pm \sqrt{(-12)^2 - 4 \cdot 1 \cdot 9}}{2 \cdot 1}$$

解の公式
$$x = \frac{-b \pm \sqrt{b^2 - 4ac}}{2a}$$

$$= \frac{12 \pm \sqrt{144 - 36}}{2}$$

$$= \frac{12 \pm \sqrt{108}}{2} = \frac{12 \pm 6\sqrt{3}}{2}$$ ←$\sqrt{108} = \sqrt{6^2 \times 3}$

$$= 6 \pm 3\sqrt{3}$$

問題文より $R_2 > R_1$ なので、$R_2 = 6 + 3\sqrt{3} ≒ 11.196$ 〔Ω〕となります。 … （答）

第 2 章　章末問題

（解答は 63 〜 66 ページ）

問1 図のように、可変抵抗 R_1〔Ω〕、R_2〔Ω〕、抵抗 R_x〔Ω〕、電源 E〔V〕からなる直流回路がある。次に示す条件1のときの R_x〔Ω〕に流れる電流 I〔A〕の値と、条件2のときの電流 I〔A〕の値が等しくなった。R_x〔Ω〕の値はいくらか。

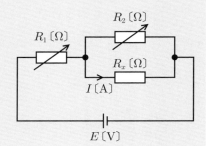

　条件1：$R_1 = 90$〔Ω〕、$R_2 = 6$〔Ω〕
　条件2：$R_1 = 70$〔Ω〕、$R_2 = 4$〔Ω〕

問2 図のように、2種類の直流電源と3種類の抵抗からなる回路がある。各抵抗に流れる電流を図に示す向きに定義するとき、電流 I_1〔A〕、I_2〔A〕、I_3〔A〕の値を求めよ。

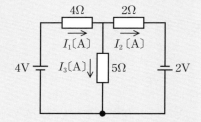

問3 2つの抵抗 R_1〔Ω〕及び R_2〔Ω〕を図1のように並列に接続した場合の全消費電力は、これら2つの抵抗を図2のように直列に接続した場合の全消費電力の4.5倍であった。このとき、R_2の値はいくらか。ただし、$R_1 = 2$〔Ω〕、$R_2 > R_1$ とし、電源 E の内部抵抗は無視するものとする。

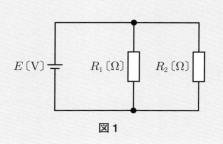
図 1

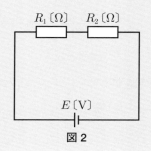
図 2

第2章 章末問題 解答

問1 回路全体の抵抗 R は、

$$R = R_1 + \frac{R_2 R_x}{R_2 + R_x}$$

また、可変抵抗 $R_1 [\Omega]$ を流れる電流を I_1 とすると、オームの法則より

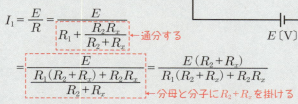

$$I_1 = \frac{E}{R} = \frac{E}{\boxed{R_1 + \frac{R_2 R_x}{R_2 + R_x}}} \leftarrow \text{通分する}$$

$$= \frac{E}{\frac{R_1(R_2 + R_x) + R_2 R_x}{R_2 + R_x}} = \frac{E(R_2 + R_x)}{R_1(R_2 + R_x) + R_2 R_x} \leftarrow \text{分母と分子に} R_2 + R_x \text{を掛ける}$$

抵抗 R_x を流れる電流 I の大きさは、分流の法則より、

$$I = \frac{R_2}{R_2 + R_x} \cdot I_1 = \frac{R_2}{(R_2 + R_x)} \cdot \frac{E(R_2 + R_x)}{R_1(R_2 + R_x) + R_2 R_x}$$

$$= \frac{E R_2}{R_1 R_2 + R_1 R_x + R_2 R_x} = \frac{E R_2}{R_1 R_2 + (R_1 + R_2) R_x} \leftarrow \text{分母と分子を} R_2 \text{で割る}$$

$$= \frac{E}{R_1 + \frac{R_1 + R_2}{R_2} R_x} \quad \cdots ①$$

分流の法則

図のような直流回路において、抵抗 R_1, R_2 に流れる電流は、それぞれ次のようになる。

$$I_1 = \frac{R_2}{R_1 + R_2} \cdot I \ [\text{A}]$$

$$I_2 = \frac{R_1}{R_1 + R_2} \cdot I \ [\text{A}]$$

式①に条件1、条件2を代入すると、次のようになります。

条件1：$\dfrac{E}{90+\dfrac{90+6}{6}R_x} = \dfrac{E}{90+16R_x}$ …②

条件2：$\dfrac{E}{70+\dfrac{70+4}{4}R_x} = \dfrac{E}{70+18.5R_x}$ …③

問題文より、式②＝式③となるので、次の方程式が成り立ちます。

$90 + 16R_x = 70 + 18.5R_x$
$\Rightarrow\quad 2.5R_x = 20$
$\Rightarrow\quad R_x = 20 \div 2.5 = 8\,[\Omega]$

答 8Ω

問2 いくつかの解法がありますが、ここではキルヒホッフの法則を使った解法を説明します。

キルヒホッフの法則

❶ある点に流れ込む電流の合計は、出ていく電流の合計に等しい。
❷閉回路の電圧降下の合計は、起電力の合計に等しい。

まず、問題の回路図に閉回路を設定します。閉回路とは、回路上のある点から出発して、元の点に戻ってくる経路です。問題文の回路の場合は、次のような3つの閉回路が考えられます。

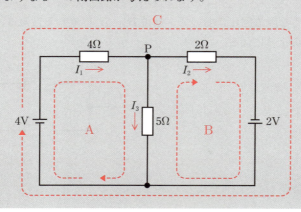

閉回路 A については、4Ω の抵抗に $4I_1$〔V〕、5Ω の抵抗に $5I_3$〔V〕の電圧が加わります。これらの合計が、電源電圧 4V と等しくなるので、

$4I_1 + 5I_3 = 4$　…④

次に閉回路Bについては、2Ωの抵抗に $2I_2$〔V〕、5Ωの抵抗に$-5I_3$〔V〕の電圧が加わります。これらの合計が、電源電圧 2V と等しくなります。電流 I_3 の流れる方向は閉回路Bと逆方向なので、電圧降下もマイナスになることに注意します。

$2I_2 - 5I_3 = 2$　…⑤

閉回路Cについては、4Ω の抵抗に $4I_1$〔V〕、2Ω の抵抗に $2I_2$〔V〕の電圧が加わります。この経路には電源が2つあるので、

$4I_1 + 2I_2 = 4 + 2$　…⑥

最後に、前ページの回路のP点に注目すると、電流 I_1 はP点で I_2 と I_3 に分岐しているので、キルヒホッフの第1法則より、次の式が成り立ちます。

$I_1 = I_2 + I_3$　…⑦

式④〜⑦のうちの3つを連立方程式として解き、I_1, I_2, I_3 の値を求めます（ここでは④，⑥，⑦を使用）。

式⑦を式④に代入：$4(I_2 + I_3) + 5I_3 = 4 \rightarrow 4I_2 + 9I_3 = 4$　…⑧
式⑦を式⑥に代入：$4(I_2 + I_3) + 2I_2 = 6 \rightarrow 6I_2 + 4I_3 = 6$　…⑨
式⑧×3－式⑨×2：

$$
\begin{array}{r}
12I_2 + 27I_3 = 12 \\
-\quad 12I_2 + 8I_3 = 12 \\
\hline
19I_3 = 0
\end{array}
$$

　　$\therefore I_3 = 0$　…⑩

式⑩を式④に代入：$4I_1 + 0 = 4$　　$\therefore I_1 = 1$
式⑩を式⑤に代入：$2I_2 - 0 = 2$　　$\therefore I_2 = 1$

（答）$I_1 = 1$〔A〕, $I_2 = 1$〔A〕, $I_3 = 0$〔A〕

問3 直流回路の消費電力 $P = I^2R = \dfrac{V^2}{R}$ 〔W〕より（60ページ）、図1、図2の回路の消費電力はそれぞれ次のように表せます。

図1の消費電力 $P_1 = \dfrac{E^2}{\dfrac{R_1 R_2}{R_1 + R_2}} = \dfrac{E^2}{\dfrac{2R_2}{2 + R_2}} = \dfrac{E^2(2+R_2)}{2R_2}$

図2の消費電力 $P_2 = \dfrac{E^2}{R_1 + R_2} = \dfrac{E^2}{2+R_2}$

$P_1 = 4.5 P_2$ なので、　　← $P_2 \times 4.5$

$\dfrac{E^2(2+R_2)}{2R_2} = \dfrac{4.5 E^2}{2+R_2}$

$\Rightarrow \quad \dfrac{2+R_2}{2R_2} = \dfrac{4.5}{2+R_2}$

$\Rightarrow \quad 2+R_2 = \dfrac{9R_2}{2+R_2}$

$\Rightarrow \quad (2+R_2)^2 = 9R_2$　← 39ページの式の展開公式❶

$\Rightarrow \quad R_2^2 + 4R_2 + 4 = 9R_2$

$\Rightarrow \quad R_2^2 - 5R_2 + 4 = 0$

$\Rightarrow \quad (R_2 - 1)(R_2 - 4) = 0 \quad \therefore R_2 = 1, 4$

問題文の $R_2 > R_1$ より、$R_2 = 4$ 〔Ω〕となります。

答 4Ω

Chapter

03

三角関数

01	三平方の定理・・・・・・・・・・・・・・・・・・・・・	68
02	三角比・・・・・・・・・・・・・・・・・・・・・・・・・・	70
03	三角関数・・・・・・・・・・・・・・・・・・・・・・・・	75
04	余弦定理と加法定理・・・・・・・・・・・・・・・	83
05	加法定理から導かれる公式・・・・・・・・・	90
06	弧度法（ラジアン）・・・・・・・・・・・・・・・	98
07	三角関数のグラフと交流・・・・・・・・・・・	102
章末問題・・・・・・・・・・・・・・・・・・・・・・・・・・		112

【三角関数】
三平方の定理

Chapter 3 Section 01

三平方の定理は中学数学で習いますが、重要な定理なのでここで復習しておきましょう。ついでに「三平方の定理がなぜ成り立つか」についても説明します。

▶三平方の定理とは

> **例題1** 図のような直角三角形ABCがある。辺ACの長さが8cm、辺BCの長さが6cmであるとき、辺ABの長さはいくらか。
>
>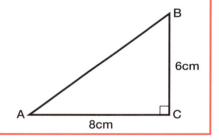

例題の解説

直角三角形の3つの辺の長さについては、次のような**三平方の定理**が成り立ちます（古代ギリシャの数学者ピタゴラスが発見したので、「ピタゴラスの定理」ともいいます）。

三平方の定理

直角三角形の斜辺の2乗は、他の2辺の2乗の和に等しい。

$$a^2 + b^2 = c^2$$

三平方の定理は直角三角形でないと成り立たないので注意！

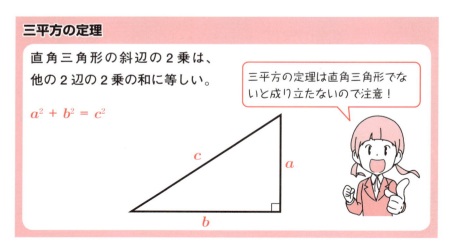

この定理を問題文に当てはまると、次の式が成り立ちます。

$$AB^2 = BC^2 + AC^2 = 8^2 + 6^2 = 64 + 36 = 100$$

辺 AB の長さは「2 乗すると 100 になる」数なので、次のように平方根で表すことができます。

$$AB = \sqrt{100} = 10 \text{ [cm]} \quad \cdots \text{（答）}$$

一般に、直角三角形の 3 辺のうち 2 辺の長さがわかれば、残り 1 辺の長さは次のように求められます。

$$c = \sqrt{a^2 + b^2} \qquad a = \sqrt{c^2 - b^2} \qquad b = \sqrt{c^2 - a^2}$$

▶三平方の定理の証明

　三平方の定理には何通りかの証明方法がありますが、そのうち 1 つだけ紹介しておきましょう。

　4 つの合同な直角三角形を下図のように組み合わせて、正方形をつくります。外側の正方形は 1 辺の長さが $a + b$ なので、その面積は $(a + b)^2$ と表せます。また、内側の正方形（色網の部分）の面積は c^2 です。この面積は、外側の正方形の面積から、4 つの直角三角形の面積を引いたものと等しいので、次の式が成り立ちます。

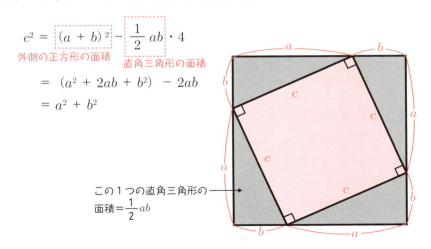

Chapter 3 Section 02

【三角関数】
三角比

基本となるサイン、コサイン、タンジェントについて説明します。また、三角比の基本公式についても説明します。三角定規の直角三角形の三辺の比は必ず覚えましょう。

▶三角比とは

直角三角形の3辺の長さの比を、三角比（さんかくひ）といいます。

右図のように、角 θ（シータ）と直角が下になるように直角三角形を書き、3つの辺を「底辺」「高さ」「斜辺」とします。

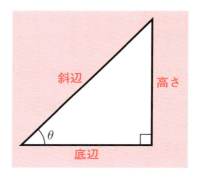

このとき、$\dfrac{高さ}{斜辺}$ を **サイン**（正弦）といい、$\sin\theta$ と書きます。

同様に、$\dfrac{底辺}{斜辺}$ を **コサイン**（余弦）といい、$\cos\theta$ と書きます。

また、$\dfrac{高さ}{底辺}$ を **タンジェント**（正接）といい、$\tan\theta$ と書きます。

三角比

$$\sin\theta = \dfrac{高さ}{斜辺} \qquad \cos\theta = \dfrac{底辺}{斜辺} \qquad \tan\theta = \dfrac{高さ}{底辺}$$

例題2 図の直角三角形において、辺BCの長さを a、辺ACの長さを b、辺ABの長さを c とする。$a=3$, $b=4$ であるとき、$\sin\theta$、$\cos\theta$、$\tan\theta$ の値はいくらか。

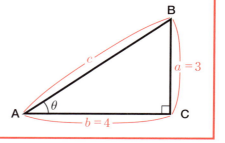

例題の解説

$\sin\theta$、$\cos\theta$、$\tan\theta$ の値は、それぞれ

$$\sin\theta = \frac{a}{c},\ \cos\theta = \frac{b}{c},\ \tan\theta = \frac{a}{b}$$

で求められます。このうち a，b の値はわかっていますが、斜辺 c の長さがわかりません。これは、三平方の定理を使って求めます（68ページ）。

$$c^2 = a^2 + b^2 = 3^2 + 4^2 = 9 + 16 = 25$$
$$c > 0\ ですから、c = \sqrt{25} = 5$$

以上から、

$$\sin\theta = \frac{a}{c} = \frac{3}{5},\ \cos\theta = \frac{b}{c} = \frac{4}{5},\ \tan\theta = \frac{a}{b} = \frac{3}{4}\quad \cdots（答）$$

となります。

三角比と三角関数の違いは、角度の範囲が 0°〜90°か、0°〜360°かの違いです。

コラム 三角比の覚え方

図のように、直角三角形を直角が右下になるように置き、サイン（「斜辺」分の「高さ」）は筆記体の s の書き順、コサイン（「斜辺」分の「底辺」）は c の書き順、タンジェント（「底辺」分の「高さ」）は t の書き順と覚えます。

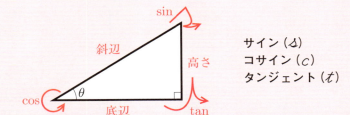

▶覚えておきたい三角比

下図の 2 つの直角三角形の角度と 3 辺の比は、必ず覚えましょう。

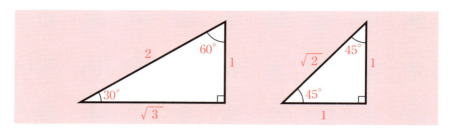

2 つの直角三角形から、30°、60°、45°の三角比が求められます。

$$\sin 30° = \frac{1}{2}, \quad \cos 30° = \frac{\sqrt{3}}{2}, \quad \tan 30° = \frac{1}{\sqrt{3}}$$

$$\sin 60° = \frac{\sqrt{3}}{2}, \quad \cos 60° = \frac{1}{2}, \quad \tan 60° = \sqrt{3}$$

$$\sin 45° = \frac{1}{\sqrt{2}}, \quad \cos 45° = \frac{1}{\sqrt{2}}, \quad \tan 45° = 1$$

> サイン、コサインの値を覚えるより、2 つの直角三角形の 3 辺の比を覚えましょう。

▶三角比の公式

三角比の次の公式は重要なので覚えておきましょう。

三角比の重要公式

❶ $\tan\theta = \dfrac{\sin\theta}{\cos\theta}$

❷ $\sin^2\theta + \cos^2\theta = 1$

❸ $1 + \tan^2\theta = \dfrac{1}{\cos^2\theta}$

❹ $\sin(90° - \theta) = \cos\theta, \quad \cos(90° - \theta) = \sin\theta$

> $\sin\theta$ の 2 乗は、$\sin\theta^2$ ではなく、$\sin^2\theta$ と書きます。

❶ $\tan \theta = \dfrac{\sin \theta}{\cos \theta}$ の証明

右図の直角三角形において、

$$\tan \theta = \dfrac{a}{b}$$

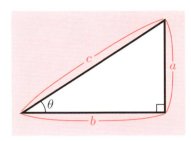

分母と分子を c で割ると、

$$= \dfrac{\dfrac{a}{c}}{\dfrac{b}{c}} = \dfrac{\sin \theta}{\cos \theta}$$

となります。

❷ $\sin^2 \theta + \cos^2 \theta = 1$ の証明

右図の直角三角形において、

$$\sin \theta = \dfrac{a}{c} \;\Rightarrow\; a = c\sin\theta$$

$$\cos \theta = \dfrac{b}{c} \;\Rightarrow\; b = c\cos\theta$$

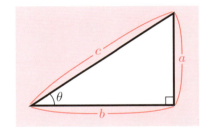

が成り立ちます。三平方の定理より、$a^2 + b^2 = c^2$ なので、

$$(c\sin\theta)^2 + (c\cos\theta)^2 = c^2$$
$$\Rightarrow\; c^2\sin^2\theta + c^2\cos^2\theta = c^2 \quad \text{←両辺} \div c^2$$
$$\Rightarrow\; \sin^2\theta + \cos^2\theta = 1$$

となります。

❸ $1 + \tan^2 \theta = \dfrac{1}{\cos^2 \theta}$ の証明

三角比の公式❷の $\sin^2\theta + \cos^2\theta = 1$ より、両辺を $\cos^2\theta$ で割ると、

$$\dfrac{\sin^2\theta}{\cos^2\theta} + \dfrac{\cos^2\theta}{\cos^2\theta} = \dfrac{1}{\cos^2\theta}$$

$$\Rightarrow \left(\boxed{\dfrac{\sin\theta}{\cos\theta}}\right)^2 + 1 = \dfrac{1}{\cos^2\theta} \;\Rightarrow\; \tan^2\theta + 1 = \dfrac{1}{\cos^2\theta}$$

公式❶より $\dfrac{\sin \theta}{\cos \theta} = \tan \theta$

❹ $\sin(90°-\theta) = \cos\theta$，$\cos(90°-\theta) = \sin\theta$ の証明

右図のような直角三角形 ABC を考えます。∠A の角度を θ、∠B の角度を ϕ とすると、

$$\sin\phi = \frac{b}{c} = \cos\theta,\quad \cos\phi = \frac{a}{c} = \sin\theta$$

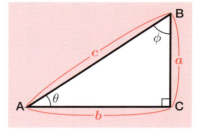

また、三角形の内角の和は 180° なので、

$$\theta + \phi + 90° = 180° \quad \Rightarrow \quad \phi = 180° - 90° - \theta = 90° - \theta$$

以上から、

$$\sin(90° - \theta) = \sin\phi = \cos\theta \qquad \cos(90° - \theta) = \cos\phi = \sin\theta$$

例題 3 直角三角形において、$\sin\theta = \dfrac{3}{5}$ のとき、$\cos\theta$、$\tan\theta$ の値を求めよ。

例題の解説

三角比の公式 $\sin^2\theta + \cos^2\theta = 1$ より、

$$\cos^2\theta = 1 - \sin^2\theta = 1 - \left(\frac{3}{5}\right)^2 = 1 - \frac{9}{25} = \frac{16}{25}$$

$\cos\theta > 0$ より、$\cos\theta = \sqrt{\dfrac{16}{25}} = \dfrac{4}{5}$

$\sin\theta = \dfrac{3}{5}$、$\cos\theta = \dfrac{4}{5}$ なので、$\tan\theta$ は次のように求められます。

$$\boxed{\tan\theta = \frac{\sin\theta}{\cos\theta}} = \frac{\dfrac{3}{5}}{\dfrac{4}{5}} = \frac{3}{4}$$

公式❶

答え：$\cos\theta = \dfrac{4}{5}$，$\tan\theta = \dfrac{3}{4}$

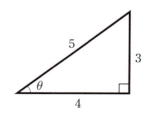

Chapter 3 Section 03 【三角関数】
三角関数

三角関数は、直角三角形の三角比の角度の範囲を360°に拡張したものです。常に単位円を思い浮かべて考えてください。正負の符号に注意しましょう。

▶単位円を使った三角比

原点Oを中心とする半径1の円を、**単位円**といいます。

座標(1, 0)の点を、原点Oを中心に反時計回りにθだけ回転させた点Pを考えます。右図のように、点Pは単位円の円周上にあり、直線OPの長さは1です。

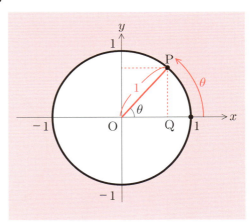

点Pの座標を(x, y)とすると、図の直線OQの長さは点Pのx座標xに等しく、直線PQの長さは点Pのy座標yに等しくなります。

そこで、直角三角形OPQの三角比を考えると、

$$\sin\theta = \frac{PQ}{OP} = \frac{y}{1} = y$$

$$\cos\theta = \frac{OQ}{OP} = \frac{x}{1} = x$$

$$\tan\theta = \frac{PQ}{OQ} = \frac{y}{x}$$

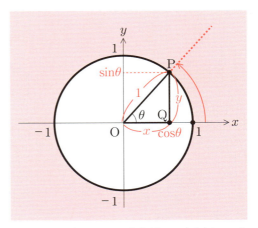

このように単位円を使うと、円周上の点Pのx座標とy座標が、そのまま$\cos\theta$と$\sin\theta$になります。また、$\tan\theta$は、このときの直線OPの傾きと考えることができます。

たとえば、点 P を座標 (1, 0) から 30°回転させたときの x 座標と y 座標の値はそれぞれ cos30°と sin30°です。3 辺の比が $1:2:\sqrt{3}$ の直角三角形を思い浮かべれば、

$$\boxed{\cos 30°} = \frac{\sqrt{3}}{2} ， \boxed{\sin 30°} = \frac{1}{2}$$

x 座標　　　　　　　　y 座標

ですから、点 P の座標は $\left(\frac{\sqrt{3}}{2}, \frac{1}{2}\right)$ であることがわかります。また、tan30°は直線 OP の傾きなので、

$$\tan 30° = \frac{\frac{1}{2}}{\frac{\sqrt{3}}{2}} = \frac{1}{\sqrt{3}}$$

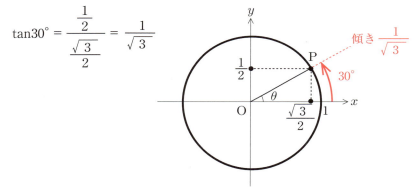

このように定義される三角比を、**三角関数**といいます。

三角関数の定義

$\cos\theta = x$
$\sin\theta = y$
$\tan\theta = \dfrac{y}{x}$

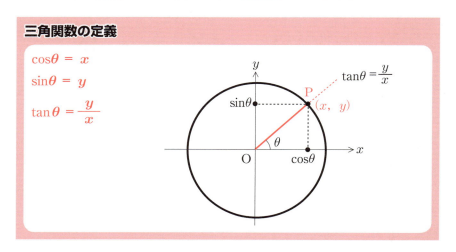

▶三角関数の角度 θ を指定する

直角三角形の三角比は $0° < \theta < 90°$ の範囲しかありませんでしたが、三角関数では、θ がどんな値の場合でも対応する値を考えることができます。いくつか例をあげて説明しましょう。

① $\theta = 150°$ の場合

$90° < \theta < 180°$ のとき、点 P は原点 O の左上の領域（第 2 象限）に入ります。この領域では、x 座標は負の数、y 座標は正の数になります。

$\theta = 150°$ では、右図のような $1:2:\sqrt{3}$ の直角三角形ができるので、点 P の x 座標と y 座標は、それぞれ次のようになります。

$$x = \cos 150° = -\cos 30° = -\frac{\sqrt{3}}{2} \quad \text{←負の数}$$

$$y = \sin 150° = \sin 30° = \frac{1}{2} \quad \text{←正の数}$$

直線 OP は右下がりなので、$\tan 150°$ は負の値になります。

$$\tan 150° = -\tan 30° = \frac{\frac{1}{2}}{-\frac{\sqrt{3}}{2}}$$

$$= -\frac{1}{\sqrt{3}}$$

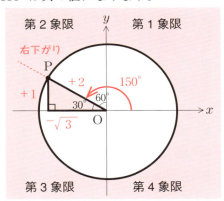

② $\theta = 210°$ の場合

$180° < \theta < 270°$ のとき、点 P は原点 O の左下の領域（第 3 象限）に入ります。この領域では、x 座標も y 座標も負の数になります。

$\theta = 210°$ では、次ページの図のような $1:2:\sqrt{3}$ の直角三角形ができるので、点 P の x 座標と y 座標は、それぞれ次のようになります。

$$x = \cos 210° = -\frac{\sqrt{3}}{2} \quad \text{←負の数}$$

$$y = \sin 210° = -\frac{1}{2} \quad \text{←負の数}$$

直線 OP は右上がりなので、tan210° は正の数になります。

$$\tan 210° = \frac{-\frac{1}{2}}{-\frac{\sqrt{3}}{2}} = \frac{1}{\sqrt{3}}$$

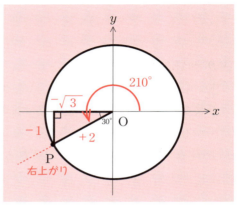

③ $\theta = 330°$ の場合

$270° < \theta < 360°$ のとき、点 P は原点 O の右下の領域（第 4 象限）に入ります。この領域では、x 座標は正の数、y 座標は負の数になります。

$\theta = 330°$ では、右図のような $1:2:\sqrt{3}$ の直角三角形ができるので、点 P の x 座標と y 座標は、それぞれ次のようになります。

$$x = \cos 330° = \frac{\sqrt{3}}{2} \quad \text{←正の数}$$

$$y = \sin 330° = -\frac{1}{2} \quad \text{←負の数}$$

直線 OP は右下がりなので、tan330° は負の数になります。

$$\tan 330° = \frac{-\frac{1}{2}}{\frac{\sqrt{3}}{2}} = -\frac{1}{\sqrt{3}}$$

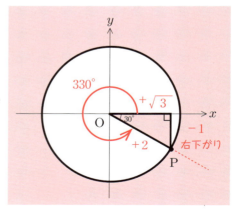

点Pは θ = 360°で1回転するので、たとえばsin405°はsin（405°－360°）= sin45°と同じです。

また、θ が負の数の場合は、点Pを時計回りに回転させます。したがって、たとえばsin（－45°）は、sin（360°－45°）= sin315°と同じになります。

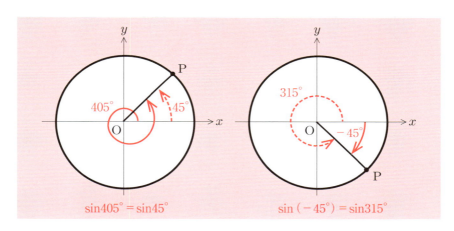

▶三角関数の値の範囲

角度 θ が 0°のとき、すなわち、sin0°やcos0°、tan0°がどんな値になるか考えてみましょう。θ = 0°のとき、点Pの座標は（1, 0）になります。したがって三角関数の定義（76ページ）より、

$\sin 0° = y = 0$
$\cos 0° = x = 1$
$\tan 0° = \dfrac{y}{x} = \dfrac{0}{1} = 0$

点Pは θ = 360°で1回転するので、

$\sin 360° = \sin 0° = 0$
$\cos 360° = \cos 0° = 1$
$\tan 360° = \tan 0° = 0$

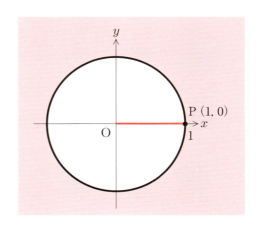

です。一般に、$\sin 360n°$ と $\tan 360n°$ は n がどんな整数でも 0、$\cos 360n°$ は n がどんな整数でも 1 です。

また、角度 θ が $180°$ のとき、点 P の座標は $(-1, 0)$ になります。したがって、

$$\sin 180° = y = 0$$
$$\cos 180° = x = -1$$
$$\tan 180° = \frac{y}{x} = \frac{0}{-1} = 0$$

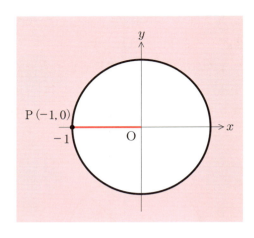

角度 θ が $90°$ のときはどうでしょうか。$\theta = 90°$ のとき、点 P の座標は $(0, 1)$ になります。したがって、

$$\sin 90° = y = 1$$
$$\cos 90° = x = 0$$
$$\tan 90° = \frac{y}{x} = \frac{1}{0} \rightarrow 未定義$$

となります。$\tan 90°$ は、分母が 0 の分数になってしまうので定義できないことに注意してください。ただし、角度 θ を $89.9999\cdots$ のように $90°$ に近づけていくと、

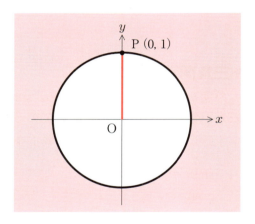

$$\tan 89.9999\cdots° = \frac{y \rightarrow 限りなく 1 に近い正の数}{x \rightarrow 限りなく 0 に近い正の数}$$

となり、$\tan \theta$ は限りなく大きな数＝無限大（記号では ∞ と書く）になります。

また、角度 θ を $90.0000\cdots01$ のように $90°$ からごくわずかに増やすと、

$$\tan 90.0000\cdots 01° = \frac{y \to 限りなく1に近い正の数}{x \to 限りなく0に近い負の数}$$

となり、$\tan\theta$ は限りなく小さな数＝無限小（記号では $-\infty$ と書く）になります。

例題 4 次の三角関数の値を求めなさい。

1 $\sin 135°$　　**2** $\cos 210°$　　**3** $\tan 315°$　　**4** $\cos 180°$

例題の解説

1 $\sin 135°$

$\theta = 135°$ のとき、点 P は右図のように第 2 象限にあります。点 P の y 座標は正の数なので、$\sin\theta$ は正の数になります。図より、

$$\sin 135° = \frac{y}{\text{OP}} = \frac{1}{\sqrt{2}} \quad \cdots (答)$$

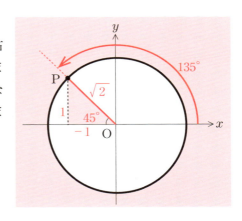

2 $\cos 210°$

$\theta = 210°$ のとき、点 P は右図のように第 3 象限にあります。点 P の x 座標は負の数なので、$\cos\theta$ は負の数になります。図より、

$$\cos 210° = \frac{x}{\text{OP}} = \frac{-\sqrt{3}}{2}$$
$$= -\frac{\sqrt{3}}{2} \quad \cdots (答)$$

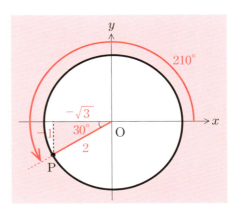

3 tan315°

$\theta = 315°$ のとき、点 P は右図のように第 4 象限にあります。直線 OP の傾きは右下がりなので、$\tan\theta$ は負の数になります。図より、

$$\tan 315° = \frac{y}{x} = \frac{-1}{1}$$
$$= -1 \quad \cdots \text{(答)}$$

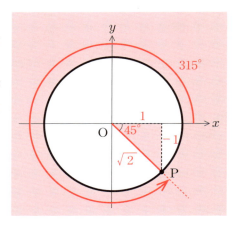

4 cos180°

$\theta = 180°$ のときの点 P の座標は

$$\cos 180° = x = -1 \quad \cdots \text{(答)}$$

となります。

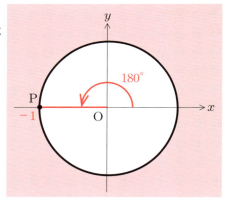

$0° \leqq \theta \leqq 180°$ の範囲の三角関数の主な値をまとめておきましょう。

θ	0°		30°		45°		60°		90°		120°		135°		150°		180°
$\sin\theta$	0	↗	$\frac{1}{2}$	↗	$\frac{1}{\sqrt{2}}$	↗	$\frac{\sqrt{3}}{2}$	↗	1	↘	$\frac{\sqrt{3}}{2}$	↘	$\frac{1}{\sqrt{2}}$	↘	$\frac{1}{2}$	↘	0
$\cos\theta$	1	↘	$\frac{\sqrt{3}}{2}$	↘	$\frac{1}{\sqrt{2}}$	↘	$\frac{1}{2}$	↘	0	↘	$-\frac{1}{2}$	↘	$-\frac{1}{\sqrt{2}}$	↘	$-\frac{\sqrt{3}}{2}$	↘	-1
$\tan\theta$	0	↗	$\frac{1}{\sqrt{3}}$	↗	1	↗	$\sqrt{3}$	↗	/	↗	$-\sqrt{3}$	↗	-1	↗	$-\frac{1}{\sqrt{3}}$	↗	0

※ ↗ は増加、↘ は減少の状態を示す。

Chapter 3 【三角関数】
Section 04 余弦定理と加法定理

余弦定理と加法定理は、三角関数の他の公式を導くうえで基本的な定理です。とくに加法定理はこの後でも繰り返し出てくるので覚えておきましょう。

▶三角関数の余弦定理

余弦定理とは、次のような定理です。

余弦定理

三角形 ABC の辺 BC の長さを a，辺 AC の長さを b，辺 AB の長さを c とすると、次の式が成り立つ。

$$a^2 = b^2 + c^2 - 2bc\cos A$$
$$b^2 = c^2 + a^2 - 2ca\cos B$$
$$c^2 = a^2 + b^2 - 2ab\cos C$$

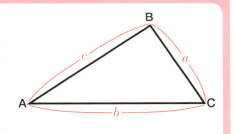

余弦定理を証明しましょう。図のように、点 B を通り、辺 AC と垂直な直線 BP を引きます。すると、

$$\sin A = \frac{BP}{c} \Rightarrow BP = c\sin A$$

$$\cos A = \frac{AP}{c} \Rightarrow AP = c\cos A$$

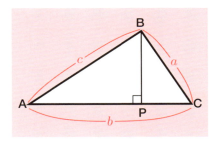

また、直角三角形 BCP について、三平方の定理より次の式が成り立ちます。

$$a^2 = BP^2 + CP^2 = BP^2 + (b - AP)^2$$

$$= c^2\sin^2A + (b - c\cos A)^2 \quad \leftarrow 展開公式\ (a-b)^2 = a^2 - 2ab + b^2\ (39ページ)$$
$$= c^2\sin^2A + b^2 - 2bc\cos A + c^2\cos^2A$$
$$= b^2 + c^2\underbrace{(\sin^2A + \cos^2A)}_{\sin^2\theta + \cos^2\theta = 1\ (72ページ)} - 2bc\cos A$$
$$= b^2 + c^2 - 2bc\cos A$$

以上で、余弦定理の3つの式のうち1つが証明できました。残りの2つの式も同様の方法で証明できます。

余弦定理は、「三角形の2辺の長さと1つの角から残り1辺の長さを求める」問題や、「3辺の長さから内角を求める」問題で使います。

例題 5

1 図1の三角形において、$a = 5$, $c = 3$, $\angle B = 120°$ のとき、b の長さを求めよ。

2 図2の三角形において、$a = 4$, $b = 3$, $c = \sqrt{13}$ のとき、$\angle C$ の大きさを求めよ。

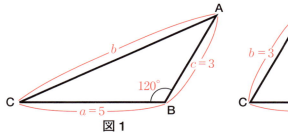

図1

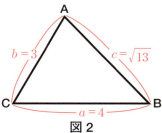

図2

例題の解説

1 余弦定理 $b^2 = c^2 + a^2 - 2ca\cos B$ より、

$$b^2 = 3^2 + 5^2 - 2 \cdot 3 \cdot 5 \cdot \cos120°$$
$$= 3^2 + 5^2 - 2 \cdot 3 \cdot 5 \cdot \left(-\frac{1}{2}\right)$$
$$= 9 + 25 + 15 = 49$$

$b > 0$ より、$b = \sqrt{49} = 7$ …（答）

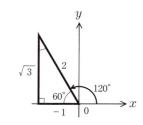

2 余弦定理 $c^2 = a^2 + b^2 - 2ab\cos C$ より、

$2ab\cos C = a^2 + b^2 - c^2$

$\Rightarrow \cos C = \dfrac{a^2 + b^2 - c^2}{2ab} = \dfrac{4^2 + 3^2 - (\sqrt{13})^2}{2 \cdot 4 \cdot 3}$

$= \dfrac{16 + 9 - 13}{24} = \dfrac{1}{2}$

$C < 180°$、$\cos 60° = \dfrac{1}{2}$ より、$\angle C = 60°$ …（答）

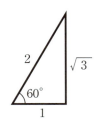

▶三角関数の加法定理

三角関数の角度を足し算・引き算する場合には、次のような**加法定理**が成り立ちます。

$\sin(\alpha + \beta) = \sin\alpha\cos\beta + \cos\alpha\sin\beta$
$\sin(\alpha - \beta) = \sin\alpha\cos\beta - \cos\alpha\sin\beta$
$\cos(\alpha + \beta) = \cos\alpha\cos\beta - \sin\alpha\sin\beta$
$\cos(\alpha - \beta) = \cos\alpha\cos\beta + \sin\alpha\sin\beta$

4つの式は、次の2つの公式にまとめることができます。

加法定理

❶ $\sin(\alpha \pm \beta) = \sin\alpha\cos\beta \pm \cos\alpha\sin\beta$
❷ $\cos(\alpha \pm \beta) = \cos\alpha\cos\beta \mp \sin\alpha\sin\beta$

加法定理を証明しましょう。座標 $(1, 0)$ を反時計回りに α だけ回転させた点をP、β だけ回転させた点をQとします。

点P, Qは単位円の円周上にあるので、2つの点の座標を $P(x_1, y_1)$, $Q(x_2, y_2)$ とすれば、

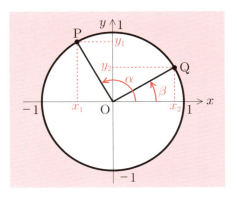

$x_1 = \cos\alpha, \quad y_1 = \sin\alpha$
$x_2 = \cos\beta, \quad y_2 = \sin\beta$

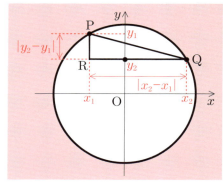

となります（75ページ）。また、右図の三角形PQRについて、QR $= |x_2 - x_1|$、PR $= |y_2 - y_1|$ なので、三平方の定理により、

$$\begin{aligned}
PQ^2 &= (y_2 - y_1)^2 + (x_2 - x_1)^2 \\
&= (\sin\beta - \sin\alpha)^2 + (\cos\beta - \cos\alpha)^2 \\
&= \sin^2\beta - 2\sin\alpha\sin\beta + \sin^2\alpha + \cos^2\beta - 2\cos\alpha\cos\beta + \cos^2\alpha \\
&= \underbrace{(\sin^2\alpha + \cos^2\alpha)}_{=1} + \underbrace{(\sin^2\beta + \cos^2\beta)}_{=1} - 2(\cos\alpha\cos\beta + \sin\alpha\sin\beta) \\
&= 2 - 2(\cos\alpha\cos\beta + \sin\alpha\sin\beta) \quad \cdots ①
\end{aligned}$$

一方、三角形OPQについてみると、余弦定理により、

$$\begin{aligned}
PQ^2 &= OP^2 + OQ^2 - 2 \cdot OP \cdot OQ \cdot \cos(\alpha - \beta) \\
&= 1^2 + 1^2 - 2 \cdot 1 \cdot 1 \cdot \cos(\alpha - \beta) \\
&= 2 - 2\cos(\alpha - \beta) \quad \cdots ②
\end{aligned}$$

が成り立ちます。式①、②より、

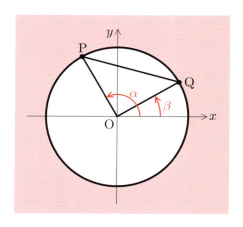

$2 - 2\cos(\alpha - \beta) = 2 - 2(\cos\alpha\cos\beta + \sin\alpha\sin\beta)$
$\Rightarrow \cos(\alpha - \beta) = \cos\alpha\cos\beta + \sin\alpha\sin\beta \quad \cdots ③$

これで、加法定理の公式の１つが証明できました。他の公式は、式③から次のように導くことができます。

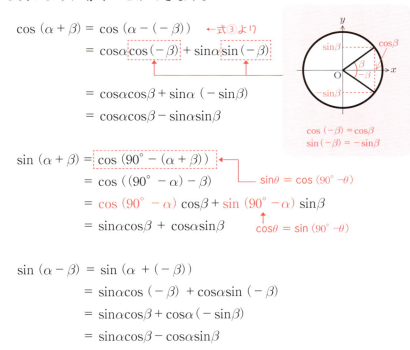

$\cos(\alpha + \beta) = \cos(\alpha - (-\beta))$ ←式③より
$= \cos\alpha\cos(-\beta) + \sin\alpha\sin(-\beta)$
$= \cos\alpha\cos\beta + \sin\alpha(-\sin\beta)$
$= \cos\alpha\cos\beta - \sin\alpha\sin\beta$

$\cos(-\beta) = \cos\beta$
$\sin(-\beta) = -\sin\beta$

$\sin(\alpha + \beta) = \cos(90° - (\alpha + \beta))$
$= \cos((90° - \alpha) - \beta)$
$= \cos(90° - \alpha)\cos\beta + \sin(90° - \alpha)\sin\beta$
$= \sin\alpha\cos\beta + \cos\alpha\sin\beta$

$\sin\theta = \cos(90° - \theta)$
$\cos\theta = \sin(90° - \theta)$

$\sin(\alpha - \beta) = \sin(\alpha + (-\beta))$
$= \sin\alpha\cos(-\beta) + \cos\alpha\sin(-\beta)$
$= \sin\alpha\cos\beta + \cos\alpha(-\sin\beta)$
$= \sin\alpha\cos\beta - \cos\alpha\sin\beta$

加法定理は、30°や45°，60°以外の角度の三角比を求めるのに利用できます。

例題 6 次の値を求めなさい。

1 $\sin 165°$　　**2** $\cos 75°$　　**3** $\sin 15°$　　**4** $\cos 15°$

> 例題の解説

1 $\sin(\alpha+\beta) = \sin\alpha\cos\beta + \cos\alpha\sin\beta$ より，

$$\begin{aligned}
\sin 165° &= \sin(120° + 45°) \\
&= \sin 120° \cos 45° + \cos 120° \sin 45° \\
&= \frac{\sqrt{3}}{2} \times \frac{1}{\sqrt{2}} - \frac{1}{2} \times \frac{1}{\sqrt{2}} \quad \leftarrow\text{82ページ}\\
&= \frac{\sqrt{3}}{2\sqrt{2}} - \frac{1}{2\sqrt{2}} \\
&= \frac{(\sqrt{3}-1)\times\sqrt{2}}{2\sqrt{2}\times\sqrt{2}} \quad \leftarrow\text{分母と分子に}\sqrt{2}\text{を掛ける}\\
&= \frac{\sqrt{6}-\sqrt{2}}{4} \quad \cdots\text{(答)}
\end{aligned}$$

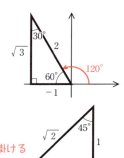

2 $\cos(\alpha+\beta) = \cos\alpha\cos\beta - \sin\alpha\sin\beta$ より，

$$\begin{aligned}
\cos 75° &= \cos(45° + 30°) \\
&= \cos 45° \cos 30° - \sin 45° \sin 30° \\
&= \frac{1}{\sqrt{2}} \times \frac{\sqrt{3}}{2} - \frac{1}{\sqrt{2}} \times \frac{1}{2} \\
&= \frac{\sqrt{3}}{2\sqrt{2}} - \frac{1}{2\sqrt{2}} \\
&= \frac{(\sqrt{3}-1)\times\sqrt{2}}{2\sqrt{2}\times\sqrt{2}} \\
&= \frac{\sqrt{6}-\sqrt{2}}{4} \quad \cdots\text{(答)}
\end{aligned}$$

3 $\sin(\alpha-\beta) = \sin\alpha\cos\beta - \cos\alpha\sin\beta$ より，

$$\begin{aligned}
\sin 15° &= \sin(45° - 30°) \\
&= \sin 45° \cos 30° - \cos 45° \sin 30° \\
&= \frac{1}{\sqrt{2}} \times \frac{\sqrt{3}}{2} - \frac{1}{\sqrt{2}} \times \frac{1}{2} \\
&= \frac{\sqrt{3}}{2\sqrt{2}} - \frac{1}{2\sqrt{2}}
\end{aligned}$$

$$= \frac{(\sqrt{3}-1)\times\sqrt{2}}{2\sqrt{2}\times\sqrt{2}}$$

$$= \frac{\sqrt{6}-\sqrt{2}}{4} \quad \cdots （答）$$

4 $\cos(\alpha-\beta)=\cos\alpha\cos\beta+\sin\alpha\sin\beta$ より，

$$\cos15°=\cos(45°-30°)$$

$$=\cos45°\cos30°+\sin45°\sin30°$$

$$=\frac{1}{\sqrt{2}}\times\frac{\sqrt{3}}{2}+\frac{1}{\sqrt{2}}\times\frac{1}{2}$$

$$=\frac{\sqrt{3}}{2\sqrt{2}}+\frac{1}{2\sqrt{2}}$$

$$=\frac{(\sqrt{3}+1)\times\sqrt{2}}{2\sqrt{2}\times\sqrt{2}}$$

$$=\frac{\sqrt{6}+\sqrt{2}}{4} \quad \cdots （答）$$

コラム ▶ 図形による加法定理の証明

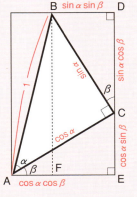

図のように、斜辺の長さが 1 の直角三角形 ABC を考えます。∠A の角度を α とすると、辺 AC の長さは $\cos\alpha$、辺 BC の長さは $\sin\alpha$ です。

また、辺 AC を斜辺とする直角三角形 ACE の ∠A の角度を β とすると、$\sin\beta=$ CE／AC、$\cos\beta=$ AE／AC より、CE $=\cos\alpha\sin\beta$、AE $=\cos\alpha\cos\beta$ となります。

また、辺 BC を斜辺とする直角三角形 CBD については、BD $=\sin\alpha\sin\beta$、CD $=\sin\alpha\cos\beta$ となります。

直角三角形 ABF の高さ BF ＝ CE ＋ CD、底辺 AF ＝ AE － BD より、

$$\sin(\alpha+\beta)=\frac{BF}{1}=\sin\alpha\cos\beta+\cos\alpha\sin\beta$$

$$\cos(\alpha+\beta)=\frac{AF}{1}=\cos\alpha\cos\beta-\sin\alpha\sin\beta$$

【三角関数】
加法定理から導かれる公式

三角関数の加法定理からは、2倍角の公式、半角の公式、積と和の公式、合成の公式などが導けます。公式を全部暗記する必要はありませんが、公式の内容と導出方法を理解しましょう。

▶ 2倍角の公式

加法定理からは、様々な公式を導くことができます。**2倍角の公式**は、角度を2倍にした場合の三角関数の値を求める公式です。

2倍角の公式

❶ $\sin 2\alpha = 2\sin\alpha\cos\alpha$
❷ $\cos 2\alpha = \cos^2\alpha - \sin^2\alpha = 1 - 2\sin^2\alpha = 2\cos^2\alpha - 1$

---

❶ $\sin 2\alpha = 2\sin\alpha\cos\alpha$ の証明

加法定理 $\sin(\alpha + \beta) = \sin\alpha\cos\beta + \cos\alpha\sin\beta$ より、

$$\sin 2\alpha = \sin(\alpha + \alpha) = \sin\alpha\cos\alpha + \cos\alpha\sin\alpha = 2\sin\alpha\cos\alpha$$

❷ $\cos 2\alpha = \cos^2\alpha - \sin^2\alpha = 1 - 2\sin^2\alpha = 2\cos^2\alpha - 1$ の証明

加法定理 $\cos(\alpha + \beta) = \cos\alpha\cos\beta - \sin\alpha\sin\beta$ より、

$$\cos 2\alpha = \cos(\alpha + \alpha) = \cos\alpha\cos\alpha - \sin\alpha\sin\alpha = \cos^2\alpha - \sin^2\alpha \quad \cdots ①$$

また、$\sin^2\alpha + \cos^2\alpha = 1$ より、

$$\cos^2\alpha = 1 - \sin^2\alpha \quad \cdots ②, \quad \sin^2\alpha = 1 - \cos^2\alpha \quad \cdots ③$$

であるから、

式①②より、$\cos 2\alpha = (1 - \sin^2\alpha) - \sin^2\alpha = 1 - 2\sin^2\alpha$
式①③より、$\cos 2\alpha = \cos^2\alpha - (1 - \cos^2\alpha) = 2\cos^2\alpha - 1$

となります。

例題7 $\sin\theta = \dfrac{4}{5}$ ($90° < \theta < 180°$) のとき、次の値を求めよ。

1 $\sin 2\theta$　　**2** $\cos 2\theta$　　**3** $\cos 4\theta$

例題の解説

1 2倍角の公式 $\sin 2\alpha = 2\sin\alpha\cos\alpha$ を使います。そのために、まず $\cos\theta$ の値を求める必要があります。$\sin^2\theta + \cos^2\theta = 1$ より、

$$\cos^2\theta = 1 - \sin^2\theta = 1 - \left(\dfrac{4}{5}\right)^2$$
$$= 1 - \dfrac{16}{25} = \dfrac{9}{25}$$

$90° < \theta < 180°$ より、

$$\cos\theta = -\sqrt{\dfrac{9}{25}} = -\dfrac{3}{5}$$

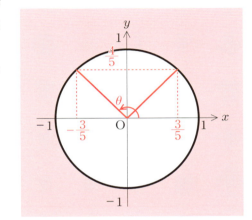

以上から、

$$\sin 2\theta = 2\sin\theta\cos\theta = 2 \cdot \dfrac{4}{5} \cdot \left(-\dfrac{3}{5}\right) = -\dfrac{24}{25} \quad \cdots\text{(答)}$$

2 $\cos 2\alpha = 1 - 2\sin^2\alpha$ より、

$$\cos 2\theta = 1 - 2\sin^2\theta = 1 - 2 \cdot \left(\dfrac{4}{5}\right)^2 = 1 - \dfrac{32}{25} = -\dfrac{7}{25} \quad \cdots\text{(答)}$$

3 $\cos 2\alpha = 2\cos^2\alpha - 1$ より、

$$\cos 4\theta = 2\cos^2 2\theta - 1 = 2 \cdot \left(-\dfrac{7}{25}\right)^2 - 1 = \dfrac{98}{625} - 1 = -\dfrac{527}{625} \quad \cdots\text{(答)}$$

▶半角の公式

　角度を半分にした場合の三角関数の値は、**半角の公式**で求めることができます。

半角の公式

❶ $\sin^2 \dfrac{\alpha}{2} = \dfrac{1 - \cos\alpha}{2}$

❷ $\cos^2 \dfrac{\alpha}{2} = \dfrac{1 + \cos\alpha}{2}$

【半角の公式の証明】

半角の公式は、2倍角の公式から証明できます。2倍角の公式 $\cos2\theta = 1 - 2\sin^2\theta = 2\cos^2\theta - 1$ より、

$$\sin^2\theta = \dfrac{1 - \cos2\theta}{2}, \quad \cos^2\theta = \dfrac{1 + \cos2\theta}{2}$$

ここで、$\theta = \dfrac{\alpha}{2}$ とすれば、

$$\sin^2 \dfrac{\alpha}{2} = \dfrac{1 - \cos\alpha}{2}, \quad \cos^2 \dfrac{\alpha}{2} = \dfrac{1 + \cos\alpha}{2}$$

となります。

Chap. **3** 三角関数

例題 8 次の値を計算しなさい。

1 $\sin^2 15°$　　**2** $\cos^2 22.5°$

例題の解説

1 $\sin^2 \dfrac{\alpha}{2} = \dfrac{1 - \cos\alpha}{2}$ より、

$$\sin^2 15° = \sin^2 \dfrac{30°}{2} = \dfrac{1 - \cos30°}{2} = \dfrac{1 - \dfrac{\sqrt{3}}{2}}{2} = \dfrac{2 - \sqrt{3}}{4} \quad \cdots（答）$$

└─ 分母と分子に 2 を掛ける

2 $\cos^2 \dfrac{\alpha}{2} = \dfrac{1 + \cos\alpha}{2}$ より、

$$\cos^2 22.5° = \cos^2 \frac{45°}{2} = \frac{1+\cos 45°}{2} = \frac{1+\dfrac{1}{\sqrt{2}}}{2} = \frac{1+\dfrac{\sqrt{2}}{2}}{2}$$

分母と分子に $\sqrt{2}$ を掛ける

分母と分子に 2 を掛ける

$$= \frac{2+\sqrt{2}}{4} \quad \cdots （答）$$

▶積を和にする公式

積を和にする公式は、三角関数同士の掛け算を足し算や引き算に変換します。

積を和にする公式

❶ $\sin\alpha\cos\beta = \dfrac{\sin(\alpha+\beta)+\sin(\alpha-\beta)}{2}$

❷ $\cos\alpha\sin\beta = \dfrac{\sin(\alpha+\beta)-\sin(\alpha-\beta)}{2}$

❸ $\cos\alpha\cos\beta = \dfrac{\cos(\alpha+\beta)+\cos(\alpha-\beta)}{2}$

❹ $\sin\alpha\sin\beta = \dfrac{\cos(\alpha-\beta)-\cos(\alpha+\beta)}{2}$

Sec.
05
加法定理から導かれる公式

【積を和にする公式の証明】

これらの公式は、次のように加法定理から導くことができます。

$$\sin(\alpha+\beta) = \sin\alpha\cos\beta + \cos\alpha\sin\beta \quad \cdots ①$$
$$\sin(\alpha-\beta) = \sin\alpha\cos\beta - \cos\alpha\sin\beta \quad \cdots ②$$

①＋②より、$\sin(\alpha+\beta) + \sin(\alpha-\beta) = 2\sin\alpha\cos\beta$

$$\Rightarrow \sin\alpha\cos\beta = \frac{\sin(\alpha+\beta)+\sin(\alpha-\beta)}{2}$$

①－②より、$\sin(\alpha+\beta) - \sin(\alpha-\beta) = 2\cos\alpha\sin\beta$

$$\Rightarrow \cos\alpha\sin\beta = \frac{\sin(\alpha+\beta)-\sin(\alpha-\beta)}{2}$$

また、同様に加法定理より、

$$\cos(\alpha + \beta) = \cos\alpha\cos\beta - \sin\alpha\sin\beta \quad \cdots ③$$

$$\cos(\alpha - \beta) = \cos\alpha\cos\beta + \sin\alpha\sin\beta \quad \cdots ④$$

③+④より、$\cos(\alpha + \beta) + \cos(\alpha - \beta) = 2\cos\alpha\cos\beta$

$$\Rightarrow \cos\alpha\cos\beta = \frac{\cos(\alpha + \beta) + \cos(\alpha - \beta)}{2}$$

③−④より、$\cos(\alpha + \beta) - \cos(\alpha - \beta) = -2\sin\alpha\sin\beta$

$$\Rightarrow \sin\alpha\sin\beta = -\frac{\cos(\alpha + \beta) - \cos(\alpha - \beta)}{2}$$

$$= \frac{\cos(\alpha - \beta) - \cos(\alpha + \beta)}{2}$$

▶和を積にする公式

和を積にする公式は、三角関数同士の足し算（引き算）を掛け算に変換する公式です。

和を積にする公式

❶ $\sin A + \sin B = 2\sin\left(\dfrac{A+B}{2}\right)\cos\left(\dfrac{A-B}{2}\right)$

❷ $\sin A - \sin B = 2\cos\left(\dfrac{A+B}{2}\right)\sin\left(\dfrac{A-B}{2}\right)$

❸ $\cos A + \cos B = 2\cos\left(\dfrac{A+B}{2}\right)\cos\left(\dfrac{A-B}{2}\right)$

❹ $\cos A - \cos B = -2\sin\left(\dfrac{A+B}{2}\right)\sin\left(\dfrac{A-B}{2}\right)$

【和を積にする公式の証明】

積を和にする公式❶より、$\sin\alpha\cos\beta = \dfrac{\sin(\alpha + \beta) + \sin(\alpha - \beta)}{2}$ に

おいて（93 ページ）、$\alpha + \beta = A$, $\alpha - \beta = B$ とします。2 つの式を連立方程式として解くと、$\alpha = \dfrac{A+B}{2}$, $\beta = \dfrac{A-B}{2}$ であり、A と B は任意の値の組合せにできます。

これらを❶の公式に代入すると、

$$\sin\left(\frac{A+B}{2}\right)\cos\left(\frac{A-B}{2}\right) = \frac{\sin A + \sin B}{2}$$

$$\Rightarrow \sin A + \sin B = 2\sin\left(\frac{A+B}{2}\right)\cos\left(\frac{A-B}{2}\right)$$

同様に、積を和にする公式❷に代入すると、

$$\cos\left(\frac{A+B}{2}\right)\sin\left(\frac{A-B}{2}\right) = \frac{\sin A - \sin B}{2}$$

$$\Rightarrow \sin A - \sin B = 2\cos\left(\frac{A+B}{2}\right)\sin\left(\frac{A-B}{2}\right)$$

積を和にする公式❸に代入すると、

$$\cos\left(\frac{A+B}{2}\right)\cos\left(\frac{A-B}{2}\right) = \frac{\cos A + \cos B}{2}$$

$$\Rightarrow \cos A + \cos B = 2\cos\left(\frac{A+B}{2}\right)\cos\left(\frac{A-B}{2}\right)$$

積を和にする公式❹に代入すると、

$$\sin\left(\frac{A+B}{2}\right)\sin\left(\frac{A-B}{2}\right) = \frac{\cos B - \cos A}{2}$$

$$\Rightarrow \cos A - \cos B = -2\sin\left(\frac{A+B}{2}\right)\sin\left(\frac{A-B}{2}\right)$$

となります。

例題 9 次の値を計算しなさい。

1 $\sin 75° \cos 15°$　　　**2** $\sin 105° - \cos 75°$

> **例題の解説**

1 $\sin 75° \cos 15° = \dfrac{\sin(75°+15°)+\sin(75°-15°)}{2}$

$= \dfrac{\sin 90° + \sin 60°}{2} = \dfrac{1+\dfrac{\sqrt{3}}{2}}{2} = \dfrac{2+\sqrt{3}}{4}$ …（答）

→ 72ページの三角比の公式❹

2 $\sin 105° - \cos 75° = \sin 105° - \boxed{\cos(90°-15°)}$

$= \sin 105° - \boxed{\sin 15°}$

$= 2\cos\dfrac{105+15}{2}\sin\dfrac{105-15}{2}$

$= 2\cos 60° \sin 45°$

$= 2 \cdot \dfrac{1}{2} \cdot \dfrac{1}{\sqrt{2}} = \dfrac{1}{\sqrt{2}} = \dfrac{\sqrt{2}}{2}$ …（答）

▶三角関数の合成

サインとコサインを足して、次のような1つのサインにすることができます。これを、**三角関数の合成**といいます。

三角関数の合成

$a\sin\theta + b\cos\theta = \sqrt{a^2+b^2}\sin(\theta+\alpha)$

ただし、$\alpha = \tan^{-1}\dfrac{b}{a}$

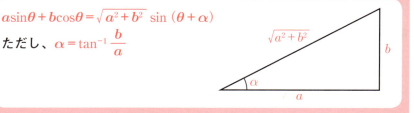

この公式は次のように証明できます。まず、公式の左辺を変形して、

$$a\sin\theta + b\cos\theta = \sqrt{a^2+b^2}\left(\dfrac{a}{\sqrt{a^2+b^2}}\sin\theta + \dfrac{b}{\sqrt{a^2+b^2}}\cos\theta\right)$$

とします。ここで、底辺 a，高さ b の上図のような直角三角形を考えると、三平方の定理より、斜辺の長さは $\sqrt{a^2+b^2}$ ですから、

$$\sin\alpha = \frac{b}{\sqrt{a^2+b^2}} \qquad \cos\alpha = \frac{a}{\sqrt{a^2+b^2}}$$

したがって、

$$\sqrt{a^2+b^2}\left(\underbrace{\frac{a}{\sqrt{a^2+b^2}}}_{\cos\alpha}\sin\theta + \underbrace{\frac{b}{\sqrt{a^2+b^2}}}_{\sin\alpha}\cos\theta\right)$$

$$= \sqrt{a^2+b^2}\,(\cos\alpha\sin\theta + \sin\alpha\cos\theta)$$

$$= \sqrt{a^2+b^2}\,\sin(\theta+\alpha) \quad\longleftarrow\; 85 \text{ページの加法定理①}$$

となります。なお、前ページの図より、

$$\tan\alpha = \frac{b}{a}$$

です。この式を「$\alpha = \cdots$」の形に変形するときは、次のように書きます。

$$\alpha = \tan^{-1}\frac{b}{a}$$

$\tan^{-1}$ は、タンジェントの値 $\left(\dfrac{b}{a}\right)$ から角度 α を求める関数で、**アークタンジェント**といいます。

> **例題 10** 4sinθ ＋ 3cosθ の最大値と最小値を求めなさい。

例題の解説

三角関数の合成の公式より、

$$4\sin\theta + 3\cos\theta = \sqrt{4^2+3^2}\,\sin(\theta+\alpha)$$
$$= \sqrt{25}\,\sin(\theta+\alpha)$$
$$= 5\sin(\theta+\alpha)$$

$\sin\theta$ は、$\theta = 90°$ のとき最大値 1、$\theta = 270°$ のとき最小値 -1 になるので、$5\sin(\theta+\alpha)$ は、$\theta+\alpha = 90°$ のとき最大値 5、$\theta+\alpha = 270°$ のとき最小値 -5 になります。

よって、$4\sin\theta + 3\cos\theta$ の最大値は 5、最小値は -5 です。　　…（答）

Sec.
05
加法定理から導かれる公式

97

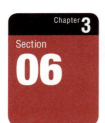

【三角関数】
弧度法（ラジアン）

電気数学では、角度を表す単位にラジアン〔rad〕を使うのが一般的です。度数法とラジアンとは相互に変換できるようにしておきましょう。

▶ラジアンとは

角度を表すには、円周を360等分した度〔°〕のほかに、**ラジアン**〔rad〕という単位がよく使われます。ラジアンを使って角度を表す方法を**弧度法**といいます。

> **弧度法**
>
> 半径に等しい長さの弧の中心角を1〔rad〕とする。

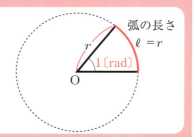

半径rの円の円周は、$2\pi r$と表すことができます。円周は、中心角が$360°$のときの弧の長さですから、中心角がd〔°〕のときの弧の長さℓは、

$$\ell = 2\pi r \cdot \frac{d}{360} = \frac{\pi}{180} rd$$

です。中心角が1〔rad〕のとき、弧の長さℓは半径rと等しいので、

$$r = \frac{\pi}{180} rd \Rightarrow d = \frac{180}{\pi} 〔°〕 \quad ←約57.3°$$

すなわち、1〔rad〕$= \frac{180}{\pi}$〔°〕です。また、

$$1〔rad〕 = \frac{180}{\pi}〔°〕 \Rightarrow \pi〔rad〕 = 180〔°〕$$

より、$180°$はπ〔rad〕、$360°$は2π〔rad〕に換算できます。

$$1\,(\text{rad}) = \frac{180}{\pi}\,(°) \qquad 180° = \pi\,(\text{rad})$$

例題 11 次の角度〔°〕を弧度法〔rad〕で表しなさい。

1 30° **2** 45° **3** 60° **4** 90°

例題の解説

$180° = \pi\,(\text{rad})$ より、$1° = \frac{\pi}{180}\,(\text{rad})$ です。したがって、度数 x〔°〕→ラジアンへの変換は、

$$x\,(°) = \frac{\pi}{180} \cdot x = \frac{x}{180}\pi\,(\text{rad})$$

で計算できます。

1 $30° = \frac{30}{180}\pi = \frac{\pi}{6}\,(\text{rad})$ … (答)

2 $45° = \frac{45}{180}\pi = \frac{\pi}{4}\,(\text{rad})$ … (答)

3 $60° = \frac{60}{180}\pi = \frac{\pi}{3}\,(\text{rad})$ … (答)

4 $90° = \frac{90}{180}\pi = \frac{\pi}{2}\,(\text{rad})$ … (答)

下図の 2 つの直角三角形の角度については、ラジアンの値も覚えておこう。

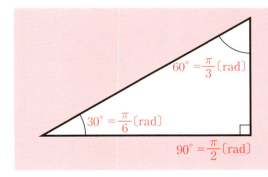

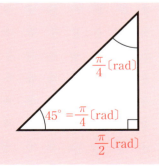

例題12 次の角度を度数法で表しなさい。

❶ $\dfrac{2}{3}\pi$ **❷** $\dfrac{3}{2}\pi$ **❸** $\dfrac{3}{4}\pi$ **❹** $\dfrac{5}{3}\pi$

例題の解説

$1\,[\text{rad}] = \dfrac{180}{\pi}\,[°]$ より，ラジアン→度数法への変換は，

$$\theta\,[\text{rad}] = \theta \times \dfrac{180}{\pi}\,[°]$$

で計算できます。

❶ $\dfrac{2}{3}\pi\,[\text{rad}] = \dfrac{2}{3}\pi \times \dfrac{180}{\pi} = 120°$ … （答）

❷ $\dfrac{3}{2}\pi\,[\text{rad}] = \dfrac{3}{2}\pi \times \dfrac{180}{\pi} = 270°$ … （答）

❸ $\dfrac{3}{4}\pi\,[\text{rad}] = \dfrac{3}{4}\pi \times \dfrac{180}{\pi} = 135°$ … （答）

❹ $\dfrac{5}{3}\pi\,[\text{rad}] = \dfrac{5}{3}\pi \times \dfrac{180}{\pi} = 300°$ … （答）

▶三角関数とラジアン

角度を弧度法で表せるようになったので、三角関数でも弧度法を使うことができます。

（例） $\sin\dfrac{\pi}{6} = \sin 30° = \dfrac{1}{2}$

$\cos\dfrac{\pi}{6} = \cos 30° = \dfrac{\sqrt{3}}{2}$

$\tan\dfrac{\pi}{3} = \tan 60° = \sqrt{3}$

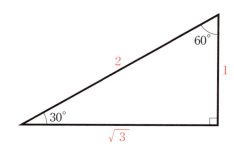

例題 13 次の計算をしなさい。

1 $\cos\left(\dfrac{\pi}{3} + \dfrac{\pi}{6}\right)$

2 $\sin\left(\dfrac{5}{3}\pi - \dfrac{\pi}{6}\right)$

3 $\sin\left(-\dfrac{\pi}{6}\right) + \cos\left(\dfrac{5}{4}\pi\right)$

例題の解説

1
$$\cos\left(\dfrac{\pi}{3} + \dfrac{\pi}{6}\right) = \cos\left(\dfrac{2}{6}\pi + \dfrac{1}{6}\pi\right)$$
$$= \cos\left(\dfrac{3}{6}\pi\right) \quad {}^{1}\!/\!{}_{2}$$
$$= \cos\dfrac{\pi}{2} \quad \leftarrow \dfrac{\pi}{2} \times \dfrac{180}{\pi} = 90°$$
$$= \cos 90°$$
$$= 0 \quad \cdots （答）$$

2
$$\sin\left(\dfrac{5}{3}\pi - \dfrac{\pi}{6}\right) = \sin\left(\dfrac{10}{6}\pi - \dfrac{1}{6}\pi\right)$$
$$= \sin\left(\dfrac{9}{6}\pi\right)$$
$$= \sin\dfrac{3}{2}\pi \quad \leftarrow \dfrac{3}{2}\pi \times \dfrac{180}{\pi} = 270°$$
$$= \sin 270°$$
$$= -1 \quad \cdots （答）$$

3
$$\sin\left(-\dfrac{\pi}{6}\right) + \cos\left(\dfrac{5}{4}\pi\right) = \sin(-30°) + \cos 225°$$

$\dfrac{5}{4}\pi \times \dfrac{180}{\pi} = 225°$

$$= -\dfrac{1}{2} + \left(-\dfrac{1}{\sqrt{2}}\right)$$
$$= -\dfrac{1}{2} - \dfrac{\sqrt{2}}{2}$$
$$= -\dfrac{1+\sqrt{2}}{2} \quad \cdots （答）$$

Sec. **06** 弧度法（ラジアン）

Chapter 3 Section 07 【三角関数】
三角関数のグラフと交流

三角関数の応用として、交流の電圧や電流を三角関数を使って表す方法を説明します。交流の実効値が最大値の $\frac{1}{\sqrt{2}}$ になる理由についても説明します。

▶三角関数のグラフ

$\sin\theta$ の値が、θ の値に応じてどのように変化するかを、次のような表に書き出してみました。

θ	0	30°	45°	60°	90°	120°	135°	150°	180°	210°	225°	240°	270°	300°	315°	330°	360°
$\sin\theta$	0	$\frac{1}{2}$	$\frac{1}{\sqrt{2}}$	$\frac{\sqrt{3}}{2}$	1	$\frac{\sqrt{3}}{2}$	$\frac{1}{\sqrt{2}}$	$\frac{1}{2}$	0	$-\frac{1}{2}$	$-\frac{1}{\sqrt{2}}$	$-\frac{\sqrt{3}}{2}$	-1	$-\frac{\sqrt{3}}{2}$	$-\frac{1}{\sqrt{2}}$	$-\frac{1}{2}$	0

この表をもとに、横軸に θ、縦軸に $\sin\theta$ の値をとったグラフを描くと、次のような波形のグラフになります。このグラフを**正弦波**といいます。

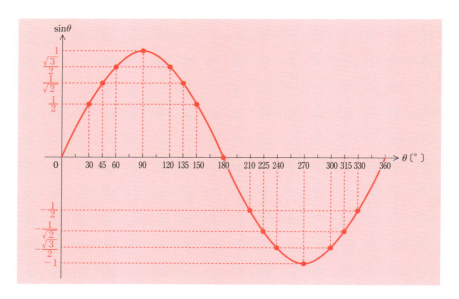

$\cos\theta$、$\tan\theta$ のグラフも同様に描いてみましょう。

$\cos\theta$ のグラフは、$\sin\theta$ のグラフを $90°$ 左にずらした形になります。

θ	0	30°	45°	60°	90°	120°	135°	150°	180°	210°	225°	240°	270°	300°	315°	330°	360°
$\cos\theta$	1	$\frac{\sqrt{3}}{2}$	$\frac{1}{\sqrt{2}}$	$\frac{1}{2}$	0	$-\frac{1}{2}$	$-\frac{1}{\sqrt{2}}$	$-\frac{\sqrt{3}}{2}$	-1	$-\frac{\sqrt{3}}{2}$	$-\frac{1}{\sqrt{2}}$	$-\frac{1}{2}$	0	$\frac{1}{2}$	$\frac{1}{\sqrt{2}}$	$\frac{\sqrt{3}}{2}$	1

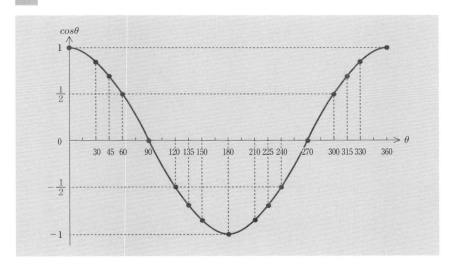

θ	0	30°	45°	60°	90°	120°	135°	150°	180°	210°	225°	240°	270°	300°	315°	330°	360°
$\tan\theta$	0	$\frac{1}{\sqrt{3}}$	1	$\sqrt{3}$	—	$-\sqrt{3}$	-1	$-\frac{1}{\sqrt{3}}$	0	$\frac{1}{\sqrt{3}}$	1	$\sqrt{3}$	—	$-\sqrt{3}$	-1	$-\frac{1}{\sqrt{3}}$	0

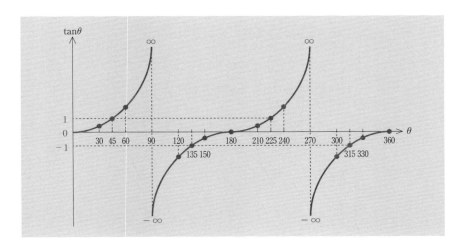

▶交流を正弦波で表す

　交流は、電圧と電流の大きさと向きが周期的に変化する電気です。横軸に時間、縦軸に電圧をとって交流電圧の変化をグラフにすると、次のように正弦波と同じ波形になります。

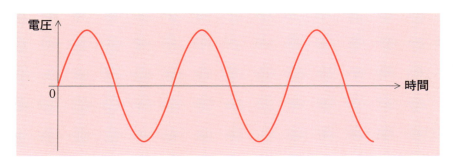

　このため、交流の電圧や電流は、三角関数を使った数式で表すことができます。

①正弦波交流の周波数

　交流は、1秒間に同じ波形を何回も繰り返します。繰り返し1回にかかる時間を**周期**といいます。
　また、1秒間に同じ波形を繰り返す回数を**周波数**といいます。周波数の単位はヘルツ〔Hz〕です。私たちがふだん使っている電気は、東日本が50Hz、西日本が60Hzの交流です。

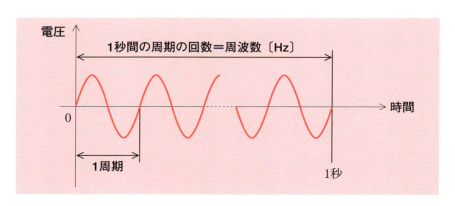

②角周波数

正弦波の波形は、1周期で360°＝2π〔rad〕すすみます。周波数をf〔Hz〕とすると、1秒間には$2\pi f$〔rad〕すすむことになります。この1秒間当たりの角度を、**角周波数**（角速度）といいます。角周波数の単位は〔rad/s〕です。

> 角周波数： $\omega = 2\pi f$〔rad/s〕

角周波数がω〔rad/s〕のとき、正弦波がt秒間にすすむ角度はωt〔rad〕となります。また、そのときのサインの値は$\sin\omega t$と書けます。

③最大値と瞬時値

$\sin\omega t$は、－1以上1以下の値をとります。電圧の最大値をE_m〔V〕、電流の最大値をI_m〔A〕とすれば、正弦波交流の電圧と電流は、それぞれ次のような式で表せます。

> 電圧　$e = E_m \sin\omega t$〔V〕
> 電流　$i = I_m \sin\omega t$〔A〕

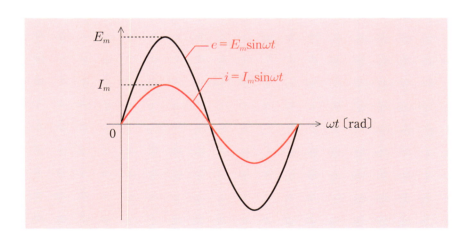

電圧e〔V〕と電流i〔V〕の値は、角周波数ωtがある値をとる瞬間の電圧と電流の値を表すので、**瞬時値**といいます。

④位相

2つの交流 e_1 と e_2 のグラフが、図のようになっているとしましょう。

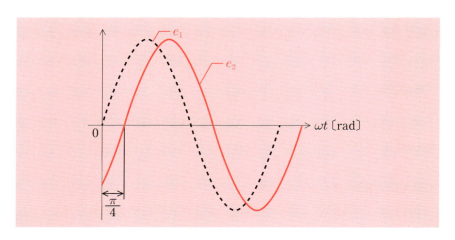

e_2 のグラフは、e_1 のグラフより右方向に $\frac{\pi}{4}$ だけずれています。このことを、

「e_2 は e_1 より位相が $\frac{\pi}{4}$ 遅れている」

といいます。あるいは、e_2 のほうを基準に考えれば、

「e_1 は e_2 より位相が $\frac{\pi}{4}$ 進んでいる」

ということもできます。このような位相の遅れや進みは、どのように表せばよいでしょうか？

波形が右にずれているほうが「遅れ」になります。

$e_1 = E_m \sin\omega t$ のグラフを基準に考えます。e_1 の波形は、$\omega t = 0$〔rad〕のとき

$e_1 = E_m \sin 0 = 0$

となります。一方、e_2 の波形は $\omega t = \frac{\pi}{4}$〔rad〕のとき 0 になります。数式では、

$e_2 = E_m \sin\left(\omega t - \frac{\pi}{4}\right)$

のようにすれば、$\omega t = \dfrac{\pi}{4}$ のとき

$$e_2 = E_m\sin\left(\dfrac{\pi}{4} - \dfrac{\pi}{4}\right) = E_m\sin 0 = 0$$

となりますね。このように、位相の遅れを表す場合は、

$$e = E_m\sin\left(\omega t - \dfrac{\pi}{4}\right) \quad \leftarrow \dfrac{\pi}{4}\text{〔rad〕の遅れ}$$

とします。反対に位相の進みを表す場合には、

$$e = E_m\sin\left(\omega t + \dfrac{\pi}{4}\right) \quad \leftarrow \dfrac{\pi}{4}\text{〔rad〕の進み}$$

とします。以上から、位相のずれを考慮した交流の電圧と電流の瞬時値は、次の式のようになります。

電圧と電流

$$e = E_m\sin(\omega t \pm \theta)\text{〔V〕} \qquad i = I_m\sin(\omega t \pm \theta)\text{〔A〕}$$

※E_m：最大値電圧〔V〕　I_m：最大値電流〔A〕

例題 14 次の図で表される正弦波交流の瞬時値 e〔V〕を表す式を書きなさい。ただし、周波数はいずれも 50〔Hz〕とする。

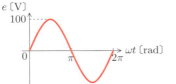

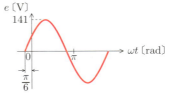
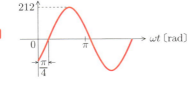

例題の解説

$\omega = 2\pi f$ より、角周波数はいずれも

$\omega = 2\pi \times 50 = 100\pi \,〔\mathrm{rad/s}〕$

となります。

❶ 最大値 100〔V〕、位相のずれはないので、瞬時値式は次のようになります。

$e = 100\sin 100\pi t \,〔\mathrm{V}〕$　…（答）

❷ 最大値 141〔V〕、位相は $\dfrac{\pi}{6}$ の進みになるので、瞬時値式は次のようになります。

$e = 141\sin\left(100\pi t + \dfrac{\pi}{6}\right)〔\mathrm{V}〕$　…（答）

❸ 最大値 212〔V〕、位相は $\dfrac{\pi}{4}$ の遅れになるので、瞬時値式は次のようになります。

$e = 212\sin\left(100\pi t - \dfrac{\pi}{4}\right)〔\mathrm{V}〕$　…（答）

▶交流の実効値

　交流の電圧や電流は常に変化しているので、その大きさを表すときは、「同じくらいの仕事をする直流の大きさ」に換算します。この値を実効値といいます。一般に「100V の交流」といえば、実効値が 100V の交流のことをいいます。

　交流の電圧や電流の実効値は、最大値の $\dfrac{1}{\sqrt{2}}$ 倍になります。

実効値電圧：$E = \dfrac{1}{\sqrt{2}}\,E_m \,〔\mathrm{V}〕$　　　**実効値電流**：$I = \dfrac{1}{\sqrt{2}}\,I_m \,〔\mathrm{A}〕$

　上の式を変形すると、実効値の $\sqrt{2}$ 倍が最大値になることから、前ページの瞬時値の式は次のように書くことができます。

瞬時値電圧	瞬時値電流
$e = \sqrt{2}\,E\sin(\omega t \pm \theta)\,\text{[V]}$	$i = \sqrt{2}\,I\sin(\omega t \pm \theta)\,\text{[A]}$

※ E：実効値電圧〔V〕　I：実効値電流〔A〕

実効値が最大値の $\dfrac{1}{\sqrt{2}}$ 倍になることを証明しましょう。

右図のような電気ケトルに直流電源をつなぎ、お湯をわかすことを考えます。直流電流を I〔A〕、電気ケトルの抵抗を R〔Ω〕、お湯がわくまでの時間を 10〔秒〕とすると、お湯をわかすのに使われるエネルギー（電力量）は、

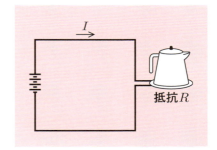

$$W = \underbrace{I^2R}_{\text{消費電力}} \times \underbrace{10}_{\text{時間}} = 10I^2R\,\text{[Ws]} \quad \cdots ①$$

で求められます。

次に、この直流電流が 1 秒ごとに変化する場合を考えます。変化する電流を 1 秒ごとに測定し、結果を $I_1, I_2, \cdots, I_{10}$〔A〕とすると、1 秒ごとに消費されるエネルギーは

$$W_1 = I_1^2 R \times 1\,\text{[Ws]}$$
$$W_2 = I_2^2 R \times 1\,\text{[Ws]}$$
$$\vdots$$
$$W_{10} = I_{10}^2 R \times 1\,\text{[Ws]}$$

となり、10 秒間の消費エネルギーの合計は、

$$W_1 + W_2 + \cdots + W_{10} = I_1^2 R + I_2^2 R + \cdots + I_{10}^2 R$$
$$= (I_1^2 + I_2^2 + \cdots + I_{10}^2)\,R\,\text{[Ws]} \quad \cdots ②$$

となります。①と②の消費エネルギーが等しく、どちらも同じようにお湯がわくすれば、次の式が成り立ちます。

$$10I^2R = (I_1{}^2 + I_2{}^2 + \cdots + I_{10}{}^2)R$$

$$\Rightarrow I^2 = \frac{I_1{}^2 + I_2{}^2 + \cdots + I_{10}{}^2}{10}$$

$$\Rightarrow I > 0 \ \text{より、} \ I = \sqrt{\frac{I_1{}^2 + I_2{}^2 + \cdots + I_{10}{}^2}{10}} \quad \cdots ③$$

式③の右辺は、「各測定電流の2乗の平均値の平方根」です。この例では測定回数が10回でしたが、より細かく変化する電流の場合は、測定回数をもっと細かくする必要があるでしょう。その場合でも、「各測定電流の2乗の平均値の平方根」は、同じ仕事をする直流電流（＝実効値電流）と等しいと考えられます。

以上から、交流電流の実効値は、

実効値＝$\sqrt{\text{瞬時値の2乗の平均値}}$

で求められることがわかります。

交流電流の瞬時値は $i = I_m \sin\omega t$ なので（位相のずれは省略）、その2乗は

$$i^2 = I_m{}^2 \sin^2\omega t$$

となります。2倍角の公式「$\cos2\alpha = 1 - 2\sin^2\alpha$」（90ページ）より、

$$\sin^2\omega t = \frac{1}{2}(1 - \cos2\omega t)$$

$$2\sin^2\alpha = 1 - \cos2\alpha$$
$$\sin^2\alpha = \frac{1}{2}(1 - \cos2\alpha)$$

なので、

$$i^2 = I_m{}^2 \cdot \frac{1}{2}(1 - \cos2\omega t)$$

$$= \frac{I_m{}^2}{2} - \frac{I_m{}^2}{2}\cos2\omega t \quad \cdots ④$$

式④から、i^2 の平均値を考えてみましょう。式④の1つ目の項 $\dfrac{I_m{}^2}{2}$ は定

数なので、その平均も $\dfrac{I_m{}^2}{2}$ です。一方、2つ目の項 $\dfrac{I_m{}^2}{2}\cos2\omega t$ は、グラフを描くと右図のような波形になります。

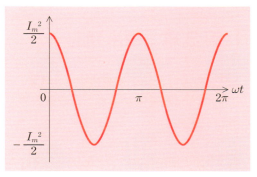

この波形は x 軸を中心に上下対称なので、平均をとると0になります。以上から、i^2 の平均は、

$$i^2 \text{の平均} = \dfrac{I_m{}^2}{2} \Rightarrow \sqrt{i^2\text{の平均}} = \dfrac{I_m}{\sqrt{2}}$$

となります。以上から、実効値が最大値 I_m の $\dfrac{1}{\sqrt{2}}$ 倍になることがわかります。ここでは電流について考えましたが、電圧についても同様です。

例題 15 次の瞬時値式で表される交流電流の実効値はいくらか。

1 $i_1 = 10\sqrt{2}\sin\left(\omega t - \dfrac{\pi}{6}\right)$ **2** $i_2 = 8\sin\left(\omega t + \dfrac{\pi}{4}\right)$

例題の解説

実効値は最大値の $\dfrac{1}{\sqrt{2}}$ 倍です。

1 式より、最大値は $10\sqrt{2}$〔A〕なので、実効値は次のようになります。

$10\sqrt{2} \times \dfrac{1}{\sqrt{2}} = 10$〔A〕 …（答）

2 式より、最大値は 8〔A〕なので、実効値は次のようになります。

$8 \times \dfrac{1}{\sqrt{2}} = \dfrac{8}{\sqrt{2}} = \dfrac{8\sqrt{2}}{2} = 4\sqrt{2}$〔A〕 …（答）

第3章　章末問題

（解答は 113 〜 114 ページ）

問 1 周波数 60Hz、実効値 20A、時間 $t = 0$ 〔s〕のときの位相角 $\frac{\pi}{4}$〔rad〕の正弦波交流電流がある。この電流の $t = 2.8$〔s〕における瞬時値〔A〕はいくらか。

問 2 図の回路において、抵抗 R を流れる電流 i_R〔A〕と、静電容量 C を流れる電流 i_C〔A〕とが、それぞれ次のような式で表されるとき、回路を流れる全電流 i〔A〕の瞬時値式を求めよ。

$i_R = 10 \sin\omega t$ 〔A〕
$i_C = 10\sqrt{3} \sin\left(\omega t + \frac{\pi}{2}\right)$ 〔A〕

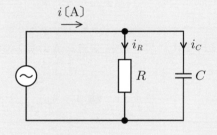

第3章 章末問題 解答

問1 交流電流の瞬時値は、

$$i = \sqrt{2}\, I \sin(\omega t + \theta)$$

で表すことができます（109ページ）。問題文より、

実効値電流 $I = 20\,[\text{A}]$
角周波数 $\omega = 2\pi f = 2\pi \cdot 60 = 120\pi\,[\text{rad/s}]$ ←105ページ

です。また、時間 $t = 0$ のときの位相角が $\dfrac{\pi}{4}$ なので、位相は $\dfrac{\pi}{4}$ の進みになります。

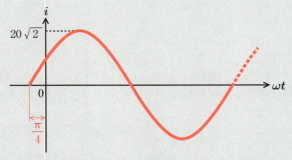

以上から、この交流電流の瞬時値式は、

$$i = 20\sqrt{2}\,\sin\left(120\pi t + \frac{\pi}{4}\right)\,[\text{A}]$$

となります。この式に $t = 2.8$ を代入し、i の値を求めます。

$$i = 20\sqrt{2}\,\sin\left(120\pi \cdot 2.8 + \frac{\pi}{4}\right) = 20\sqrt{2}\,\sin\left(336\pi + \frac{\pi}{4}\right)$$

$$= 20\sqrt{2}\left\{\sin 336\pi \cdot \cos\left(\frac{\pi}{4}\right) + \cos 336\pi \cdot \sin\left(\frac{\pi}{4}\right)\right\} \quad \text{←加法定理（85ページ）}$$

$\sin 336\pi$:
$= \sin(2\pi \times 168)$
$= \sin 2\pi$
$= \sin 360°$ ←79ページ
$= 0$

$\cos 336\pi$:
$= \cos(2\pi \times 168)$
$= \cos 2\pi$
$= \cos 360°$
$= 1$

$$= 20\sqrt{2}\left\{0 \cdot \frac{1}{\sqrt{2}} + 1 \cdot \frac{1}{\sqrt{2}}\right\} = 20\sqrt{2} \cdot \frac{1}{\sqrt{2}} = 20\,[\text{A}]$$

答 20 A

問2 全電流 $i = i_R + i_C$ なので、

$$i = i_R + i_C = 10\sin\omega t + 10\sqrt{3}\sin\left(\omega t + \frac{\pi}{2}\right)$$

となります。ここで、

$$\sin\left(\omega t + \frac{\pi}{2}\right) = \sin\omega t \underbrace{\cos\frac{\pi}{2}}_{\cos 90°} + \cos\omega t \underbrace{\sin\frac{\pi}{2}}_{\sin 90°} \quad \leftarrow 加法定理$$

$$= \sin\omega t \cdot 0 + \cos\omega t \cdot 1$$

$$= \cos\omega t$$

より、

$$i = 10\sin\omega t + 10\sqrt{3}\cos\omega t$$

また、三角関数の合成の公式 $a\sin\theta + b\cos\theta = \sqrt{a^2+b^2}\sin(\theta+\alpha)$ より（96ページ）、

$$i = 10\sin\omega t + 10\sqrt{3}\cos\omega t$$
$$= \sqrt{10^2 + (10\sqrt{3})^2}\sin(\omega t + \alpha)$$
$$= \sqrt{100 + 300}\sin(\omega t + \alpha)$$
$$= 20\sin(\omega t + \alpha)$$

図より、$\alpha = \dfrac{\pi}{3}$ 〔rad〕なので、

$$i = 20\sin\left(\omega t + \frac{\pi}{3}\right)$$

となります。

〔答〕$i = 20\sin\left(\omega t + \dfrac{\pi}{3}\right)$ 〔A〕

交流をベクトルで表せば、この問題はもっと簡単に解けます（次章参照）

Chapter

04

ベクトルと
複素数

01	ベクトルの計算・・・・・・・・・・・・・・・・・・	116
02	成分表示と極座標表示・・・・・・・・・・・	121
03	複素数とベクトル・・・・・・・・・・・・・・	125
04	複素数によるベクトル演算・・・・・・・	135
05	ベクトルと交流・・・・・・・・・・・・・・・・	139
06	交流電力とベクトル・・・・・・・・・・・・	147
07	三相交流とベクトル・・・・・・・・・・・・	155
章末問題・・・・・・・・・・・・・・・・・・・・・・・		166

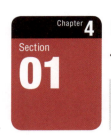

【ベクトルと複素数】
ベクトルの計算

ベクトルとは、大きさと向きをもった量で、矢印のついた直線で表すことができます。ベクトルの足し算と引き算は、作図によって求めることができます。

▶ベクトルとは

ベクトルとは、向きと大きさをもった量のことです。たとえば「速度」は、どの方向へ、どのくらいの速さで進むかを示すベクトルとして表すことができます。このほか「加速度」や「力」などもベクトルとして表すことができます。

> **用語 スカラ**
>
> 向きと大きさをもつベクトルに対して、大きさだけで向きをもたない量をスカラという。
>
> 例：長さ、重さ、温度など

①ベクトルの表し方

ベクトルは、矢印のついた直線で表します。矢印の長さはベクトルの大きさを表し、矢印の向きがベクトルの向きを表します。

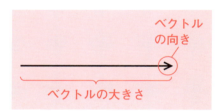

②ベクトルの記号

ベクトルの記号は、数学では$\vec{A}, \vec{B}$のように文字の上に矢印をつけて表すことが多いのですが、電気数学では$\dot{A}, \dot{B}$のように点（ドット）をつけるのが一般的です。

また、ベクトルの大きさだけを表す場合は、絶対値であることを示す記号をつけて$|\dot{A}|, |\dot{B}|$のように書くか、ドットなしでA, Bのように書きます。

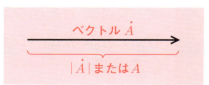

▶ベクトルの足し算と引き算

①ベクトル同士の足し算

$\dot{A} + \dot{B}$ は、$\dot{A}$ の終点と $\dot{B}$ の始点とをつなぎ、両端を結びます。

②ベクトル同士の引き算

$\dot{A} - \dot{B}$ では、$\dot{B}$ と大きさが同じで向きが反対のベクトル $-\dot{B}$ を考え、$\dot{A}$ と $-\dot{B}$ とを足し算します。

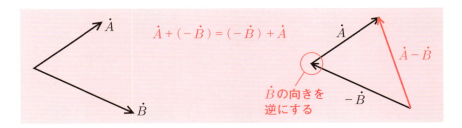

> **例題1** 次に示す2つのベクトルの和または差を作図し、その大きさを求めなさい。
>
> **1** $\dot{A} + \dot{B}$　　　**2** $\dot{A} - \dot{B}$
>
>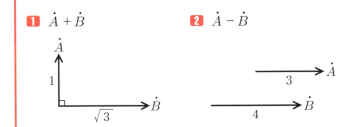

> **例題の解説**

1 $\vec{A}$ の終点に $\vec{B}$ の始点をつなぎ、$\vec{A}+\vec{B}$ を作図すると、次のようになります。

$\vec{A}+\vec{B}$ の大きさは、三平方の定理より、$\sqrt{1^2+(\sqrt{3})^2}=2$ となります。　…（答）

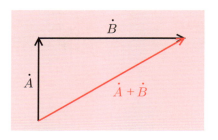

図のように、$\vec{A}$、$\vec{B}$ を二辺とする平行四辺形を描き、その対角線を $\vec{A}+\vec{B}$ とする解法もあります。

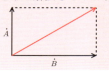

2 $\vec{A}$ の終点に、$-\vec{B}$ の始点をつなぎ、$\vec{A}-\vec{B}$ を作図すると、次のようになります。

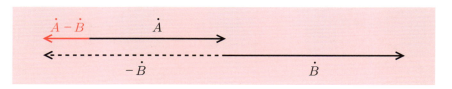

図より、$\vec{A}-\vec{B}$ の大きさは $4-3=1$ になります。　…（答）

▶磁界の大きさ

ベクトルの計算は、クーロン力や磁気力の計算で必要になります。

> **例題2** 長さ1mの棒磁石を図のように点BC間に置いた。棒磁石の両端の磁極は点磁荷とみなすことができ、その強さはN極が 2×10^{-4} Wb、S極が -2×10^{-4} Wb であるとき、点Aの磁界の大きさ〔A/m〕はいくらか。

ただし、点 A, B, C は真空中にあるものとし、真空の透磁率は $\mu_0 = 4\pi \times 10^{-7}$ H/m とする。

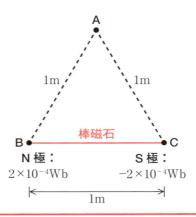

例題の解説

磁石の N 極と S 極とは、同じ極同士なら反発する力、異なる極同士なら吸引する力が働きます。この力の大きさは、次のような磁気に関するクーロンの法則で求められます。

磁気に関するクーロンの法則

$$F = \frac{m_1 m_2}{4\pi\mu_0 r^2} \text{〔N〕}$$

m_1, m_2：磁極の強さ〔Wb〕
r：磁極間の距離〔m〕
μ_0：真空中の透磁率

同じ極の場合：

$F \leftarrow \underset{m_1\text{〔Wb〕}}{\bullet} \cdots \overset{r\text{〔m〕}}{\cdots} \cdots \underset{m_2\text{〔Wb〕}}{\bullet} \rightarrow F$

異なる極の場合：

$\underset{m_1\text{〔Wb〕}}{\overset{F}{\bullet}} \rightarrow \cdots \overset{r\text{〔m〕}}{\cdots} \cdots \underset{m_2\text{〔Wb〕}}{\overset{F}{\bullet}} \leftarrow$

点 A における磁界の大きさは、点 A に＋ 1〔Wb〕の点磁荷を置いたときに働く力の大きさとして求められます（単位は〔A/m〕）。点 A には、点 B の磁極による磁界と点 C の磁極による磁界が作用するので、それぞれの大きさを求めます。

点 B の磁極による磁界の大きさ

$$H_B = \frac{|m_B|}{4\pi\mu_0 r_A{}^2} = \frac{2\times 10^{-4}}{4\pi\times 4\pi\times 10^{-7}\times 1^2} = \frac{2\times 10^{-4}}{16\pi^2\times 10^{-7}} = \frac{10^3}{8\pi^2} \text{〔A/m〕}$$

点 C の磁極による磁界の大きさ

$$H_C = \frac{|m_C|}{4\pi\mu_0 r_A{}^2} = \frac{|-2\times 10^{-4}|}{4\pi\times 4\pi\times 10^{-7}\times 1^2} = \frac{2\times 10^{-4}}{16\pi^2\times 10^{-7}} = \frac{10^3}{8\pi^2} \text{〔A/m〕}$$

それぞれの磁界の向きは、下図のように H_B が点 B と反発する向き、H_C が点 C に引っ張られる向きになります。

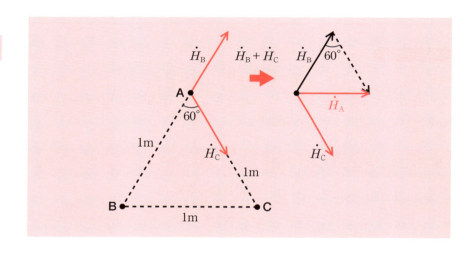

点 A の磁界の大きさ $\dot{H}_A$ は、$\dot{H}_B$ と $\dot{H}_C$ を合成したものです。$\dot{H}_B$ の終点と $\dot{H}_C$ の始点を結んで $\dot{H}_A$ を作図すると、$\dot{H}_B$ と $\dot{H}_C$ は大きさが等しく、60°の角度をなすので、正三角形を構成します。したがって、H_A の大きさも $H_B = H_C$ と等しく、

$$H_A = H_B = H_C = \frac{10^3}{8\pi^2} = \frac{1000}{8\pi^2} \fallingdotseq 12.67 \text{〔A/m〕} \quad \cdots \text{（答）}$$

となります。

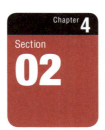

【ベクトルと複素数】
成分表示と極座標表示

ベクトルを表す方法として作図だけでは不便なので、成分表示と極座標表示について説明します。電気数学では、極座標表示をよく使います。

▶ベクトルを成分表示で表す

右図のように、ベクトル $\dot{A}$ の始点を座標軸の原点 O に置き、その終点の座標を (a, b) とします。すると、このベクトル $\dot{A}$ は、

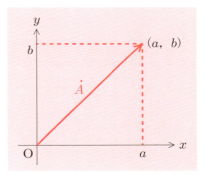

$$\dot{A} = (a, b)$$

のように表すことができます。このような書き方を**ベクトルの成分表示**といいます。

$\dot{A} = (a, b)$ のベクトルの大きさ $|\dot{A}|$ は、三平方の定理により、

$$|\dot{A}| = \sqrt{a^2 + b^2}$$

で求めることができます。

例　$\dot{A} = (2\sqrt{3}, 2)$　　$\dot{B} = (-3, 3)$

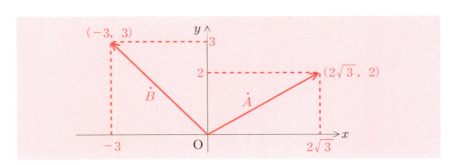

また、ベクトルと x 軸のなす角を**偏角**といいます。偏角を θ とすれば、

$$\tan\theta = \frac{b}{a}$$

となります。この式を「$\theta = \cdots$」の式に変形すると、次のようなアークタンジェント（97 ページ）の式になります。

$$\theta = \tan^{-1}\frac{b}{a}$$

ベクトル $\dot{A} = (a, b)$ のとき

大きさ：$|\dot{A}| = \sqrt{a^2 + b^2}$

偏角：$\theta = \tan^{-1}\dfrac{b}{a}$

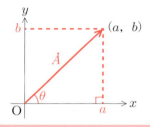

例 $\dot{A} = (\sqrt{3}, 1)$ の大きさと偏角

大きさ：$|\dot{A}| = \sqrt{(\sqrt{3})^2 + 1^2}$
$= \sqrt{3+1} = \sqrt{4} = 2$

偏角　：$\theta = \tan^{-1}\dfrac{1}{\sqrt{3}} = 30° = \dfrac{\pi}{6}$ 〔rad〕

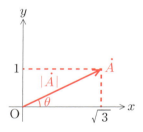

▶ベクトルを極座標表示で表す

右図のように、ベクトル $\dot{A}$ の始点を座標軸の原点 O に置き、その大きさを r とします。また、ベクトル $\dot{A}$ と x 軸のなす角（偏角）を θ とします。すると、このベクトル $\dot{A}$ は、

$$\dot{A} = r \angle \theta$$

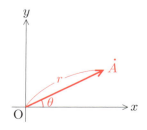

と表すことができます。このような書き方を**ベクトルの極座標表示**といいます。

例 $\dot{A} = 4 \angle \dfrac{\pi}{6}$ ←大きさ4、偏角 $\dfrac{\pi}{6}$ 〔rad〕

$\dot{B} = 5 \angle -\dfrac{\pi}{4}$ ←大きさ5、偏角 $-\dfrac{\pi}{4}$ 〔rad〕

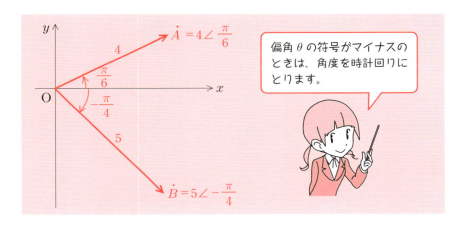

偏角 θ の符号がマイナスのときは、角度を時計回りにとります。

図のように、大きさ r、偏角 θ のベクトル $r \angle \theta$ の終点の座標を (a, b) とすると、

$\cos\theta = \dfrac{a}{r} \Rightarrow a = r\cos\theta$

$\sin\theta = \dfrac{b}{r} \Rightarrow b = r\sin\theta$

となります。したがってベクトル $r \angle \theta$ は、成分表示では $(r\cos\theta, r\sin\theta)$ となります。

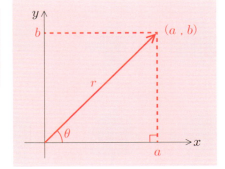

ベクトルの極座標表示を成分表示に変換

$r \angle \theta = (r\cos\theta, r\sin\theta)$

> **例題3** 次のベクトルを、成分表示で表しなさい。
>
> **1** $\dot{A} = 6 \angle \dfrac{\pi}{6}$　　**2** $\dot{B} = 4 \angle \dfrac{5}{6}\pi$　　**3** $\dot{C} = 4 \angle -\dfrac{\pi}{4}$

例題の解説

1 $\dot{A} = 6 \angle \dfrac{\pi}{6}$

$= \left(6\cos\dfrac{\pi}{6},\ 6\sin\dfrac{\pi}{6}\right)$

$= \left(6 \times \dfrac{\sqrt{3}}{2},\ 6 \times \dfrac{1}{2}\right)$

$= (3\sqrt{3},\ 3)$　…（答）

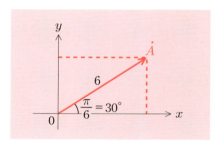

2 $\dot{B} = 4 \angle \dfrac{5}{6}\pi$

$= \left(4\cos\dfrac{5}{6}\pi,\ 4\sin\dfrac{5}{6}\pi\right)$

$= \left(4 \times -\dfrac{\sqrt{3}}{2},\ 4 \times \dfrac{1}{2}\right)$

$= (-2\sqrt{3},\ 2)$　…（答）

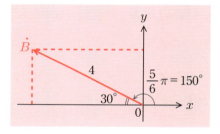

3 $\dot{C} = 4 \angle -\dfrac{\pi}{4}$

$= \left(4\cos\left(-\dfrac{\pi}{4}\right),\ 4\sin\left(-\dfrac{\pi}{4}\right)\right)$

$= \left(4 \times \dfrac{1}{\sqrt{2}},\ 4 \times \left(-\dfrac{1}{\sqrt{2}}\right)\right)$

$= \left(\dfrac{4}{\sqrt{2}},\ -\dfrac{4}{\sqrt{2}}\right)$　←分母と分子に $\sqrt{2}$ を掛ける

$= \left(\dfrac{4\sqrt{2}}{2},\ -\dfrac{4\sqrt{2}}{2}\right)$

$= (2\sqrt{2},\ -2\sqrt{2})$　…（答）

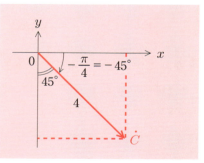

【ベクトルと複素数】
複素数とベクトル

実数と虚数を組み合わせた数を複素数といいます。複素数を使ってベクトルを表す方法と、オイラーの公式によるベクトルの指数関数表示について説明します。

▶複素数とは

実数は、2乗するとかならず正の数になります。2乗すると負の数になる実数は存在しません。したがって、「負の数の平方根」は存在しません。

$\sqrt{-1}$ ←負の数の平方根（2乗すると負の数になる実数）は存在しない

実数としては存在しなくても、そのような数を想像することはできます。「**2乗すると負の数になる数**」を、**虚数**といいます。とくに、「2乗すると−1になる数」を**虚数単位**といい、記号 j で表します。

虚数単位

$$j = \sqrt{-1} \qquad j^2 = -1$$

数学では虚数単位を i で表しますが、電気数学では電流の記号とまぎらわしいので、j を使います。

$\sqrt{-1}$ 以外の虚数は、虚数単位 j を使って次のように表します。

2乗すると−3になる数：$\sqrt{-3} = \sqrt{-1} \times \sqrt{3} = j\sqrt{3}$
2乗すると−4になる数：$\sqrt{-4} = \sqrt{-1} \times \sqrt{4} = j2$

また、実数と虚数を組み合わせて、

$3 + j2$

のような数を考えることもできます。このような数を**複素数**といいます。

複素数

$$a + jb \qquad （ただし、a, b は実数）$$

実部　虚部

▶複素数の計算

複素数を含む式の足し算や引き算では、実部同士と虚部同士を計算します。

足し算：$(a + jb) + (c + jd) = (a + c) + j(b + d)$

引き算：$(a + jb) - (c + jd) = (a - c) + j(b - d)$

(例)　$(4 + j3) + (5 - j7) = (4 + 5) + j(3 - 7) = 9 - j4$

$(8 - j2) - (4 + j3) = (8 - 4) + j(-2 - 3) = 4 - j5$

複素数同士の掛け算では、途中に j^2 が出てくるので、これを -1 に置き換えます。

掛け算：$(a + jb)(c + jd) = ac + jad + jbc + j^2 bd$
$$= ac + j(ad + bc) - bd$$
$$= (ac - bd) + j(ad + bc)$$

(例)　$(3 + j4)(2 - j) = 6 - j3 + j8 \boxed{- j^2 4}$ ← $-(-1) \cdot 4 = +4$
$$= 6 + j(-3 + 8) + 4$$
$$= 10 + j5$$

複素数同士の割り算では、答えを実部と虚部に分けるために、分母を実数に直します。そのために、23 ページで解説した「分母の有理化」と似たテクニックを使います。

割り算：$\dfrac{a + jb}{c + jd} = \dfrac{(a + jb)\,(c - jd)}{(c + jd)\,(c - jd)}$　←分母と分子に $(c - jd)$ を掛ける

$$= \frac{ac - jad + jbc - j^2 bd}{c^2 - j^2 d^2}$$

$(a + b)\,(a - b) = a^2 - b^2$
(39 ページ)

$$= \frac{(ac + bd) + j\,(bc - ad)}{c^2 + d^2}$$

(例)　$\dfrac{4 + j2}{1 + j} = \dfrac{(4 + j2)\,(1 - j)}{(1 + j)\,(1 - j)}$

$$= \frac{4 - j4 + j2 - j^2 2}{1 - j^2}$$

$$= \frac{4 - j4 + j2 + 2}{1 + 1}$$

$$= \frac{\overset{3}{\cancel{6}} - j\overset{1}{\cancel{2}}}{\cancel{2}_{1}}$$

$$= 3 - j$$

Sec.
03
複素数とベクトル

例題 4 次の計算をしなさい。

1 $(-3 - j2) + (2 + j4)$　　**2** $(4 + j3) - (3 - j2)$

3 $(1 - j)\,(2 + j)$　　**4** $\dfrac{1 + j\sqrt{2}}{\sqrt{2} + j2}$

例題の解説

1 $(-3 - j2) + (2 + j4) = (-3 + 2) + j\,(-2 + 4)$
$$= -1 + j2 \quad \cdots（答）$$

2 $(4 + j3) - (3 - j2) = (4 - 3) + j\,(3 - (-2))$
$$= 1 + j5 \quad \cdots（答）$$

3 $(1 - j)\,(2 + j) = 2 + j - j2 - j^2 = 2 + j\,(1 - 2) + 1$
$$= 3 - j \quad \cdots（答）$$

127

4 $\dfrac{1+j\sqrt{2}}{\sqrt{2}+j2} = \dfrac{(1+j\sqrt{2})(\sqrt{2}-j2)}{(\sqrt{2}+j2)(\sqrt{2}-j2)}$

$= \dfrac{\sqrt{2}-j2+j2-j^2 2\sqrt{2}}{2-j^2 4}$

$= \dfrac{\sqrt{2}+2\sqrt{2}}{2+4} = \dfrac{3\sqrt{2}}{6}$

$= \dfrac{\sqrt{2}}{2}$ … (答)

▶複素平面とベクトル

複素数 $a+jb$ は、実部の a と、虚部の jb を組み合わせたものです。そこで、実部を x 軸、虚部を y 軸にとると、複素数 $a+jb$ は図のような平面上の 1 点に対応させることができます。この平面を**複素平面**（ガウス平面）といいます。

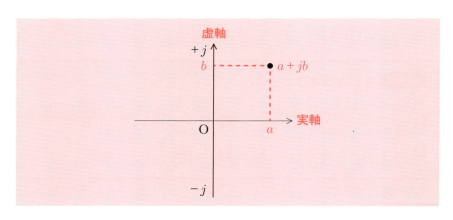

さらに、複素平面上の原点 O を始点とするベクトルを考えれば、その終点は複素平面上の 1 点に定まるので、任意のベクトルは

$\dot{Z} = a + jb$

のような複素数で表すことができます。このように、ベクトルを $\dot{Z} =$

$a + jb$ の形式で表すことを、**複素数表示**（フェーザ表示）といいます。

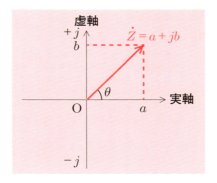

複素数表示は、ベクトルの成分 (a,b) を、1 つの複素数 $a+jb$ で表したものです。

ベクトル $\dot{Z} = a + jb$ の大きさ（絶対値）は、三平方の定理より、

$|\dot{Z}| = \sqrt{a^2 + b^2}$

また、偏角 θ は $\tan\theta = \dfrac{b}{a}$ より（122 ページ）、

$\theta = \tan^{-1}\dfrac{b}{a}$

となります。

ベクトル $\dot{Z} = a + jb$ のとき

大きさ：$|\dot{Z}| = \sqrt{a^2 + b^2}$

偏角：$\theta = \tan^{-1}\dfrac{b}{a}$

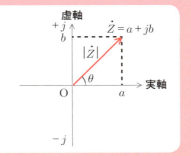

例題 5 次のベクトルの大きさと偏角を求めなさい。

1 $\dot{A} = 1 + j\sqrt{3}$　　**2** $\dot{B} = j4$

例題の解説

1 $\dot{A} = 1 + j\sqrt{3}$

大きさ：$|\dot{A}| = \sqrt{1^2 + (\sqrt{3})^2}$
$= \sqrt{1+3} = \sqrt{4} = 2$

偏角：図より、$\theta = \tan^{-1}\dfrac{\sqrt{3}}{1} = 60°$
$= \dfrac{\pi}{3}$〔rad〕

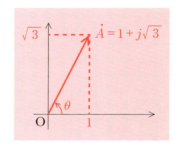

2 $\dot{B} = j4$

大きさ：$|\dot{B}| = \sqrt{0^2 + 4^2} = 4$
偏角：図より、$\theta = 90°$
$= \dfrac{\pi}{2}$〔rad〕

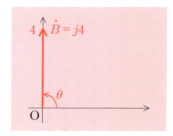

▶複素数表示と極座標表示

大きさ r，偏差 θ のベクトル $\dot{Z} = r\angle\theta$ を複素平面上に描きます。このベクトルの複素数表示を $a + jb$ とします。

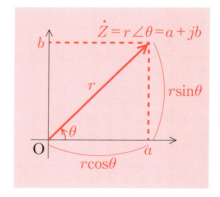

図より、

$$\sin\theta = \dfrac{b}{r} \;\Rightarrow\; b = r\sin\theta,\; \cos\theta = \dfrac{a}{r} \;\Rightarrow\; a = r\cos\theta$$

となります（123ページ）。以上から、$\dot{Z} = r\angle\theta$ は、複素数表示で

$$\dot{Z} = r\angle\theta = r\cos\theta + jr\sin\theta = r(\cos\theta + j\sin\theta)$$

極座標表示を複素数表示に変換

$$\dot{Z} = r \angle \theta = r(\cos\theta + j\sin\theta)$$

例題 6 次のベクトルを複素数表示で表しなさい。

1 $\dot{A} = 10 \angle \dfrac{\pi}{6}$

2 $\dot{B} = 8\sqrt{2} \angle \dfrac{3}{4}\pi$

3 $\dot{C} = 20 \angle \dfrac{\pi}{2}$

4 $\dot{D} = 5 \angle 0$

例題の解説

$r \angle \theta = r(\cos\theta + j\sin\theta)$ より，

1 $\dot{A} = 10 \angle \dfrac{\pi}{6}$

$\quad = 10\left(\cos\dfrac{\pi}{6} + j\sin\dfrac{\pi}{6}\right)$

$\quad = 10 \times \left(\dfrac{\sqrt{3}}{2} + j\dfrac{1}{2}\right)$

$\quad = 5\sqrt{3} + j5$ …（答）

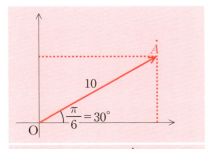

2 $\dot{B} = 8\sqrt{2} \angle \dfrac{3}{4}\pi$

$\quad = 8\sqrt{2}\left(\cos\dfrac{3}{4}\pi + j\sin\dfrac{3}{4}\pi\right)$

$\quad = 8\sqrt{2} \times \left(-\dfrac{1}{\sqrt{2}} + j\dfrac{1}{\sqrt{2}}\right)$

$\quad = -8 + j8$ …（答）

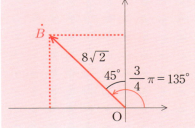

3 $\dot{C} = 20\angle\dfrac{\pi}{2}$

$\quad = 20\left(\cos\dfrac{\pi}{2} + j\sin\dfrac{\pi}{2}\right)$

$\quad = 20\times(0+j1)$

$\quad = j20$ …（答）

4 $\dot{D} = 5\angle 0$

$\quad = 5(\cos 0 + j\sin 0)$

$\quad = 5\times(1+j0)$

$\quad = 5$ …（答）

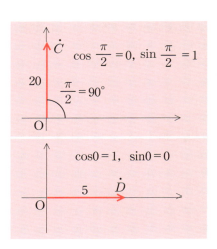

▶ベクトルを指数関数表示で表す

小数表記で次のような値になる定数を、**ネイピア数**といいます（31ページ）。

$\quad \varepsilon = 2.7182818284\cdots$

ネイピア数のべき乗と三角関数の間には、次のような**オイラーの公式**が成り立ちます。

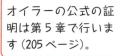

オイラーの公式の証明は第5章で行います（205ページ）。

オイラーの公式

$\varepsilon^{j\theta} = \cos\theta + j\sin\theta$

大きさ r、偏角 θ のベクトル $\dot{Z}$ は、この公式を使うと次のように表すことができます。

$\dot{Z} = r\angle\theta = r(\cos\theta + j\sin\theta) = r\varepsilon^{j\theta}$

ベクトルをこのようにネイピア数のべき乗の形式で表すことを、**指数関数表示**といいます。

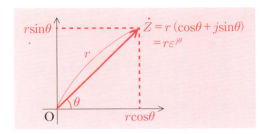

本書では、ベクトルの表し方として次の4つの形式を紹介しました。このうち、成分表示は電気数学ではあまり使いませんが、そのほかの形式は覚えておきましょう。

ベクトルの表記

❶成分表示　　$\dot{A} = (a, b)$
❷極座標表示　$\dot{A} = r \angle \theta$
❸複素数表示　$\dot{A} = a + jb$
❹指数関数表示 $\dot{A} = r\varepsilon^{j\theta}$

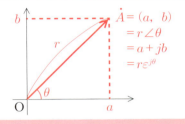

> **例題7** 次のベクトルを指数関数表示で表しなさい。
>
> ❶ $\dot{A} = 10 \angle \dfrac{\pi}{6}$　　❷ $\dot{B} = 2 + j2$　　❷ $\dot{C} = 3 - j3\sqrt{3}$

例題の解説

❶ $\dot{A} = 10 \angle \dfrac{\pi}{6} = 10\left(\cos\dfrac{\pi}{6} + j\sin\dfrac{\pi}{6}\right)$
$\phantom{\dot{A}} = 10\varepsilon^{j\frac{\pi}{6}}$ …（答）

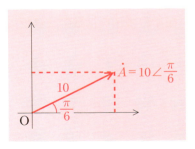

2 $\dot{B} = 2 + j2$

大きさ：$|\dot{B}| = \sqrt{2^2+2^2} = \sqrt{8} = 2\sqrt{2}$

偏角　：図より、$\theta = 45°= \dfrac{\pi}{4}$〔rad〕

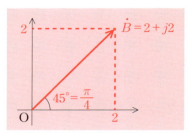

以上から、

$$\dot{B} = 2\sqrt{2}\left(\cos\dfrac{\pi}{4} + j\sin\dfrac{\pi}{4}\right)$$
$$= 2\sqrt{2}\,\varepsilon^{j\frac{\pi}{4}} \quad \cdots\text{（答）}$$

3 $\dot{C} = 3 - j3\sqrt{3}$

大きさ：$|\dot{C}| = \sqrt{3^2+(-3\sqrt{3})^2}$
$= \sqrt{9+27}$
$= 6$

偏角　：図より、$-\dfrac{\pi}{3}$〔rad〕

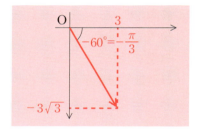

以上から、

$$\dot{C} = 6\left\{\cos\left(-\dfrac{\pi}{3}\right) + j\sin\left(-\dfrac{\pi}{3}\right)\right\} = 6\varepsilon^{-j\frac{\pi}{3}} \quad \cdots\text{（答）}$$

　一般に、複素数表示のベクトルは、次のようにすれば指数関数表示に変換できます。

複素数表示を指数関数表示に変換

$$\dot{Z} = a + jb = \sqrt{a^2+b^2}\,(\cos\theta + j\sin\theta)$$
$$= \sqrt{a^2+b^2}\,\varepsilon^{j\theta} \quad \leftarrow \text{オイラーの公式}$$

※ ただし、$\theta = \tan^{-1}\dfrac{b}{a}$

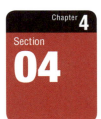

【ベクトルと複素数】
複素数によるベクトル演算

ベクトルを複素数で表すことにより、ベクトルの演算（＋－×÷）を複素数の演算によって行えるようになります。ベクトルの掛け算・割り算と、ベクトルの回転についても説明します。

▶ベクトルの足し算・引き算

117 ページでは、作図によってベクトルの足し算や引き算を行いましたが、ベクトルを複素数で表すと、ベクトルの演算を複素数の演算によって行えるようになります。

（例） $\dot{A} = 3 + j2$，$\dot{B} = 1 + j3$ のとき、$\dot{A} + \dot{B}$ を求めよ。

$\dot{A} + \dot{B} = (3 + j2) + (1 + j3) = 4 + j5$

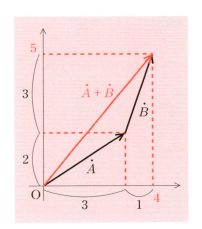

例題 8 $\dot{A} = 5 + j2$，$\dot{B} = 3 + j3$ のとき、次の計算をしなさい。

1 $\dot{A} + \dot{B}$ **2** $\dot{A} - \dot{B}$

例題の解説

1 $\dot{A} + \dot{B}$
$= (5 + j2) + (3 + j3)$
$= (5 + 3) + j(2 + 3)$
$= 8 + j5$ …（答）

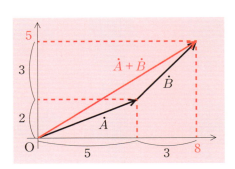

2 $\dot{A} - \dot{B}$
  $= (5 + j2) - (3 + j3)$
  $= (5 + j2) + (-3 - j3)$
  $= (5 - 3) + j(2 - 3)$
  $= 2 - j$ …（答）

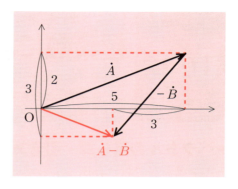

▶ベクトルの掛け算・割り算

次に、ベクトルの掛け算や割り算についても考えてみましょう。

前節では、大きさ r、偏角 θ のベクトルを、$r(\cos\theta + j\sin\theta)$ と表しました。オイラーの公式（132 ページ）を使えば、このベクトルは $r\varepsilon^{j\theta}$ と書けます。そこで、次のような2つのベクトル $\dot{A}$, $\dot{B}$ を考えます。

$$\dot{A} = A(\cos\alpha + j\sin\alpha) = A\varepsilon^{j\alpha}$$
$$\dot{B} = B(\cos\beta + j\sin\beta) = B\varepsilon^{j\beta}$$

この2つのベクトル $\dot{A}$ と $\dot{B}$ の積を求めます。

┌ 15 ページの指数法則

$$\dot{A}\dot{B} = A\varepsilon^{j\alpha} \cdot B\varepsilon^{j\beta} = AB\varepsilon^{j\alpha + j\beta} = AB\varepsilon^{j(\alpha + \beta)}$$
$$= AB\{\cos(\alpha + \beta) + j\sin(\alpha + \beta)\}$$

以上から、$\dot{A}$ と $\dot{B}$ の積は、大きさ AB、偏角 $\alpha + \beta$ のベクトルになることがわかります。

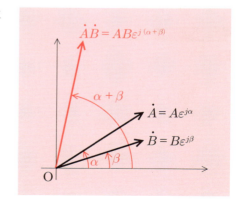

同様に、ベクトル $\dot{A} \div \dot{B}$ を求めると、

$$\dot{A} \div \dot{B} = \frac{A\varepsilon^{j\alpha}}{B\varepsilon^{j\beta}} = \frac{A}{B}\varepsilon^{j\alpha - j\beta} = \frac{A}{B}\varepsilon^{j(\alpha - \beta)}$$

$$= \frac{A}{B}\{\cos(\alpha - \beta) + j\sin(\alpha - \beta)\}$$

指数法則

以上から、$\dot{A} \div \dot{B}$の商は、大きさ $\frac{A}{B}$、偏角 $\alpha - \beta$ のベクトルになります。

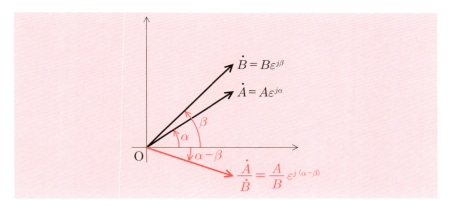

一般に、ベクトル $\dot{A}$ に $\underline{\varepsilon^{j\theta} = \cos\theta + j\sin\theta}$ を掛けると、

オイラーの公式

$$\dot{A} \cdot \varepsilon^{j\theta} = A\varepsilon^{j\alpha} \cdot \varepsilon^{j\theta} = A\varepsilon^{j(\alpha + \theta)}$$

となり、ベクトル $\dot{A}$ を**反時計回り**に θ 回転させたベクトルが得られます。

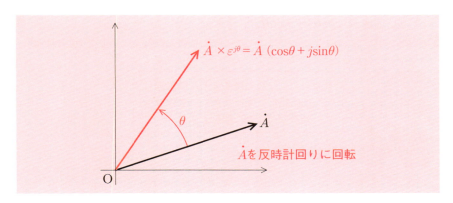

また、ベクトル $\dot{A}$ を $\varepsilon^{j\theta} = \cos\theta + j\sin\theta$ で割ると、

$$\frac{\dot{A}}{\varepsilon^{j\theta}} = \frac{A\varepsilon^{j\alpha}}{\varepsilon^{j\theta}} = A\varepsilon^{j\alpha} \cdot \varepsilon^{-j\theta} = A\varepsilon^{j(\alpha-\theta)}$$

となり、ベクトル $\dot{A}$ を**時計回り**に θ 回転させたベクトルが得られます。

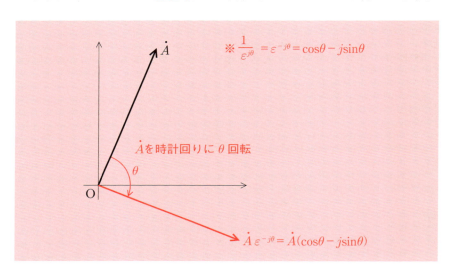

ベクトルの回転

$\dot{A}$ を反時計回りに θ 回転：
$$\dot{A}\varepsilon^{j\theta} = \dot{A}(\cos\theta + j\sin\theta)$$

$\dot{A}$ を時計回りに θ 回転：
$$\dot{A}\varepsilon^{-j\theta} = \dot{A}(\cos\theta - j\sin\theta)$$

ベクトルに j を掛けると、反時計回りに 90°回転します。また、$-j$ を掛けると、時計回りに 90°回転します。

ベクトルと交流

【ベクトルと複素数】

Chapter 4 / Section 05

交流をベクトルと考え、複素数で表すことで、交流の計算は非常に簡単になります。交流電圧や交流電流の合成、インピーダンスの計算といった交流の計算について説明します。

▶交流をベクトルで表す

第3章では、交流を以下のような瞬時値の式で表しました(109ページ)。

瞬時値電圧：$e = \sqrt{2}\, E\sin(\omega t \pm \theta_1)$ 〔V〕

瞬時値電流：$i = \sqrt{2}\, I\sin(\omega t \pm \theta_2)$ 〔A〕

この交流の電圧や電流は、次のように角周波数 ω〔rad/s〕で回転するベクトルと考えることができます。

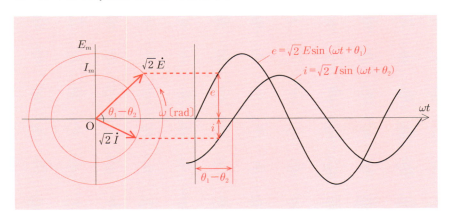

そこで実効値の大きさをベクトルの大きさ、位相のずれをベクトルの偏角として、交流の電圧と電流を次のようなベクトルで表します。

電圧：$e = \sqrt{2}\, E\sin(\omega t \pm \theta)$ ➡ $\dot{E} = E\angle\pm\theta = E(\cos\pm\theta + j\sin\pm\theta)$

電流：$i = \sqrt{2}\, I\sin(\omega t \pm \theta)$ ➡ $\dot{I} = I\angle\pm\theta = I(\cos\pm\theta + j\sin\pm\theta)$

※極座標表示を複素数表示に変換（131ページ）

例 $e = 100\sqrt{2}\sin\left(\omega t + \dfrac{\pi}{3}\right)$ ➡ $\dot{E} = 100\angle\dfrac{\pi}{3}$

$$= 100\left(\cos\dfrac{\pi}{3} + j\sin\dfrac{\pi}{3}\right)$$

$$= 100\left(\dfrac{1}{2} + j\dfrac{\sqrt{3}}{2}\right)$$

$$= 50 + j50\sqrt{3}\ \text{〔V〕}$$

例 $i = 40\sqrt{2}\sin\left(\omega t - \dfrac{\pi}{4}\right)$ ➡ $\dot{I} = 40\angle-\dfrac{\pi}{4}$

$$= 40\left\{\cos\left(-\dfrac{\pi}{4}\right) + j\sin\left(-\dfrac{\pi}{4}\right)\right\}$$

$$= 40\left(\dfrac{1}{\sqrt{2}}\right) + j\left(-\dfrac{1}{\sqrt{2}}\right)$$

$$= \dfrac{40}{\sqrt{2}} + j\left(-\dfrac{40}{\sqrt{2}}\right)\quad\text{←分母と分子に}\ \sqrt{2}\ \text{を掛ける}$$

$$= 20\sqrt{2} - j20\sqrt{2}\ \text{〔A〕}$$

▶電流の合成

　交流をベクトルで表すと、電圧や電流の合成をベクトル演算によってできるようになります。

例題 9　次の 2 つの電流 i_1，i_2 を合成した電流の大きさと位相を求めよ。

$$i_1 = 20\sqrt{2}\ \sin\omega t\ \text{〔A〕},\ i_2 = 20\sqrt{2}\ \sin\left(\omega t - \dfrac{\pi}{3}\right)\text{〔A〕}$$

例題の解説

　交流電圧や電流の合成は、ベクトルの合成によって求めることができ

ます。まず、2つの電流をベクトルで表しましょう。

$\dot{I}_1 = 20 \angle 0$
$\dot{I}_2 = 20 \angle -\dfrac{\pi}{3}$

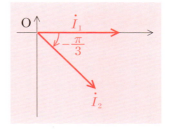

ベクトルの合成は、複素数表示に直せば計算で求めることができます。

$\dot{I}_1 = 20 \angle 0 = 20(\cos 0 + j\sin 0) = 20(1 + j0) = 20 + j0$

$\dot{I}_2 = 20 \angle -\dfrac{\pi}{3} = 20\left\{\cos\left(-\dfrac{\pi}{3}\right) + j\sin\left(-\dfrac{\pi}{3}\right)\right\}$

$= 20\left(\dfrac{1}{2} - j\dfrac{\sqrt{3}}{2}\right) = 10 - j10\sqrt{3}$

$\dot{I}_1 + \dot{I}_2 = (20 + j0) + (10 - j10\sqrt{3})$
$= 30 - j10\sqrt{3}$ 〔A〕

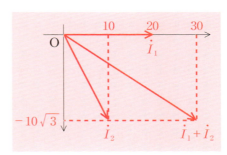

$\dot{I}_1 + \dot{I}_2$ の大きさと偏角（位相）は、次のようになります（129ページ）。

大きさ：$\sqrt{30^2 + (-10\sqrt{3})^2} = \sqrt{900 + 300} = \sqrt{1200}$
$= \sqrt{20^2 \times 3} = 20\sqrt{3}$ 〔A〕　…（答）

偏角：$\tan\theta = \dfrac{-10\sqrt{3}}{30} = -\dfrac{\sqrt{3}}{3} = -\dfrac{1}{\sqrt{3}}$ より、

$\theta = -\dfrac{\pi}{6}$ 〔rad〕　…（答）

▶交流回路のインピーダンス

交流回路の抵抗と誘導リアクタンス、容量リアクタンスをまとめて、**インピーダンス**といいます。インピーダンスの計算方法を理解しましょう。

①誘導リアクタンス

交流電源とコイルを接続した右図のような回路を考えます。コイルを流れる電流 I と電圧 E の大きさには、次のような関係が成り立ちます。

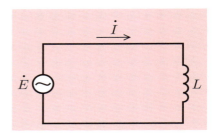

$$I = \frac{E}{\omega L} \,〔\text{A}〕$$

※ω：交流の角周波数〔rad/s〕　L：コイルのインダクタンス〔H〕

また、コイルは**交流電流の位相を 90° 遅らせる**ため、電圧のベクトル $\dot{E}$ と電流のベクトル $\dot{I}$ は右図のような関係になります。

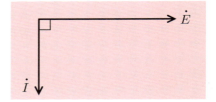

ベクトル $\dot{E}$ の偏角を θ とすれば、

$$\dot{E} = E \angle \theta = E(\cos\theta + j\sin\theta) = E\varepsilon^{j\theta} \,〔\text{V}〕 \quad ←131, 132 ページ$$

ベクトル $\dot{I}$ の偏角は θ より 90°$\left(=\dfrac{\pi}{2}\,〔\text{rad}〕\right)$遅れるので、

$$\dot{I} = I \angle \theta - \frac{\pi}{2} = I\left\{\cos\left(\theta - \frac{\pi}{2}\right) + j\sin\left(\theta - \frac{\pi}{2}\right)\right\}$$

$$= I\varepsilon^{j\left(\theta - \frac{\pi}{2}\right)} \,〔\text{A}〕$$

と表せます。$\dot{E}$ と $\dot{I}$ の比を $\dot{X}_L$ とすると、

$$\dot{X}_L = \frac{\dot{E}}{\dot{I}} = \frac{E\varepsilon^{j\theta}}{I\varepsilon^{j\left(\theta - \frac{\pi}{2}\right)}} = \frac{E}{I}\varepsilon^{j\frac{\pi}{2}}$$

$$= \frac{E}{I}\left(\cos\frac{\pi}{2} + j\sin\frac{\pi}{2}\right) = \frac{E}{I}(0 + j1) = j\frac{E}{I} = j\omega L \,〔\Omega〕 \quad I = \frac{E}{\omega L}\,より$$

となります。この $\dot{X}_L$ を、**誘導リアクタンス**といいます。

誘導リアクタンス

$$\dot{X}_L = j\omega L \ [\Omega]$$

②容量リアクタンス

次に、交流電源とコンデンサを接続した右図のような回路を考えます。コンデンサを流れる電流 I と電圧 E の大きさには、次のような関係が成り立ちます。

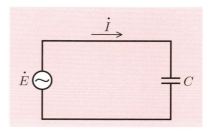

$$I = \frac{E}{\frac{1}{\omega C}} \ [A]$$

※ω は交流の角周波数〔rad/s〕、C：コンデンサの静電容量〔F〕

また、コンデンサは、コイルと逆に、**交流電流の位相を 90°進めます**。電圧 $\dot{E}$ の位相を θ とすれば、電圧のベクトルと電流のベクトルはそれぞれ

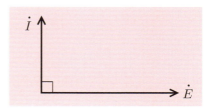

$$\dot{E} = E\angle\theta = E(\cos\theta + j\sin\theta) = E\varepsilon^{j\theta} \ [V]$$

$$\dot{I} = I\angle\theta + \frac{\pi}{2} = I\left\{\cos\left(\theta + \frac{\pi}{2}\right) + j\sin\left(\theta + \frac{\pi}{2}\right)\right\}$$

$$= I\varepsilon^{j\left(\theta + \frac{\pi}{2}\right)} \ [V]$$

となります。$\dot{E}$ と $\dot{I}$ の比を $\dot{X}_C$ とすると、

$$\dot{X}_C = \frac{\dot{E}}{\dot{I}} = \frac{E\varepsilon^{j\theta}}{I\varepsilon^{j\left(\theta + \frac{\pi}{2}\right)}} = \frac{E}{I}\varepsilon^{-j\frac{\pi}{2}}$$

$$= \frac{E}{I}\left\{\cos\left(-\frac{\pi}{2}\right) + j\sin\left(-\frac{\pi}{2}\right)\right\} = \frac{E}{I}(0-j1) = -j\frac{E}{I}$$
$$= -j\frac{1}{\omega C} \,[\Omega]$$

この $\dot{X}_C$ を、**容量リアクタンス**といいます。

容量リアクタンス

$$\dot{X}_C = -j\frac{1}{\omega C} \,[\Omega]$$

---

③交流回路と抵抗

最後に、交流の抵抗回路についても考えておきましょう。オームの法則は交流回路でも成り立つので、

$$I = \frac{E}{R} \,[A]$$

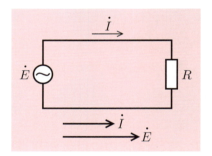

また、交流電流の位相は抵抗によって変化しないので、電圧と電流の位相は等しく、

$$\dot{R} = \frac{\dot{E}}{\dot{I}} = \frac{E\angle\theta}{I\angle\theta} = \frac{E(\cos\theta + j\sin\theta)}{I(\cos\theta + j\sin\theta)} = \frac{E}{I} = R \,[\Omega]$$

となります。

④交流回路のインピーダンス

抵抗 R、誘導リアクタンス X_L、容量リアクタンス X_C は、いずれも交流電流に対する交流電圧の比を表し、まとめて**インピーダンス**[Ω]といいます。

回路のインピーダンスを$\dot{Z}$とすると、交流回路には次のようなオームの法則が成り立ちます。

$$\dot{I} = \frac{\dot{E}}{\dot{Z}} (\text{A})$$

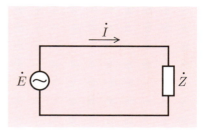

例題10 次の交流回路のインピーダンス$\dot{Z}$の大きさ〔Ω〕を求めよ。

1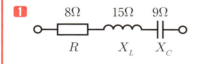

2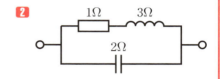

例題の解説

1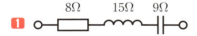

誘導リアクタンス$\dot{X}_L$の大きさをX_L、容量リアクタンス$\dot{X}_C$の大きさをX_Cとすれば、RLCを直列に接続した回路のインピーダンスは、

$$\dot{Z} = \dot{R} + \dot{X}_L + \dot{X}_C = R + jX_L - jX_C$$
$$= R + j(X_L - X_C)$$

で求められます。したがって、

$$\dot{Z} = 8 + j(15 - 9) = 8 + j6 \text{〔Ω〕}$$

インピーダンスの大きさ$|\dot{Z}|$は、

$$|\dot{Z}| = \sqrt{8^2 + 6^2} = \sqrt{100} = 10 \text{〔Ω〕} \quad \cdots \text{(答)}$$

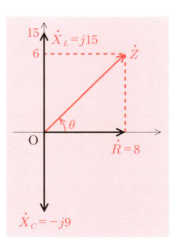

となります。

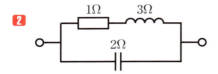

　抵抗とコイルを直列に接続した部分のインピーダンスは $1 + j3$ 〔Ω〕です。

　また、コンデンサのインピーダンスは $-j2$ 〔Ω〕と表せます。$1 + j3$ 〔Ω〕と $-j2$ 〔Ω〕は並列に接続されているので、全体のインピーダンス $\dot{Z}$ は和分の積（14 ページ）によって計算できます。

$$\begin{aligned}
\dot{Z} &= \frac{(1+j3)(-j2)}{(1+j3)+(-j2)} = \frac{-j2+6}{1+j} \\
&= \frac{(6-j2)(1-j)}{(1+j)(1-j)} \quad \leftarrow (a+b)(a-b) = a^2 - b^2 \\
&\qquad\qquad\qquad\quad\text{39 ページの式の展開法則} \\
&= \frac{6-j6-j2-2}{1^2-j^2} \\
&= \frac{4-j8}{2} \\
&= 2-j4 \ 〔Ω〕
\end{aligned}$$

以上から、インピーダンスの大きさ $|\dot{Z}|$ は、

$$\begin{aligned}
|\dot{Z}| &= \sqrt{2^2+(-4)^2} = \sqrt{4+16} = \sqrt{20} \\
&= \sqrt{2^2 \times 5} \\
&= 2\sqrt{5} \ 〔Ω〕 \quad \cdots \text{（答）}
\end{aligned}$$

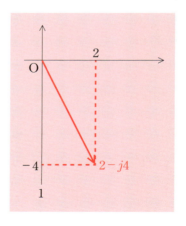

となります。

交流電力とベクトル

【ベクトルと複素数】

Chapter 4 Section 06

交流では電圧と電流の位相が異なるため、消費電力の計算には力率を考慮する必要があります。電力ベクトルを使うと、有効電力、無効電力、皮相電力を統一的に表せます。

▶交流の電力

右図のような交流回路の消費電力について考えます。

交流回路では、電圧と電流の間で位相のずれが生じるのがふつうです。このずれを θ として、電圧と電流をそれぞれ次のような瞬時値式で表しましょう。

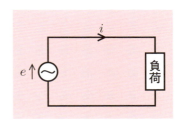

$$e = \sqrt{2}\,E\sin\omega t \; [\text{V}]$$
$$i = \sqrt{2}\,I\sin(\omega t - \theta) \; [\text{A}]$$

消費電力は電圧と電流の積で求められるので、回路のある瞬間の消費電力（瞬時値電力）は、

$$\begin{aligned}p = ei &= \sqrt{2}\,E\sin\omega t \times \sqrt{2}\,I\sin(\omega t - \theta) \\ &= 2EI\sin\omega t \sin(\omega t - \theta) \; [\text{W}] \quad \cdots ①\end{aligned}$$

で求められます。ためしにこの式をグラフで描いてみると、右図のような波形になります。

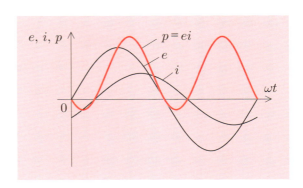

このように、交流回路では消費電力も刻々と変化します。そこで、瞬時値電力 p の平均値を、交流回路の消費電力とします。

p の平均値を計算してみましょう。ちょっとテクニカルですが、式①を次のように変形します。

$$p = 2EI \underbrace{\sin\omega t \sin(\omega t - \theta)}_{} \leftarrow \sin\alpha\sin\beta = \frac{\cos(\alpha-\beta)-\cos(\alpha+\beta)}{2} \text{(93ページ)より}$$

$$= 2EI \times \frac{1}{2}\{\cos(\omega t - \omega t + \theta) - \cos(\omega t + \omega t - \theta)\}$$

$$= 2EI \times \frac{1}{2}\{\cos\theta - \cos(2\omega t - \theta)\}$$

$$= EI\cos\theta - EI\cos(2\omega t - \theta) \quad \cdots ②$$

式②の1つめの項 $EI\cos\theta$ は常に一定の値になります。また、2つめの項 $EI\cos(2\omega t - \theta)$ は、プラスとマイナスが交互に入れ替わるので、平均をとれば必ずゼロになります。以上から、瞬時電力 p の平均値は、

交流回路の消費電力

$$P = EI\cos\theta \, \text{〔W〕}$$

で求められます。

▶交流電力の力率

$\cos\theta$ を**力率**といい、θ を**力率角**といいます。一般に、力率角が大きいほど力率は小さくなります。力率の最小値は $\theta = 90°$ のとき $\cos\theta = 0$、最大値は $\theta = 0°$ のとき $\cos\theta = 1$ です。

同じ電圧で電流を流しても、消費電力は力率によって変化します。たとえば、消費電力 1000W の照明を使うには、100V の電圧で 10A の電流を流せばいいわけですが、力率が1より小さいとそれでは足りません。電圧が 100V 一定とすれば、1000W の電力を供給するために、電流を 10A より余分に流さなければなりません。

このように、消費電力は、実際に消費される有効な電力を表します。そのため、交流回路の消費電力のことを**有効電力**ともいいます。

力率角 θ は、交流の電圧 $\dot{E}$ と電流 $\dot{I}$ との位相差です。電圧と電流の位相差は、回路の誘導リアクタンスや容量リアクタンスによって生じます（142，143ページ）。ベクトル図で表すと、右図のように抵抗 R とインピーダンス $\dot{Z}$ との角度が位相差 θ となるので、力率 $\cos\theta$ は

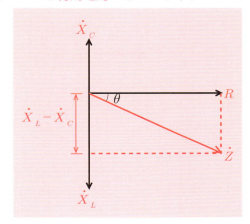

$$\cos\theta = \frac{R}{|\dot{Z}|} = \frac{R}{\sqrt{R^2 + (X_L - X_C)^2}} \quad \leftarrow 三平方の定理より$$

のように求めることができます。

例題11 図のように、100Vの交流電源に消費電力800Wの負荷を接続したところ、10Aの電流が流れた。負荷の力率はいくらか。

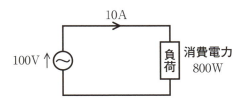

例題の解説

$P = EI\cos\theta$ より、

$$\cos\theta = \frac{P}{EI} = \frac{800}{100 \times 10} = \frac{800}{1000} = \frac{8}{10} = 0.8 \quad \cdots （答）$$

▶共役複素数とは

複素数 $\dot{Z}=a+jb$ に対し、$a-jb$ を**共役複素数**といい、$\overline{\dot{Z}}$ と表します。

$$\dot{Z}=a+jb \quad \xleftrightarrow{共役} \quad \overline{\dot{Z}}=a-jb$$

（例） $\dot{A}=8+3j \quad \overline{\dot{A}}=8-3j$
$\dot{B}=5-4j \quad \overline{\dot{B}}=5+4j$

ベクトル $\dot{Z}$ とベクトル $\overline{\dot{Z}}$ とは、右図のように実数軸に対して線対称の関係にあります。$\dot{Z}$ の偏角を θ とすると、ベクトル $\overline{\dot{Z}}$ の偏角は $-\theta$ となるので、

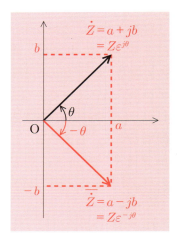

$$\dot{Z}=Z\varepsilon^{j\theta} \quad \xleftrightarrow{共役} \quad \overline{\dot{Z}}=Z\varepsilon^{-j\theta}$$

例題12 $\dot{A}=8\angle\dfrac{\pi}{3}$, $\dot{B}=5\angle\dfrac{\pi}{6}$ のとき、次のベクトルを複素数表示で求めなさい。

1 $\overline{\dot{A}}\dot{B}$ **2** $\dot{A}\overline{\dot{B}}$

例題の解説

$\dot{A}=8\angle\dfrac{\pi}{3}=8\varepsilon^{j\frac{\pi}{3}}$, $\dot{B}=5\angle\dfrac{\pi}{6}=5\varepsilon^{j\frac{\pi}{6}}$ より、共役複素数 $\overline{\dot{A}}$, $\overline{\dot{B}}$ は $\overline{\dot{A}}=8\varepsilon^{-j\frac{\pi}{3}}$, $\overline{\dot{B}}=5\varepsilon^{-j\frac{\pi}{6}}$ となります。

1 $\overline{\dot{A}}\dot{B}=8\varepsilon^{-j\frac{\pi}{3}}\cdot 5\varepsilon^{j\frac{\pi}{6}}=8\cdot 5\varepsilon^{j\left(-\frac{\pi}{3}+\frac{\pi}{6}\right)}=40\varepsilon^{-j\frac{\pi}{6}}$
$\qquad =40\left(\cos\dfrac{\pi}{6}-j\sin\dfrac{\pi}{6}\right)=40\left(\dfrac{\sqrt{3}}{2}-j\dfrac{1}{2}\right)$

$$= 20\sqrt{3} - j20 \quad \cdots \text{(答)}$$

2 $\dot{A}\overline{\dot{B}} = 8\varepsilon^{j\frac{\pi}{3}} \cdot 5\varepsilon^{-j\frac{\pi}{6}} = 8 \cdot 5\varepsilon^{j\left(\frac{\pi}{3} - \frac{\pi}{6}\right)} = 40\varepsilon^{j\frac{\pi}{6}}$

$$= 40\left(\cos\frac{\pi}{6} + j\sin\frac{\pi}{6}\right) = 40\left(\frac{\sqrt{3}}{2} + j\frac{1}{2}\right)$$

$$= 20\sqrt{3} + j20 \quad \cdots \text{(答)}$$

▶電力ベクトルの計算

　電力は、電圧と電流の積で求められます。ただし、交流の電圧と電流には位相差があるため、単純に掛け算してもうまくいきません。

　電圧 $\dot{E} = E\angle\alpha$ と電流 $\dot{I} = I\angle\beta$ を次のようなベクトルで表し、$\alpha - \beta$ を位相差 θ とします。

　次に、電流 $\dot{I}$ を、電圧 $\dot{E}$ に平行なベクトル $\dot{I}_p$ と、電圧 $\dot{E}$ に垂直なベクトル $\dot{I}_q$ とに分解します。すると、ベクトル $\dot{I}_p$ とベクトル $\dot{I}_q$ の大きさは、それぞれ次のように表すことができます。

$|\dot{I}_p| = I\cos\theta$

$|\dot{I}_q| = I\sin\theta$

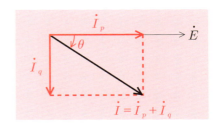

　このうち、ベクトルの向きが同じ $|\dot{E}|$ と $|\dot{I}_p|$ の積

$$P = |\dot{E}||\dot{I}_p| = EI\cos\theta \text{〔W〕}$$

が、実際に電気機器を動かす有効電力となります。有効電力の単位はワット〔W〕で表します。

　一方、電圧と垂直な電流の成分 $|\dot{I}_q|$ は、電力には活用できません。そのため、$|\dot{E}|$ と $|\dot{I}_q|$ の積

$$Q = |\dot{E}||\dot{I}_q| = EI\sin\theta \text{〔var〕}$$

を、**無効電力**といいます。無効電力の単位はバール〔var〕で表します。

有効電力

$$P = EI\cos\theta \ [\text{W}]$$

無効電力

$$Q = EI\sin\theta \ [\text{var}]$$

電圧 $\dot{E} = E \angle \alpha$、電流 $\dot{I} = I \angle \beta$、位相差 $\theta = \alpha - \beta$ とすると、

$$\dot{E} = E \angle \alpha = E\varepsilon^{j\alpha}, \quad 共役複素数\ \overline{\dot{E}} = E \angle -\alpha = E\varepsilon^{-j\alpha}$$

$$\dot{I} = I \angle \beta = I\varepsilon^{j\beta}, \quad 共役複素数\ \overline{\dot{I}} = I \angle -\beta = I\varepsilon^{-j\beta}$$

ここで、電圧 $\dot{E}$ の共役複素数 $\overline{\dot{E}}$ と電流 $\dot{I}$ の積を求めると、

$$\begin{aligned}
\overline{\dot{E}}\dot{I} &= E\varepsilon^{-j\alpha} \cdot I\varepsilon^{j\beta} \\
&= EI\varepsilon^{-j(\alpha-\beta)} \\
&= EI(\cos\theta - j\sin\theta) \\
&= EI\cos\theta - jEI\sin\theta \\
&= P - jQ
\end{aligned}$$

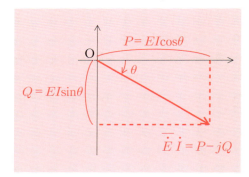

となり、実部が有効電力、虚部が無効電力を表します。このような電力を、**電力ベクトル**（複素電力）といいます。

電力ベクトル

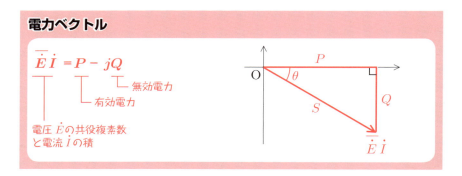

なお、複素電力の大きさ（絶対値）は

$$\begin{aligned}S &= \sqrt{P^2 + Q^2} \\ &= \sqrt{E^2I^2\cos^2\theta + E^2I^2\sin^2\theta} \\ &= \sqrt{E^2I^2(\cos^2\theta + \sin^2\theta)} \\ &= \sqrt{E^2I^2} \\ &= EI \,〔\mathrm{V\cdot A}〕\end{aligned}$$

皮相電力 $S = EI$ 〔V・A〕
無効電力 $Q = EI\sin\theta$ 〔var〕
有効電力 $P = EI\cos\theta$ 〔W〕

となり、電圧と電流の積と等しくなります。この値を**皮相電力**といいます。皮相電力の単位はボルトアンペア〔V・A〕で表します。

例題13 $\dot{Z} = 10\angle\dfrac{\pi}{3}$〔Ω〕の負荷を接続した図のような回路がある。$\dot{E} = 100\angle\dfrac{\pi}{6}$〔V〕のとき、この回路の有効電力 P〔W〕、無効電力 Q〔var〕、皮相電力 S〔V・A〕を求めよ。

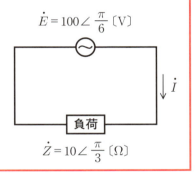

例題の解説

問題文より、

$$\dot{E} = 100\angle\frac{\pi}{6} = 100\varepsilon^{j\frac{\pi}{6}} \quad \text{←132ページの指数関数表示}$$

$$\dot{Z} = 10\angle\frac{\pi}{3} = 10\varepsilon^{j\frac{\pi}{3}}$$

オームの法則より、回路に流れる電流 $\dot{I}$ は、

$$\dot{I} = \frac{\dot{E}}{\dot{Z}} = \frac{100\varepsilon^{j\frac{\pi}{6}}}{10\varepsilon^{j\frac{\pi}{3}}} = 10\varepsilon^{j\left(\frac{\pi}{6} - \frac{\pi}{3}\right)}$$

$$= 10\varepsilon^{-j\frac{\pi}{6}} \,〔\mathrm{A}〕$$

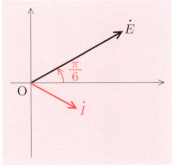

です。$\dot{E}$ の共役複素数と $\dot{I}$ の積を計算し、電力ベクトルを求めます。

$$\overline{\dot{E}}\dot{I} = 100\varepsilon^{-j\frac{\pi}{6}} \cdot 10\varepsilon^{-j\frac{\pi}{6}} = 1000\varepsilon^{-j\left(\frac{\pi}{6}+\frac{\pi}{6}\right)} = 1000\varepsilon^{-j\frac{\pi}{3}}$$

←オイラーの公式
$\varepsilon^{j\theta} = \cos\theta + j\sin\theta$

$$= 1000\left(\cos\frac{\pi}{3} - j\sin\frac{\pi}{3}\right) = 1000\left(\frac{1}{2} - j\frac{\sqrt{3}}{2}\right)$$

$$= 500 - j500\sqrt{3}$$

以上から、有効電力 P と無効電力 Q は、それぞれ

有効電力 $P = 500$〔W〕，無効電力 $Q = 500\sqrt{3}$〔var〕 …（答）

となります。また、皮相電力 S は、

$$S = \sqrt{500^2 + (500\sqrt{3})^2}$$
$$= \sqrt{250000 + 750000}$$
$$= \sqrt{1000000}$$
$$= 1000 \text{〔V・A〕} \quad \cdots\text{（答）}$$

です。

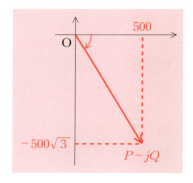

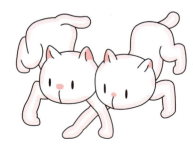

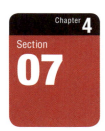

【ベクトルと複素数】
三相交流とベクトル

三相交流回路は、位相の異なる3相の交流を組み合わせて、効率よく送電を行う回路です。三相交流の仕組みを複素数表示で理解しましょう。

▶三相交流とベクトルオペレータ

実効値が同じで、位相を$120°\left(=\dfrac{2}{3}\pi\text{〔rad〕}\right)$ずつずらした3つの交流を1組にした回路を、**平衡三相交流回路**といいます。

平衡三相交流回路の電流をそれぞれ$\dot{I}_a$, $\dot{I}_b$, $\dot{I}_c$としましょう。実効値をI〔A〕とすると、3つの電流は次のようなベクトルで表すことができます。

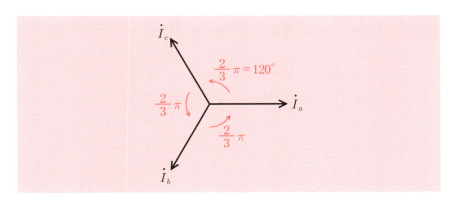

ベクトルを反時計回りにθ〔rad〕回転させるには、ベクトルに$\varepsilon^{j\theta}$を掛ければよいと説明しました（137ページ）。$\dot{I}_a$を基準にすると、$\dot{I}_c$は$\dot{I}_a$を反時計回りに$\dfrac{2}{3}\pi$〔rad〕回転させたものですから、

$$\dot{I}_a = I$$
$$\dot{I}_c = \dot{I}_a \cdot \varepsilon^{j\frac{2}{3}\pi} = I\varepsilon^{j\frac{2}{3}\pi} \quad \leftarrow \dot{I}_a を \dfrac{2}{3}\pi \text{〔rad〕回転}$$
$$= I\left(\cos\dfrac{2}{3}\pi + j\sin\dfrac{2}{3}\pi\right) \quad \leftarrow 138\text{ページ}$$

$$= I\left(-\frac{1}{2} + j\frac{\sqrt{3}}{2}\right)$$

と書けます。また、$\dot{I}_b$ はドット $\dot{I}_c$ を反時計回りに $\frac{2}{3}\pi$〔rad〕回転させたものですから、

$$\begin{aligned}
\dot{I}_b &= \dot{I}_c \cdot \varepsilon^{j\frac{2}{3}\pi} \quad \leftarrow \dot{I}_c を \frac{2}{3}\pi\text{〔rad〕回転} \\
&= \dot{I}_a \cdot \varepsilon^{j\frac{2}{3}\pi} \cdot \varepsilon^{j\frac{2}{3}\pi} \\
&= \dot{I}_a \cdot \varepsilon^{j\frac{4}{3}\pi} \quad \leftarrow \dot{I}_a を \frac{4}{3}\pi\text{〔rad〕回転} \\
&= I\left(\cos\frac{4}{3}\pi + j\sin\frac{4}{3}\pi\right) \quad \leftarrow 138ページ \\
&= I\left(-\frac{1}{2} - j\frac{\sqrt{3}}{2}\right)
\end{aligned}$$

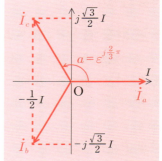

となります（ここでは電流について示しましたが、電圧についても同様です）。

$a = \varepsilon^{j\frac{2}{3}\pi}$ とすると、平衡三相交流の電流は、それぞれ

$$\begin{aligned}
\dot{I}_a &= I \\
\dot{I}_c &= a\dot{I}_a = aI \\
\dot{I}_b &= a\dot{I}_c = a \cdot aI = a^2 I
\end{aligned}$$

と簡潔に表せます。この a を**ベクトルオペレータ**といいます。

平衡三相交流の電流と電圧についてまとめておきましょう。

平衡三相交流電流

$$\dot{I}_a = I \text{〔A〕}$$
$$\dot{I}_b = a^2 I = I\varepsilon^{j\frac{4}{3}\pi} = I\left(-\frac{1}{2} - j\frac{\sqrt{3}}{2}\right) \text{〔A〕}$$
$$\dot{I}_c = aI = I\varepsilon^{j\frac{2}{3}\pi} = I\left(-\frac{1}{2} + j\frac{\sqrt{3}}{2}\right) \text{〔A〕}$$

平衡三相交流電圧

$$\dot{E}_a = E \text{ 〔V〕}$$
$$\dot{E}_b = a^2 E = E\varepsilon^{j\frac{4}{3}\pi} = E\left(-\frac{1}{2} - j\frac{\sqrt{3}}{2}\right) \text{〔V〕}$$
$$\dot{E}_c = aE = E\varepsilon^{j\frac{2}{3}\pi} = E\left(-\frac{1}{2} + j\frac{\sqrt{3}}{2}\right) \text{〔V〕}$$

電流 $\dot{I}_a$, $\dot{I}_b$, $\dot{I}_c$ が流れる3つの交流回路を、次のように組み合わせた回路を考えてみましょう。

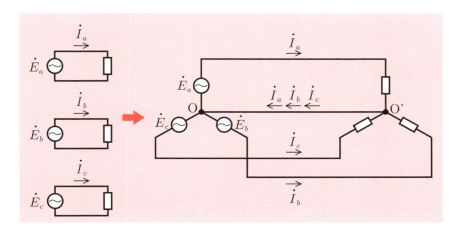

線 OO' には、電流 $\dot{I}_a$, $\dot{I}_b$, $\dot{I}_c$ が合流します。したがって、この線に流れる電流は、

$$\dot{I}_a + \dot{I}_b + \dot{I}_c = I + a^2 I + aI \quad \text{←前ページのベクトルオペレータを参照}$$
$$= I\left(1 - \frac{1}{2} - j\frac{\sqrt{3}}{2} - \frac{1}{2} + j\frac{\sqrt{3}}{2}\right)$$
$$= 0$$

となります。電流がゼロということは、線 OO' には電流が流れないので、回路から線 OO' を取り除いてしまっても同じことになります。

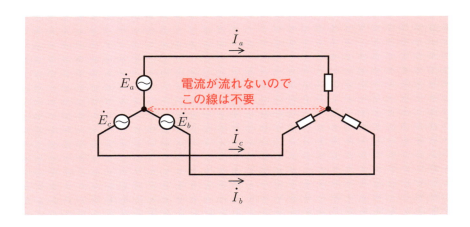

　平衡三相交流回路では、このように電源と負荷との間を3本の線で結んで、3相の交流を送電することができます。

▶Y結線とΔ結線

①Y結線の電圧と電流

　三相交流回路の各相の電源と負荷を、図のようにY字型に結線する方式を、**Y結線**といいます。

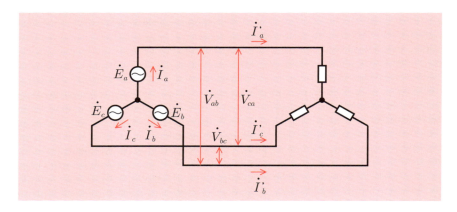

　各相の電源電圧（$\dot{E}_a$, $\dot{E}_b$, $\dot{E}_c$）を**相電圧**、電源から出る電流（$\dot{I}_a$, $\dot{I}_b$, $\dot{I}_c$）を**相電流**といいます。また、電源と負荷をつなぐ3本の電線を流れる電流（$\dot{I}'_a$, $\dot{I}'_b$, $\dot{I}'_c$）を**線電流**、3本の電線間の電圧（$\dot{V}_{ab}$, $\dot{V}_{bc}$, $\dot{V}_{ca}$）を

線間電圧といいます。

　図に示すように、Y結線では相電流と線電流は同じです。一方、Y結線の線間電圧は、

$$\dot{V}_{ab} = \dot{E}_a - \dot{E}_b, \ \dot{V}_{bc} = \dot{E}_b - \dot{E}_c, \ \dot{V}_{ca} = \dot{E}_c - \dot{E}_a$$

の関係があります。$\dot{V}_{ab}$ について計算すると、

$$\dot{V}_{ab} = \dot{E}_a - \dot{E}_b = E - E\left(-\frac{1}{2} - j\frac{\sqrt{3}}{2}\right) = E\left(\frac{3}{2} + j\frac{\sqrt{3}}{2}\right)$$

└─157ページ

以上から、$\dot{V}_{ab}$ の大きさと偏角は次のようになります。

　大きさ：$|\dot{V}_{ab}| = \sqrt{\left(\frac{3}{2}E\right)^2 + \left(\frac{\sqrt{3}}{2}E\right)^2} = \sqrt{\frac{9}{4}E^2 + \frac{3}{4}E^2}$

$$= \sqrt{\frac{12}{4}E^2} = \frac{2\sqrt{3}}{2}E = \sqrt{3}\ E\,(\text{V})$$

　偏角：$\theta = \tan^{-1}\dfrac{\frac{\sqrt{3}}{2}}{\frac{3}{2}} = \tan^{-1}\dfrac{1}{\sqrt{3}}$ より、$\theta = 30° = \dfrac{\pi}{6}\,(\text{rad})$

　線間電圧 $\dot{V}_{ab}$ を相電圧 $\dot{E}_a$ と比較すると、大きさは相電圧 E の $\sqrt{3}$ 倍となり、位相は $\dot{E}_a$ より 30° の「進み」になっています。$\dot{V}_{bc}$、$\dot{V}_{ca}$ についても同様に計算すると、次のようになります。

Y結線の相電圧と線間電圧

・線間電圧 = $\sqrt{3}$ × 相電圧
・線間電圧の位相は、相電圧より $30°\left(=\dfrac{\pi}{6}\text{rad}\right)$ 進む

例題14 図のような平衡三相交流回路において、線電流 I が 10A のとき、線間電圧 $V〔\text{V}〕$ はいくらか。

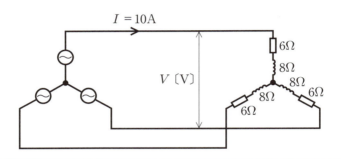

例題の解説

負荷側の1相分のインピーダンスは、$\dot{Z} = 6 + j8〔Ω〕$ です。したがってその大きさは

$$|\dot{Z}| = \sqrt{6^2 + 8^2} = \sqrt{36 + 64} = \sqrt{100} = 10〔Ω〕$$ ←145ページの例題

になります。また、Y結線では線電流＝相電流なので、相電流は 10A です。相電圧 E の大きさは、オームの法則より、

$$E = IZ = 10 × 10 = 100〔\text{V}〕$$

です。線間電圧 $V = \sqrt{3}\, E$ より、

$$V = \sqrt{3} × 100 = 100\sqrt{3}〔\text{V}〕 \quad \cdots\text{（答）}$$

となります。

② △結線の電圧と電流

　三相交流回路の各相の電源と負荷を次のように△型に結線する方式を**△（デルタ）結線**といいます。

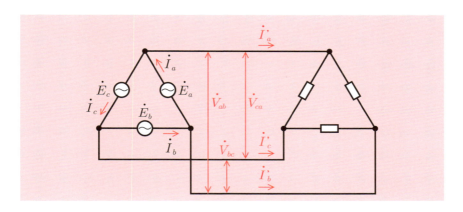

　△結線では、各相の電源による相電圧（$\dot{E}_a$, $\dot{E}_b$, $\dot{E}_c$）と線間電圧（$\dot{V}_{ab}$, $\dot{V}_{bc}$, $\dot{V}_{ca}$）が等しくなります。一方、△結線の相電流（$\dot{I}_a$, $\dot{I}_b$, $\dot{I}_c$）と線電流（$\dot{I}'_a$, $\dot{I}'_b$, $\dot{I}'_c$）の間には、

$$\dot{I}'_a = \dot{I}_a - \dot{I}_c, \quad \dot{I}'_b = \dot{I}_b - \dot{I}_a, \quad \dot{I}'_c = \dot{I}_c - \dot{I}_b$$

の関係があります。$\dot{I}'_a$ について計算すると、

$$\dot{I}'_a = \dot{I}_a - \dot{I}_c = \boxed{I - I\left(-\frac{1}{2} + j\frac{\sqrt{3}}{2}\right)} = I\left(\frac{3}{2} - j\frac{\sqrt{3}}{2}\right)$$

└─ 156ページ

以上から、線電流 $\dot{I}'_a$ の大きさと偏角は次のようになります。

$$\text{大きさ：} |\dot{I}'_a| = \sqrt{\left(\frac{3}{2}I\right)^2 + \left(-\frac{\sqrt{3}}{2}I\right)^2} = \sqrt{\frac{9}{4}I^2 + \frac{3}{4}I^2}$$

$$= \sqrt{\frac{12}{4}I^2} = \frac{2\sqrt{3}}{2}I = \sqrt{3}\,I \;\text{〔A〕}$$

$$\text{偏角：} \theta = \tan^{-1}\frac{-\sqrt{3}/2}{3/2} = \tan^{-1}-\frac{1}{\sqrt{3}} \text{ より、} \theta = -30° = -\frac{\pi}{6} \;\text{〔rad〕}$$

となります。

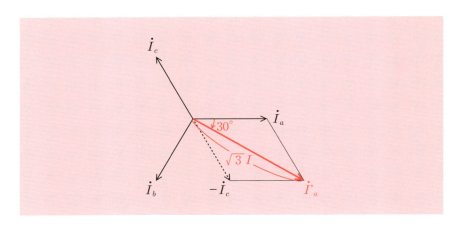

　線電流 $\dot{I'}_a$ を相電流 $\dot{I}_a$ と比較すると、大きさは相電流 I の $\sqrt{3}$ 倍となり、位相は $\dot{I}_a$ より 30°の「遅れ」になっています。$\dot{I'}_b$、$\dot{I'}_c$ についても同様に計算すると、次のようになります。

Δ結線の相電流と線電流

- 線電流 = $\sqrt{3}$ × 相電流
- 線電流の位相は、相電流より $30°\left(=\dfrac{\pi}{6}\text{ rad}\right)$ 遅れる

例題15 図のような平衡三相交流回路において、相電圧 E が100Vのとき、線電流 I 〔A〕はいくらか。

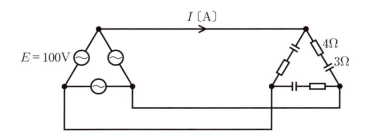

例題の解説

　負荷側の1相分のインピーダンスは、$\dot{Z} = 4 - j3$〔Ω〕です。したがってその大きさは、

$$| \dot{Z} | = \sqrt{4^2 + (-3)^2} = \sqrt{16 + 9} = \sqrt{25} = 5 \text{〔Ω〕}$$

です。相電流をI_pとすれば、はオームの法則より、

$$I_p = \frac{E}{Z} = \frac{100}{5} = 20 \text{〔A〕}$$

となります。Δ結線では線電流は相電流の$\sqrt{3}$倍なので、

$$I = \sqrt{3} \times 20 = 20\sqrt{3} \text{〔A〕} \quad \cdots \text{（答）}$$

となります。

▶三相交流の電力

　三相交流回路の1相当たりの消費電力は、**相電圧 × 相電流 × 力率**で求められます。三相交流回路全体の消費電力Pは、1相当たりの消費電力の3倍です。

$P =$相電圧 × 相電流 × 力率 × 3〔W〕

　相電圧と相電流を、線間電圧と線電流に換算してみましょう。Y結線では線電流＝相電流、線間電圧＝$\sqrt{3}$×相電圧なので、

$$P = \text{相電圧} \times \text{相電流} \times \text{力率} \times 3$$

$$= \frac{1}{\sqrt{3}} \times \text{線間電圧} \times \text{線電流} \times \text{力率} \times 3$$

$$= \frac{\sqrt{3}}{3} \times \text{線間電圧} \times \text{線電流} \times \text{力率} \times 3$$

$$= \sqrt{3} \times \text{線間電圧} \times \text{線電流} \times \text{力率} \text{〔W〕}$$

となります。また、Δ結線では線電流＝$\sqrt{3}$×相電流、線間電圧＝相電圧なので、

$$P = 相電圧 \times 相電流 \times 力率 \times 3$$
$$= 線間電圧 \times \frac{1}{\sqrt{3}} \times 線電流 \times 力率 \times 3$$
$$= \sqrt{3} \times 線間電圧 \times 線電流 \times 力率 \text{〔W〕}$$

となり、どちらの結線でも同様に計算できることがわかります。

> **平衡三相交流回路の消費電力**
>
> $P = 3 \times$ 相電圧 $\times$ 相電流 $\times$ 力率〔W〕　または
> $P = \sqrt{3} \times$ 線間電圧 $\times$ 線電流 $\times$ 力率〔W〕

例題16 相電圧 10kV の図のような平衡三相交流回路において、全消費電力が 200kW、線電流の大きさ $|\dot{I}| = 20$A のとき、抵抗 R〔Ω〕と誘導リアクタンス X〔Ω〕の値はいくらか。

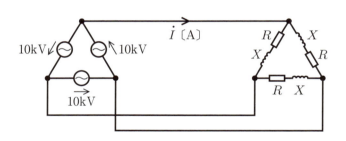

例題の解説

△ 結線では線電流 $= \sqrt{3} \times$ 相電流 なので、相電流を I_p とすれば、

$$I_p = \frac{20}{\sqrt{3}} \text{〔A〕}$$

負荷のインピーダンスの大きさ $|\dot{Z}|$ はオームの法則より、

$$Z = \frac{相電圧}{相電流} = \frac{E_p}{I_p} = \frac{10 \times 10^3}{\frac{20}{\sqrt{3}}} = 500\sqrt{3} \text{〔Ω〕}$$

力率 $\cos\theta = \dfrac{R}{Z}$、$P = 3 \times$ 相電圧 $\times$ 相電流 $\times$ 力率 より、次の式が成り立ちます。

$$P = 3 \times \boxed{10 \times 10^3} \times \boxed{\dfrac{20}{\sqrt{3}}} \times \boxed{\dfrac{R}{500\sqrt{3}}} = \boxed{200 \times 10^3}$$

　　　　　　　相電圧　　　相電流　　　力率　　　　全消費電力

$$\Rightarrow \dfrac{3 \times 10 \times 10^3 \times 20 \times R}{500 \times \sqrt{3} \times \sqrt{3}} = 200 \times 10^3$$

$$\Rightarrow R = \dfrac{200 \times 10^3 \times 500 \times 3}{3 \times 10 \times 10^3 \times 20} = 500 \,[\Omega]$$

$Z = \sqrt{R^2 + X^2}$ より、

$$\sqrt{500^2 + X^2} = 500\sqrt{3}$$
$$\Rightarrow X^2 = (500\sqrt{3})^2 - 500^2 = 500^2 \times (3-1) = 500^2 \times 2$$
$$\Rightarrow X = 500\sqrt{2} \,[\Omega]$$

以上から、$R = 500\,[\Omega]$, $X = 500\sqrt{2}\,[\Omega]$ となります。　…（答）

第4章　章末問題

（解答は 168 ～ 172 ページ）

問1 図のように、真空中の 4m 離れた 2 点 A、B にそれぞれ 3×10^{-7}〔C〕の正の点電荷がある。A 点と B 点とを結ぶ直線状の A 点から 1m 離れた P 点に Q〔C〕の正の点電荷を置いたとき、その点電荷に B 点の方向に 9×10^{-3}〔N〕の力が働いた。この点電荷 Q〔C〕の値はいくらか。

ただし、真空中の誘電率を $\varepsilon_0 = \dfrac{1}{4\pi\times 9\times 10^9}$〔F／m〕とする。

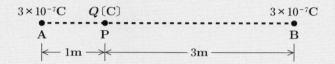

問2 図のような交流回路において、電源電圧が $e=100\sqrt{2}\sin\left(\omega t+\dfrac{\pi}{4}\right)$〔V〕であるとき、回路に流れる電流 i〔A〕を表す瞬時値式を求めよ。

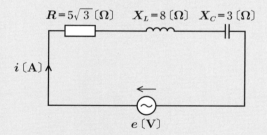

問3 図のような回路において、電源電圧 $E=68$〔V〕、回路を流れる電流 $I=4$〔A〕のとき、抵抗 R の端子電圧 V〔V〕の大きさはいくらか。

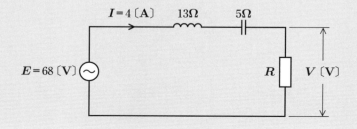

問4 図の交流回路において、電源電圧を $E = 140 \angle 0°$ 〔V〕とする。いま、この電源に力率 0.6 の誘導性負荷を接続したところ、電源から流れ出る電流の大きさは 37.5A であった。次に、スイッチ S を閉じ、この誘導性負荷と並列に抵抗 R〔Ω〕を接続したところ、電源から流れ出る電流の大きさが 50A となった。抵抗 R〔Ω〕の大きさはいくらか。

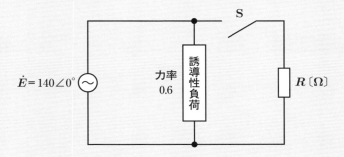

問5 図のような交流回路において、電源電圧が $\dot{E} = 100\, \varepsilon^{j\frac{\pi}{3}}$ 〔V〕であるとき、回路の有効電力 P〔W〕と無効電力 Q〔var〕はそれぞれいくらか。

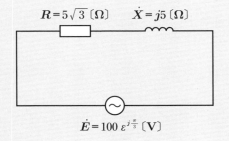

第4章 章末問題 解答

問1 P点とA点にある電荷間に働く力を F_A、P点とB点電荷間に働く力を F_B とします。点電荷はいずれも正なので、F_A, F_B は反発する力として働きます。

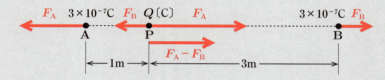

F_A, F_B の大きさは、クーロンの法則（19ページ）より、それぞれ次のように求められます。

$$F_A = \frac{3 \times 10^{-7} \times Q}{4\pi\varepsilon_0 \times 1^2}$$

$$F_B = \frac{3 \times 10^{-7} \times Q}{4\pi\varepsilon_0 \times 3^2}$$

F_A と F_B を合成した力 F は、$F_A - F_B$ で求められます。この値が 9×10^{-3}〔C〕となるので、次の式が成り立ちます。

$$F_A - F_B = \frac{3 \times 10^{-7} \times Q}{4\pi\varepsilon_0 \times 1^2} - \frac{3 \times 10^{-7} \times Q}{4\pi\varepsilon_0 \times 3^2} = 9 \times 10^{-3}$$

$$\Rightarrow \frac{3 \times 10^{-7} \times Q}{4\pi\varepsilon_0}\left(1 - \frac{1}{9}\right) = 9 \times 10^{-3}$$

$$\Rightarrow \frac{3 \times 10^{-7} \times Q \times (4\pi \times 9 \times 10^9)}{4\pi} \cdot \frac{8}{9} = 9 \times 10^{-3}$$

$$\Rightarrow 24 \times 10^2 \times Q = 9 \times 10^{-3}$$

$$\Rightarrow Q = \frac{9}{24} \times 10^{-5} = 0.375 \times 10^{-5} = 3.75 \times 10^{-6} \text{〔C〕}$$

答 3.75×10^{-6}〔C〕

問2 電源電圧の実効値は $E = \dfrac{100\sqrt{2}}{\sqrt{2}} = 100$〔V〕になります（108ページ）。また、回路全体のインピーダンス $\dot{Z}$（145ページ）は、

$$\dot{Z} = R + j(X_L - X_C) = 5\sqrt{3} + j(8-3) = 5\sqrt{3} + j5 \ [\Omega]$$

ですから、オームの法則より、

$$\dot{I} = \dfrac{\dot{E}}{\dot{Z}} = \dfrac{100}{5\sqrt{3} + j5} = \dfrac{100(5\sqrt{3} - j5)}{(5\sqrt{3} + j5)(5\sqrt{3} - j5)}$$

$$= \dfrac{500\sqrt{3} - j500}{(5\sqrt{3})^2 + 5^2} = \dfrac{500\sqrt{3} - j500}{75 + 25}$$

$$= \dfrac{500\sqrt{3} - j500}{100} = 5\sqrt{3} - j5 \ [A]$$

$\dot{I} = 5\sqrt{3} - j5$ を図のようなベクトルで表すと、

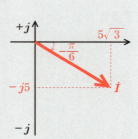

大きさ　$I = \sqrt{(5\sqrt{3})^2 + 5^2} = \sqrt{100} = 10$

偏角　$-\dfrac{\pi}{6}$〔rad〕

となります。電流 I の最大値 I_m は実効値の $\sqrt{2}$ 倍なので $10\sqrt{2}$〔A〕、位相は電圧より $\dfrac{\pi}{6}$ の遅れです。以上から、電流 i の瞬時値式（109ページ）は、

$$i = 10\sqrt{2}\sin\left(\omega t + \dfrac{\pi}{4} - \dfrac{\pi}{6}\right) = 10\sqrt{2}\sin\left(\omega t + \dfrac{\pi}{12}\right) \text{〔A〕}$$

となります。

〔答〕 $i = 10\sqrt{2}\sin\left(\omega t + \dfrac{\pi}{12}\right)$〔A〕

問3 回路全体のインピーダンスの大きさ Z は、オームの法則より、

$$Z = \dfrac{E}{I} = \dfrac{68}{4} = 17 \ [\Omega]$$

です。この値は、図のように抵抗 R とリアクタンス X の合成なので、

$$Z^2 = R^2 + (X_L - X_C)^2$$

より、

$$17^2 = R^2 + (13-5)^2$$
$$\Rightarrow \quad R = \sqrt{17^2 - 8^2} = \sqrt{225} = 15 \ [\Omega]$$

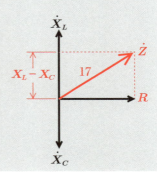

以上から、端子電圧 V の大きさは、$V = IR$ より、

$V = 4 \times 15 = 60 \,[\text{V}]$

となります。

[答] **60V**

問4 誘導性負荷に流れる電流を $\dot{I}_L$、抵抗 R に流れる電流を $\dot{I}_R$ とし、スイッチ S を閉じたときの両者の合成電流を I とします。

スイッチ S を閉じても、電源電圧 E と誘導性負荷は変化しないので、誘導性負荷に流れる電流の大きさ I_L は、スイッチ S を閉じる前と同じ 37.5A です。

一方、抵抗 R に流れる電流 $\dot{I}_R$ は、電圧 $\dot{E}$ と同相なので、電流 $\dot{I}_L$ との位相差は力率角 θ となります。これらをベクトル図で表すと次のようになります。

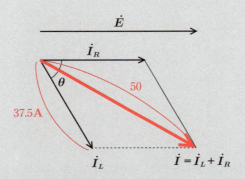

上の図の $\dot{I}_R$ の大きさを求めましょう。ベクトル図に次のように補助線を引き、直角三角形 OAB を考えます。

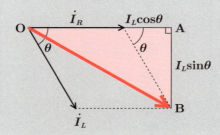

斜辺：OB = $|\dot{I}|$ = 50

底辺：OA = $I_R + I_L\cos\theta = I_R + 37.5 \times 0.6 = I_R + 22.5$

高さ：AB = $I_L\sin\theta = 37.5 \times 0.8 = 30$

　　　↳ $\sin^2\theta = 1 - \cos^2\theta = 1 - 0.6^2 = 0.64$ 　∴ $\sin\theta = 0.8$

三平方の定理により、$OA^2 + AB^2 = OB^2$ が成り立つので、

$(I_R + 22.5)^2 + 30^2 = 50^2$
$\Rightarrow (I_R + 22.5)^2 = 50^2 - 30^2 = 2500 - 900 = 1600$
$\Rightarrow I_R + 22.5 = \sqrt{1600} = 40$
$\Rightarrow I_R = 40 - 22.5 = 17.5$ 〔A〕

となります。抵抗 R の大きさはオームの法則より、

$R = \dfrac{E}{I_R} = \dfrac{140}{17.5} = 8$ 〔Ω〕

となります。

答　8Ω

問5 回路の複素インピーダンスは、$\dot{Z} = 5\sqrt{3} + j5$ 〔Ω〕になります。これはベクトル図で右図のようになるので、指数関数表示（134ページ）では、

$\dot{Z} = r\,\varepsilon^{j\theta} = \sqrt{(5\sqrt{3})^2 + 5^2}\,\varepsilon^{j\frac{\pi}{6}}$
$\phantom{\dot{Z}} = \sqrt{75 + 25}\,\varepsilon^{j\frac{\pi}{6}}$
$\phantom{\dot{Z}} = \sqrt{100}\,\varepsilon^{j\frac{\pi}{6}}$
$\phantom{\dot{Z}} = 10\,\varepsilon^{j\frac{\pi}{6}}$ 〔Ω〕

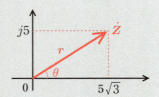

と書けます。したがって、電流 $\dot{I}$ はオームの法則より、

$\dot{I} = \dfrac{\dot{E}}{\dot{Z}} = \dfrac{100\,\varepsilon^{j\frac{\pi}{3}}}{10\,\varepsilon^{j\frac{\pi}{6}}} = 10\,\varepsilon^{j(\frac{\pi}{3} - \frac{\pi}{6})}$
$\phantom{\dot{I}} = 10\,\varepsilon^{j\frac{\pi}{6}}$ 〔A〕

$\dot{E}$ の共役複素数 $\overline{\dot{E}} = 100\,\varepsilon^{-j\frac{\pi}{3}}$ より（150ページ）、複素電力は次のようになります。

$$\dot{\overline{E}}\dot{I} = 100\,\varepsilon^{-j\frac{\pi}{3}} \cdot 10\,\varepsilon^{j\frac{\pi}{6}} = 1000\,\varepsilon^{-j\frac{\pi}{6}}$$
$$= 1000\,(\cos\frac{\pi}{6} - j\sin\frac{\pi}{6})$$
$$= 1000\,(\frac{\sqrt{3}}{2} - j\frac{1}{2})$$
$$= 500\sqrt{3} - j500 \quad \leftarrow 152\,ページ$$

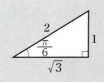

以上から、有効電力 $P = 500\sqrt{3}$ 〔W〕、無効電力 $Q = 500$ 〔var〕になります。

[答] $P = 500\sqrt{3}$ 〔W〕, $Q = 500$ 〔var〕

Chapter
05

微分と電気

01	微分とはなにか・・・・・・・・・・・・・・・・・	174
02	微分の基本公式・・・・・・・・・・・・・・・・・	179
03	いろいろな微分の計算・・・・・・・・・・・	182
04	三角関数の微分・・・・・・・・・・・・・・・・・	190
05	指数関数の微分・・・・・・・・・・・・・・・・・	194
06	対数関数の微分・・・・・・・・・・・・・・・・・	197
07	微分法と最大・最小問題・・・・・・・・・・	200
08	オイラーの公式の証明・・・・・・・・・・・	205
章末問題・・・・・・・・・・・・・・・・・・・・・・・・・		210

【微分と電気】
微分とはなにか

微分とは、ある関数 $f(x)$ の接線の傾きを求めることです。接線の傾きを表す関数を導関数といいます。ここではまず微分の考え方をしっかりと理解しましょう。

▶微分係数を求める

微分とは、簡単にいえば、**ある曲線上の 1 点における接線の傾き**を求めることです。例として、次のようなグラフ $y = f(x)$ を考えてみましょう。

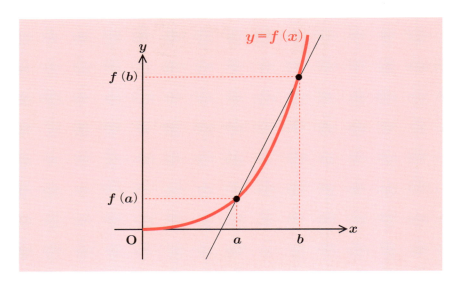

点 $x = a$ における y の値は $f(a)$、$x = b$ における y の値は $f(b)$ ですから、その変化率（傾き）は、

$$\text{変化率} = \frac{y\text{の増分}}{x\text{の増分}} = \frac{f(b) - f(a)}{b - a}$$

と表すことができます。この式は、x が a から b になるまでの $f(x)$ の平均変化率を表しています。

同じように、x が c から $c + h$ になるまでの平均変化率は、

変化率 $= \dfrac{f(c+h)-f(c)}{h}$

と表せます。上の式の h の値を小さくすればするほど、$x = c$ 付近の局所的な変化率が求められます。

さらに h を限りなく 0 に近づければ、$x = c$ における接線の傾きになります。これを、

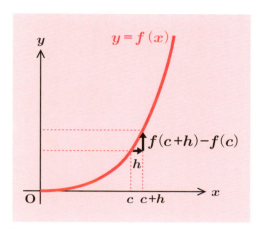

$$f'(c) = \lim_{h \to 0} \dfrac{f(c+h)-f(c)}{h}$$

のように書き、$f'(c)$ を $f(x)$ の $x = c$ における**微分係数**といいます。

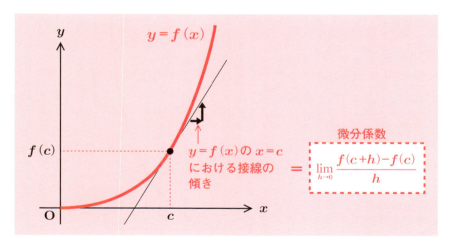

例題1 関数 $f(x) = 3x^2 + x$ について、$x = 2$ における微分係数を求めよ。

例題の解説

微分係数の式に、$f(x) = 3x^2 + x$ と $x = 2$ を当てはめて計算します。

$$
\begin{aligned}
f'(2) &= \lim_{h \to 0} \frac{f(2+h)-f(2)}{h} \quad \text{←}c=2\text{ を代入}\\
&= \lim_{h \to 0} \frac{\{3(2+h)^2+(2+h)\}-(3 \cdot 2^2+2)}{h} \quad \text{←}f(x)\text{ を式 }3x^2+x\text{ に置き換える}\\
&= \lim_{h \to 0} \frac{\{3(4+4h+h^2)+2+h\}-(12+2)}{h}\\
&= \lim_{h \to 0} \frac{14+13h+3h^2-14}{h}\\
&= \lim_{h \to 0} \frac{3h^2+13h}{h} = \lim_{h \to 0}(3h+13) \quad \text{←}h\text{ を 0 に近づける}\\
&= 13 \quad \cdots \text{(答)}
\end{aligned}
$$

式 $(3h+13)$ の h を限りなく 0 に近づけるので、結果は限りなく 13 に近づきます。以上から、微分係数 $f'(2)$ は 13 となります。これは、曲線 $y=3x^2+x$ 上の $x=2$ における接線の傾きが 13 になることを示します。

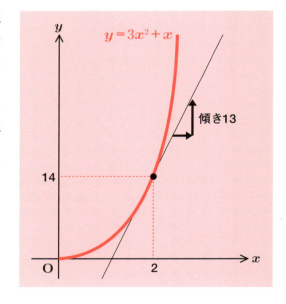

▶導関数を求める

　微分係数は、曲線 $y=f(x)$ について、x が特定の値のときの接線の傾きを表したものです。たとえば $f'(1)$ は、$x=1$ における $y=f(x)$ の接線の傾きを表します。

$$f'(1) = \lim_{h \to 0} \frac{f(1+h) - f(1)}{h} \quad \leftarrow x=1 における微分係数$$

$x = 1$ のときばかりではなく、x がどんな値でも、その微分係数を求められるような関数を考えてみましょう。このような関数を**導関数**といいます。

導関数の式は、$x = c$ における微分係数の式の c を、x に置き換えれば得ることができます。

導関数の定義

$$f'(x) = \lim_{h \to 0} \frac{f(x+h) - f(x)}{h}$$

関数 $f(x)$ の導関数を求めることを、一般に「**関数 $f(x)$ を微分する**」といいます。

例題 2 関数 $f(x) = 3x^2 + x$ の導関数を求めよ。

例題の解説

導関数の定義の式に、$f(x) = 3x^2 + x$ を当てはめて計算します。

$$\begin{aligned}
f'(x) &= \lim_{h \to 0} \frac{f(x+h) - f(x)}{h} \\
&= \lim_{h \to 0} \frac{\{3(x+h)^2 + (x+h)\} - (3x^2 + x)}{h} \\
&= \lim_{h \to 0} \frac{\{3(x^2 + 2hx + h^2) + x + h\} - 3x^2 - x}{h} \\
&= \lim_{h \to 0} \frac{3x^2 + 6hx + 3h^2 + x + h - 3x^2 - x}{h} \\
&= \lim_{h \to 0} \frac{6hx + 3h^2 + h}{h}
\end{aligned}$$

$$= \lim_{h \to 0} (6x + \boxed{3h} + 1) = 6x + 1 \quad \cdots \text{(答)}$$

↑ h を 0 に近づけると 0 になる

導関数 $f'(x) = 6x + 1$ の x に値を代入すれば、$f(x)$ のその値における微分係数を求めることができます。たとえば $x = 2$ を代入すれば $f'(2) = 6 \cdot 2 + 1 = 13$ となり、例題 1 と同様の結果が得られます。

▶導関数の書き方

導関数の記号は、「$f'(x)$」以外に「y'」と書くこともよくあります。また、h の代わりに記号 Δx（デルタ x）を使うと、導関数の式は、

$$y' = \lim_{\Delta x \to 0} \frac{f(x + \Delta x) - f(x)}{\Delta x}$$

と書けます。さらに、$f(x + \Delta x) - f(x) = \Delta y$ とすれば、

$$y' = \lim_{\Delta x \to 0} \frac{\Delta y}{\Delta x}$$

さらに、「限りなく 0 に近い Δx」を記号 dx で表し、そのときの y の変化量 Δy を記号 dy で表すと、導関数の式は $\dfrac{dy}{dx}$ と簡略化できます。

$$y' = \lim_{\Delta x \to 0} \frac{f(x + \Delta x) - f(x)}{\Delta x} = \lim_{\Delta x \to 0} \frac{\Delta y}{\Delta x} = \boxed{\frac{dy}{dx}}$$

$y' = \dfrac{dy}{dx}$ は、分母が dx、分子が dy の分数とみなすことができます。

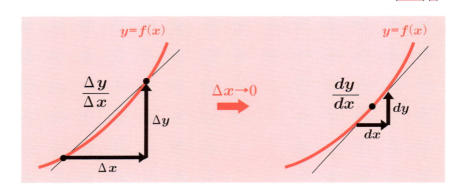

【微分と電気】
微分の基本公式

微分計算を行うための基本的な公式を説明します。これらの公式は計算を簡単にするために覚える必要がありますが、どれも導関数の定義から導かれます。

▶微分の計算を簡単にする

導関数を求めるのに、いちいち前節の式

$$f'(x) = \lim_{h \to 0} \frac{f(x+h) - f(x)}{h}$$

を計算するのはたいへんなので、便利な公式がいくつか考案されています。

微分の基本公式

❶ $y = x^n$ の微分 ➡ $y' = nx^{n-1}$
❷ $y = k$ の微分（k は定数）➡ $y' = 0$
❸ $y = kf(x)$ の微分（k は定数）➡ $y' = \{kf(x)\}' = kf'(x)$
❹ $y = f(x) \pm g(x)$ の微分 ➡ $y' = f'(x) \pm g'(x)$

---

❶ $y = x^n$ の微分

公式❶は、導関数の式に $f(x+h) = (x+h)^n$、$f(x) = x^n$ を当てはめれば、次のように導けます。$n = 4$ とすると、

$$\begin{aligned}
y' &= \lim_{h \to 0} \frac{(x+h)^4 - x^4}{h} \\
&= \lim_{h \to 0} \frac{x^4 + 4hx^3 + 6h^2x^2 + 4h^3x + h^4 - x^4}{h} \\
&= \lim_{h \to 0} \frac{x^4 + 4hx^3 + 6h^2x^2 + 4h^3x + h^4 - x^4}{h} \quad (x^n\text{が消える}) \\
&= \lim_{h \to 0} \frac{4hx^3 + 6h^2x^2 + 4h^3x + h^4}{h}
\end{aligned}$$

用語 二項定理

$$(a+b)^n = \sum_{k=0}^{n} {}_nC_k a^{n-k} b^k$$

より、

$$= \lim_{h \to 0} (4x^3 + \boxed{6hx^2 + 4h^2x + h^3})$$

$h \to 0$ により、この部分はすべて0になる

$$= \boxed{4}\,x^{\boxed{3}} \;\leftarrow n-1$$
　　　↑n

❷ $y = k$ の微分

関数 $y = k$（k は定数）の微分は、k がどんな値でも $y' = 0$ になります。このことは、$y = k$ のグラフの傾きが常に0であることからわかります。

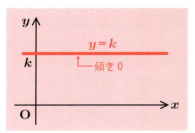

❸ $y = kf(x)$ の微分

$$y' = \lim_{h \to 0} \frac{kf(x+h) - kf(x)}{h} \quad \leftarrow 導関数$$

k は h を0に近づけても変化しないので、前に出してもよい

$$= \lim_{h \to 0} \left\{ \boxed{k} \cdot \frac{f(x+h) - f(x)}{h} \right\}$$

$$= \boxed{k \lim_{h \to 0} \frac{f(x+h) - f(x)}{h}} = kf'(x)$$
　　　　　　　　　　　　↖ $f'(x)$

❹ $y = f(x) \pm g(x)$ の微分

$$y' = \lim_{h \to 0} \frac{\{f(x+h) \pm g(x+h)\} - \{f(x) \pm g(x)\}}{h}$$

$$= \lim_{h \to 0} \frac{\{f(x+h) - f(x)\} \pm \{g(x+h) - g(x)\}}{h}$$

$$= \lim_{h \to 0} \left\{ \frac{f(x+h) - f(x)}{h} \pm \frac{g(x+h) - g(x)}{h} \right\}$$

$$= f'(x) \pm g'(x)$$

例題3 次の関数を微分しなさい。

❶ $y = x^3$　　**❷** $y = x$　　**❸** $y = -7$

例題の解説

1 $y = x^3 \rightarrow y' = 3x^{3-1} = 3x^2$ …（答）

2 $y = x = x^1 \rightarrow y' = 1 \cdot x^{1-1} = 1 \cdot x^0$
$= 1 \cdot 1 = 1$ …（答）

3 $y = \boxed{-7} \rightarrow y' = 0$ …（答）
　　　定数項

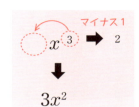

例題 4 次の関数を微分しなさい。

1 $y = 5x^2$　　**2** $y = 2x^3 + 5x^2 - 3x + 1$　　**3** $y = (3x+5)^2$

179ページの公式❶～❹を使うと、このような多項式の関数の微分もできるようになります。

例題の解説

1 $y = 5x^2$ の微分

$y' = 5 \cdot (x^2)' = 5 \cdot \boxed{2x} = 10x$ …（答）
　　↑　　　　　　　↑
　定数を前に出す　x^2を微分$=2x^{2-1}$

2 $y = 2x^3 + 5x^2 - 3x + 1$ の微分

$y' = (2x^3)' + (5x^2)' - (3x)' + (1)'$　←公式❹より、項ごとに微分する
$ = 2(x^3)' + 5(x^2)' - 3(x)' + (1)'$　←公式❸より、定数は前に出す
$ x = x^1 \Rightarrow 1 \cdot x^{1-1} = 1 \cdot x^0 = 1$
$ = 2 \cdot 3x^2 + 5 \cdot 2x - 3 \cdot 1 + 0$　←公式❷より、定数項の微分は0
$ = 6x^2 + 10x - 3$ …（答）

3 $y = (3x+5)^2$ の微分

$y = (3x+5)^2 = 9x^2 + 30x + 25$ より、
　　　　　　　　　　　↑
　　　　　　　　　定数項
$y' = 9 \cdot 2x + 30 \cdot 1 + 0$
$ = 18x + 30$ …（答）

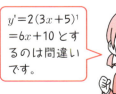

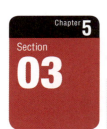

Chapter 5 Section 03 【微分と電気】
いろいろな微分の計算

この節では、少し複雑な式を微分するために用意された公式を説明します。これらの公式は、この後説明する三角関数の微分や指数・対数関数の微分を導くために必要です。

▶積の微分公式

たとえば、$y = (x^2 - 5x + 1)(3x^2 + 4)$ といった多項式の積を微分する場合には、次の公式が使えます。

積の微分公式

$y = f(x) \cdot g(x)$ の微分 ➡ $y' = f'(x) \cdot g(x) + f(x) \cdot g'(x)$

この公式は、次のように導くことができます。

$$y' = \lim_{h \to 0} \frac{f(x+h)g(x+h) - f(x)g(x)}{h}$$

$$= \lim_{h \to 0} \frac{f(x+h)g(x+h) - f(x)g(x+h) + f(x)g(x+h) - f(x)g(x)}{h}$$
（同じ項を引いて足す）

$$= \lim_{h \to 0} \left\{ \underbrace{\frac{f(x+h) - f(x)}{h}}_{f(x)\text{の導関数}} \cdot g(x+h) + f(x) \cdot \underbrace{\frac{g(x+h) - g(x)}{h}}_{g(x)\text{の導関数}} \right\}$$

$$= f'(x)\,g(x) + f(x)\,g'(x)$$

例題 5 次の関数を微分しなさい。

❶ $y = (x^2 - 5x + 1)(3x^2 + 4)$ ❷ $y = (3x + 5)^2$

例題の解説

❶ $y' = \underbrace{(x^2 - 5x + 1)'}_{\text{ここを微分}}(3x^2 + 4) + (x^2 - 5x + 1)\underbrace{(3x^2 + 4)'}_{\text{ここを微分}}$

$= \underbrace{(2x - 5)}_{f'(x)}\underbrace{(3x^2 + 4)}_{g(x)} + \underbrace{(x^2 - 5x + 1)}_{f(x)} \cdot \underbrace{3 \cdot 2x}_{g'(x)}$

$$= 6x^3 + 8x - 15x^2 - 20 + 6x^3 - 30x^2 + 6x$$

$$= 12x^3 - 45x^2 + 14x - 20 \quad \cdots \text{（答）}$$

2 $y = (3x + 5)^2 = (3x + 5)(3x + 5)$ より、

$$y' = \underbrace{(3x + 5)'}_{\text{ここを微分}} (3x + 5) + (3x + 5) \underbrace{(3x + 5)'}_{\text{ここを微分}} \quad \leftarrow f'(x) \cdot g(x) + f(x) \cdot g'(x)$$

$$= 3 \cdot (3x + 5) + (3x + 5) \cdot 3 = 6 \cdot (3x + 5)$$

$$= 18x + 30 \quad \cdots \text{（答）}$$

▶逆数の微分公式

関数 $f(x)$ の逆数 $y = \dfrac{1}{f(x)}$ の微分について考えてみましょう。

$\leftarrow$ 分母と分子に $\dfrac{1}{h}$ を掛ける

$$y' = \left\{ \frac{1}{f(x)} \right\}' = \lim_{h \to 0} \frac{\dfrac{1}{f(x+h)} - \dfrac{1}{f(x)}}{h} = \lim_{h \to 0} \left\{ \frac{1}{hf(x+h)} - \frac{1}{hf(x)} \right\}$$

$$= \lim_{h \to 0} \frac{f(x) - f(x+h)}{hf(x+h)f(x)} = -\lim_{h \to 0} \frac{f(x+h) - f(x)}{h} \cdot \frac{1}{f(x+h) \cdot f(x)}$$

$\underbrace{\phantom{-\lim_{h \to 0} \frac{f(x+h) - f(x)}{h}}}_{-f'(x)}$ 　　　このhは0になる↑

$$= -\frac{f'(x)}{\{f(x)\}^2}$$

逆数の微分公式

$$y = \frac{1}{f(x)} \text{ の微分} \quad \Rightarrow \quad y' = -\frac{f'(x)}{\{f(x)\}^2}$$

この公式を使って、$y = \dfrac{1}{x^a}$（a は自然数）を微分すると、

$$y' = -\frac{(x^a)'}{(x^a)^2} = -\frac{ax^{a-1}}{x^{2a}} = -ax^{(a-1-2a)} = -ax^{-a-1}$$

← 179 ページの公式 ❶

となります。$y = \dfrac{1}{x^a}$ は、指数表記で $y = x^{-a}$ と書けるので、

$$y = x^{-a} \text{ の微分} \quad \Rightarrow \quad y' = -ax^{-a-1}$$

183

ここで $-a = n$ とすれば $y' = nx^{n-1}$ となり、179 ページの微分公式
❶が、n が負の整数の場合にも成り立つことがわかります。

（例） $y = x^{-3}$ の微分 ➡ $y' = -3x^{-4} = -\dfrac{3}{x^4}$

▶商の微分公式

積の微分公式があれば、当然、商の微分公式もあります。

商の微分公式

$$y = \frac{f(x)}{g(x)} \text{ の微分} \implies y' = \frac{f'(x) \cdot g(x) - f(x) \cdot g'(x)}{\{g(x)\}^2}$$

$y = \dfrac{f(x)}{g(x)}$ の微分は、関数 $f(x)$ と関数 $\dfrac{1}{g(x)}$ の積の微分なので、

$$y' = \left\{ \frac{f(x)}{g(x)} \right\}' = \underbrace{f'(x) \cdot \frac{1}{g(x)} + f(x) \cdot \left\{ \frac{1}{g(x)} \right\}'}_{\text{積の微分公式}}$$

$$= \frac{f'(x)}{g(x)} + f(x) \cdot \underbrace{\left(-\frac{g'(x)}{\{g(x)\}^2} \right)}_{\text{逆数の微分公式}}$$

$$= \frac{f'(x)g(x) - f(x)g'(x)}{\{g(x)\}^2}$$

となります。

（例題 6） **次の関数を微分しなさい。**

❶ $y = \dfrac{x}{2x+1}$ ❷ $y = x^2 + \dfrac{1}{x^2}$

例題の解説

1 $y' = \dfrac{x'(2x+1) - x(2x+1)'}{(2x+1)^2} = \dfrac{1 \cdot (2x+1) - x \cdot 2}{(2x+1)^2} = \dfrac{2x+1-2x}{(2x+1)^2}$

$\quad = \dfrac{1}{(2x+1)^2}$ ··· （答）

2 $y' = (x^2)' + \left(\dfrac{1}{x^2}\right)' = 2x + (-2)\,x^{-2-1} = 2x - 2x^{-3} = 2x - \dfrac{2}{x^3}$ ··· （答）

$\underset{(x^{-2})'}{}$

▶合成関数の微分

　合成関数とは、ある関数の結果を、さらに別の関数に入れることです。たとえば、関数 $y = f(x)$ と関数 $y = g(x)$ があり、関数 $g(x)$ の結果を、さらに関数 $f(x)$ で処理する場合は、

$$S(x) = f(g(x)) \qquad x \rightarrow \boxed{g(x)} \rightarrow \boxed{f(x)} \rightarrow f(g(x))$$

$$\underbrace{\phantom{x \rightarrow \boxed{g(x)} \rightarrow \boxed{f(x)}}}_{S(x)}$$

のように関数を入れ子にします。このような関数を、**合成関数**といいます。

合成関数の微分公式

$y = f(g(x))$ **の微分** ➡ $y' = f'(g(x)) \cdot g'(x)$

　合成関数 $y = f(g(x))$ の微分は、x の増分に対する y の増分なので、

$$\{f(g(x))\}' = \frac{dy}{dx} \quad \cdots ①$$

と書けます。また、$y = f(z)$，$z = g(x)$ とすると、$f'(z)$ は z の増分に対する y の増分、$g'(x)$ は x の増分に対する z の増分なので、それぞれ

$$f'(z) = \frac{dy}{dz}, \quad g'(x) = \frac{dz}{dx}$$

となります。式①の分母と分子に dz を掛けると、

185

$$\{f(g(x))\}' = \frac{dy}{dx} = \frac{dy \cdot dz}{dx \cdot dz} = \frac{dy}{dz} \cdot \frac{dz}{dx} = f'(z) \cdot g'(x)$$
$$= f'(g(x)) \cdot g'(x)$$

となり、合成関数の微分公式が導けます。

(例) $y = (x^2 + x + 1)^3$ の微分

右辺の式を展開してから微分してもよいのですが、合成関数の考え方を使うとこのような関数が楽に微分できます。

$f(x) = x^3$, $g(x) = x^2 + x + 1$ とすれば、

$$y = (x^2 + x + 1)^3 = \{g(x)\}^3 = f(g(x))$$

となり、合成関数とみなせます。したがって $y' = f'(g(x)) \cdot g'(x)$ より、

$y = x^3$ の微分 ➡ $y' = 3x^2$

$$y' = \underset{f'(g(x))}{3\{g(x)\}^2} \cdot g'(x) = 3\underset{g(x)}{(x^2 + x + 1)^2} \cdot \underset{g'(x)}{(2x + 1)}$$

$x^2 + x + 1$ の微分

$$= 3(x^2 + x + 1)^2(2x + 1)$$

例題 7 次の関数を微分しなさい。

1 $y = (3x - 4)^2$　　**2** $y = \dfrac{1}{(2x + 1)^2}$

3 $y = \sqrt{2x + 1}$　　**4** $y = (x + 1)^5$

例題の解説

1 $f(x) = x^2$, $g(x) = 3x - 4$ として、合成関数 $y = f(g(x))$ を微分します。

$3x - 4$ の微分

$$y' = \underset{f'(g(x))}{2(3x - 4)} \cdot \underset{g'(x)}{3} = 6(3x - 4) = 18x - 24 \quad \cdots \text{（答）}$$

2 $y = \dfrac{1}{(2x + 1)^2} = (2x + 1)^{-2}$ より、$f(x) = x^{-2}$, $g(x) = 2x + 1$ として、

186

合成関数 $y = f(g(x))$ を微分します。

$$y' = \underbrace{-2(2x+1)^{-3}}_{f'(g(x))} \cdot \underbrace{2}_{g'(x)} = -4(2x+1)^{-3} = -\frac{4}{(2x+1)^3} \quad \cdots \text{（答）}$$

（x^{-2} の微分 → $-2x^{-3}$、$2x+1$ の微分）

3 $y = \sqrt{2x+1} = (2x+1)^{\frac{1}{2}}$ より、$f(x) = x^{\frac{1}{2}}$, $g(x) = 2x+1$ として、合成関数 $y = f(g(x))$ を微分します。

$$y' = \underbrace{\frac{1}{2}(2x+1)^{\frac{1}{2}-1}}_{f'(g(x))} \cdot \underbrace{2}_{g'(x)} = (2x+1)^{-\frac{1}{2}} = \left\{(2x+1)^{\frac{1}{2}}\right\}^{-1}$$

$$= (\sqrt{2x+1})^{-1} = \frac{1}{\sqrt{2x+1}} \quad \cdots \text{（答）}$$

4 $f(x) = x^5$, $g(x) = x+1$ として、合成関数 $y = f(g(x))$ を微分します。

$$y' = \underbrace{5(x+1)^4}_{f'(g(x))} \cdot \underbrace{1}_{g'(x)} = 5(x+1)^4 \quad \cdots \text{（答）}$$

（$x+1$ の微分）

▶逆関数の微分

関数 $y = f(x)$ の x と y を入れ替えた関数を、関数 $y = f(x)$ の**逆関数**といいます。たとえば、関数 $y = \sqrt{x}$ ($x \geq 0$) の x と y を入れ替えると、

$x = \sqrt{y}$

この式を y について解き、

$y = x^2$

とすれば、関数 $y = \sqrt{x}$ の逆関数になります。

$y = \sqrt{x} \quad \Longleftrightarrow \quad y = x^2$
（逆関数）

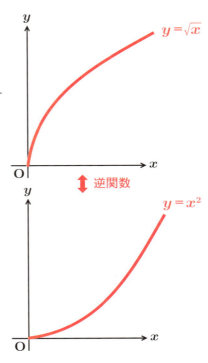

Sec. 03 いろいろな微分の計算

逆関数の微分には、次の法則があります。

逆関数の微分の公式

関数 $y=f(x)$ の逆関数を $y=g(y)$ とすると、$y=f(x)$ の微分 $\dfrac{dy}{dx}$ は、$x=g(y)$ を y で微分した $\dfrac{dx}{dy}$ の逆数に等しい。

$$\dfrac{dy}{dx} = \dfrac{1}{\dfrac{dx}{dy}}$$

公式だと直感的にわかりずらいので、グラフで説明しましょう。$y=f(x)$ の微分は、x の微小増分に対する y の変化量と考えることができ、

$$\dfrac{dy}{dx} = \lim_{\Delta x \to 0} \dfrac{\Delta y}{\Delta x}$$

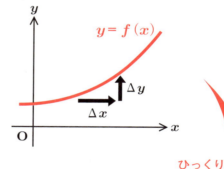

で求められます。

このグラフを、直線 $y=x$ をはさんで軸ごとひっくり返すと、$y=f(x)$ の逆関数 $x=g(y)$ になります。$x=g(y)$ の微分は、y の増分に対する x の変化量なので、

$$\dfrac{dx}{dy} = \lim_{\Delta y \to 0} \dfrac{\Delta x}{\Delta y}$$

ひっくり返す

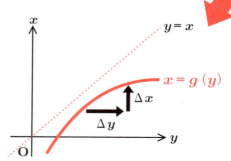

と書けます。右辺の分母と分子を Δx で割ると、

$$\frac{dx}{dy} = \lim_{\Delta y \to 0} \frac{1}{\frac{\Delta y}{\Delta x}}$$

$$= \frac{1}{\lim_{\Delta y \to 0} \frac{\Delta y}{\Delta x}} = \frac{1}{\lim_{\Delta x \to 0} \frac{\Delta y}{\Delta x}}$$

$$= \frac{1}{\frac{dy}{dx}}$$

└─ $\Delta y \to 0$ のとき、$\Delta x \to 0$

となります。

例題 8 逆関数の微分公式を使って、関数 $y = \sqrt{x}$ を微分しなさい。

例題の解説

$y = \sqrt{x}$ を x について解くと、$x = y^2$ となります。これを y で微分すると、

└─ この式は、逆関数 $y = x^2$ の x と y を入れ替えたものなので、$x = g(y)$ に相当

$$\frac{dx}{dy} = (y^2)' = \underset{2y^{2-1}}{2y}$$

となります。したがって $f(x)$ の微分 $\frac{dy}{dx}$ は、

$$\frac{dy}{dx} = \frac{1}{\frac{dx}{dy}} = \frac{1}{2y} = \frac{1}{2\sqrt{x}} \quad \cdots \text{(答)}$$

$y = \sqrt{x}$ より

となります。当然ですが、この結果は $y = \sqrt{x}$ を微分公式で微分した場合と同じです。

逆関数の微分は、対数関数の微分を理解する際に必要なテクニックです。

$$y' = (x^{\frac{1}{2}})' = \frac{1}{2} x^{-\frac{1}{2}} = \frac{1}{2}(x^{\frac{1}{2}})^{-1} = \frac{1}{2\sqrt{x}}$$

└─ $x^{\frac{1}{2}} = \sqrt{x}$

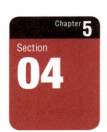

Chapter 5 Section 04 【微分と電気】 三角関数の微分

この節では、サイン、コサイン、タンジェントの微分について説明します。三角関数の微分は、第6章で三角関数の積分について考えるためにも重要です。

▶三角関数の微分公式

三角関数の微分公式は、次のとおりです。

❶ $y = \sin x$ の微分 ➡ $y' = \cos x$
❷ $y = \cos x$ の微分 ➡ $y' = -\sin x$
❸ $y = \tan x$ の微分 ➡ $y' = \dfrac{1}{\cos^2 x}$

❶ $y = \sin x$ の微分

導関数の式（177 ページ）にしたがって、$y = \sin x$ を微分すると、

$$y' = \lim_{h \to 0} \frac{\sin(x+h) - \sin x}{h}$$

右辺の分子 $\sin(x+h) - \sin x$ に、94 ページの「和を積にする公式」
$\sin A - \sin B = 2\cos\left(\dfrac{A+B}{2}\right)\sin\left(\dfrac{A-B}{2}\right)$ を適用すると、

$$= \lim_{h \to 0} \frac{2\cos\left(\dfrac{\overbrace{x+h}^{A}+\overbrace{x}^{B}}{2}\right)\sin\left(\dfrac{x+h-x}{2}\right)}{h}$$

$$= \lim_{h \to 0} \frac{2\cos\left(x+\dfrac{h}{2}\right)\sin\left(\dfrac{h}{2}\right) \div 2}{h \div 2} \quad \text{←分母と分子を }\div 2$$

$$= \lim_{h \to 0} \frac{\cos\left(x+\dfrac{h}{2}\right)\sin\left(\dfrac{h}{2}\right)}{\dfrac{h}{2}} = \lim_{h \to 0} \cos\left(x+\dfrac{h}{2}\right) \cdot \frac{\sin\left(\dfrac{h}{2}\right)}{\dfrac{h}{2}}$$

$\displaystyle\lim_{x \to 0} \frac{\sin x}{x} = 1$ より、上の $\boxed{}$ で囲んだ部分は 1 になるので、

└── この公式については 193 ページ参照

h を 0 に近づける

$$= \lim_{h \to 0} \cos\left(x + \frac{h}{2}\right) \cdot 1$$

$$= \cos x$$

となります。

❷ $y = \cos x$ の微分

$90°$

$$y' = (\cos x)' = \left\{\sin\left(\frac{\pi}{2} - x\right)\right\}'$$ ←$\cos\theta = \sin(90° - \theta)$ （72 ページ）より

$$= \underbrace{\cos\left(\frac{\pi}{2} - x\right)}_{f'(g(x))} \cdot \underbrace{\left(\frac{\pi}{2} - x\right)'}_{g'(x)}$$ ←$f(g(x)) = \sin(g(x))$, $g(x) = \frac{\pi}{2} - x$ として、
185 ページの合成関数の微分 $\{f(g(x))\}' = f'(g(x)) \cdot g'(x)$

$$= \cos\left(\frac{\pi}{2} - x\right) \cdot (-1)$$

$$= \sin x \cdot (-1)$$ ←$\cos(90° - \theta) = \sin\theta$ （72 ページ）

$$= -\sin x$$

❸ $y = \tan x$ の微分

$$y' = (\tan x)' = \left(\frac{\sin x}{\cos x}\right)'$$ ←$\tan\theta = \frac{\sin\theta}{\cos\theta}$ より

$$= \frac{(\sin x)' \cos x - \sin x (\cos x)'}{\cos^2 x}$$ ←商の微分公式（184 ページ）より

$$= \frac{\cos x \cdot \cos x - \sin x (-\sin x)}{\cos^2 x}$$ ←$(\sin x)' = \cos x$, $(\cos x)' = -\sin x$

$$= \frac{\cos^2 + \sin^2 x}{\cos^2 x}$$ ←$\sin^2\theta + \cos^2\theta = 1$ （72 ページ）

$$= \frac{1}{\cos^2 x}$$

sin と cos の微分は
この後よく出てく
るので覚えておい
てください。

191

例題9 次の関数を微分しなさい。

1 $y = \sin x + \cos x$　　**2** $y = \dfrac{1}{\tan x}$　　**3** $y = 10\sin(100\pi t)$

例題の解説

1 $y' = (\sin x)' + (\cos x)' = \cos x - \sin x$　…（答）

2 $y = \dfrac{1}{\tan x} = \dfrac{\cos x}{\sin x}$ として、商の微分公式（184 ページ）を使います。

（$\tan\theta = \dfrac{\sin\theta}{\cos\theta}$ より）

$$y' = \frac{(\cos x)'\sin x - \cos x(\sin x)'}{\sin^2 x} = \frac{(-\sin x)\sin x - \cos x \cdot \cos x}{\sin^2 x}$$

$$= -\frac{\sin^2 x + \cos^2 x}{\sin^2 x} = -\frac{1}{\sin^2 x}$$　…（答）

3 $f(x) = 10\sin x$, $g(t) = 100\pi t$ とすれば、y' は合成関数 $f(g(t))$ の微分と考えることができるので、$\{f(g(t))\}' = f'(g(t)) \cdot g'(t)$ より、

（$\sin x$ の微分 ➡ $\cos x$）

$$y' = \{10\sin(g(t))\}' \cdot (100\pi t)' = 10\cos(100\pi t) \cdot 100\pi$$

$$= 1000\pi\cos(100\pi t)$$　…（答）

　一般に、$y = \sin ax$ の微分は、$f(x) = \sin x$, $g(x) = ax$ とすれば、合成関数の微分公式より（185 ページ）、

$$y = (\sin ax)' \cdot a = \cos ax \cdot a = a\cos ax$$

$y = \cos ax$ の微分も同様に、

$$y' = (\cos ax)' \cdot a = -\sin ax \cdot a = -a\sin ax$$

となります。

$y = \sin ax$ の微分　➡　$y' = a\cos ax$

$y = \cos ax$ の微分　➡　$y' = -a\sin ax$

コラム $\displaystyle\lim_{x \to 0} \frac{\sin x}{x} = 1$ の証明

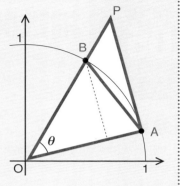

　右図のように、原点 O を中心とする半径 1 の円を描き、その円周上の点を A, B とします。また、線 OB の延長と点 A の接線との交点を P とします。

　θ の角度が $0 < \theta < \dfrac{\pi}{2}$ のとき、図より、

　　三角形 AOB の面積＜扇形 AOB の面積＜三角形 AOP の面積

となります。それぞれの面積を式で表すと、

$$\underbrace{\frac{1}{2}\,\text{OA}\cdot\text{OB}\cdot\sin\theta}_{\text{底辺}\times\text{高さ}\div 2} < \underbrace{\text{OA}^2\cdot\pi\cdot\frac{\theta}{2\pi}}_{\text{半径}^2\times\text{円周率}\times\text{中心角}\div 360°} < \frac{1}{2}\,\text{OA}\cdot\text{AP}$$

OA = OB = 1、$\tan\theta = \dfrac{\text{AP}}{\text{OA}} = \text{AP}$ なので、上記の式に代入すると、

$$\frac{1}{2}\sin\theta < \frac{1}{2}\theta < \frac{1}{2}\tan\theta \quad \leftarrow\text{各辺}\times 2$$

$$\tan\theta = \frac{\sin\theta}{\cos\theta}$$

$$\Rightarrow\ \sin\theta < \theta < \frac{\sin\theta}{\cos\theta} \quad \leftarrow\text{各辺を}\sin\theta\text{で割る}$$

$$\Rightarrow\ 1 < \frac{\theta}{\sin\theta} < \frac{1}{\cos\theta} \quad \leftarrow\text{逆数をとる（不等号が逆になる）}$$

$$\Rightarrow\ 1 > \frac{\sin\theta}{\theta} > \cos\theta \quad \cdots ①$$

θ を 0 に近づけると、$\cos\theta$ は 1 に近づくので、式①は両側が 1 に近づきます。よって、$\theta \to 0$ のとき、$\dfrac{\sin\theta}{\theta}$ は 1 に近づきます。すなわち、

$$\lim_{\theta \to 0}\frac{\sin\theta}{\theta} = 1$$

なお、$\dfrac{\sin\theta}{\theta} = \dfrac{\sin(-\theta)}{-\theta}$ なので、上の式は $\theta < 0$ のときも成り立ちます。

指数関数の微分

【微分と電気】

指数関数の微分には、ネイピア数 ε が関わってきます。とくに ε^x の微分が ε^x になることは重要な性質なのでよく覚えておきましょう。

▶指数関数のグラフ

「$y = a^x$」の形をした関数を、a を底とする**指数関数**といいます（ただし、a は $a > 0$，$a \neq 1$ の定数）。

(例) $y = 3^x$　←3を底とする指数関数

$y = \left(\dfrac{1}{2}\right)^x$　←$\dfrac{1}{2}$を底とする指数関数

指数関数のグラフは、次のような形をしています。

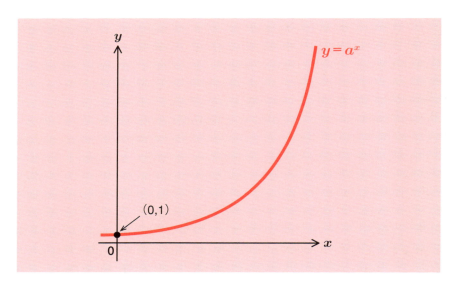

$x = 0$ のとき、$y = a^0 = 1$ なので、指数関数のグラフはすべて点 $(0, 1)$ を通ります。また、$a > 1$ のとき、y の値が急激に増加するのが特徴で、「指数関数的な増加」といいます。

▶指数関数の微分公式

指数関数の微分には、次のような公式があります。

指数関数の微分公式

❶ $y = a^x$ の微分 ➡ $y' = a^x \log a \ (a > 0, \ a \neq 1)$

❷ $y = \varepsilon^x$ の微分 ➡ $y' = \varepsilon^x$

---

❶ $y = a^x$ の微分

定義にしたがって微分すると、

$$y' = \lim_{h \to 0} \frac{a^{x+h} - a^x}{h} = \lim_{h \to 0} \frac{a^x(a^h - 1)}{h} = a^x \cdot \lim_{h \to 0} \frac{a^h - 1}{h} \quad \cdots ①$$

ここで、27 ページの対数の公式❼「$a^{\log_a b} = b$」を使い、a^h を $a^h = \varepsilon^{\log a^h}$ と変形します。すると式①は次のようになります。

$$a^x \cdot \lim_{h \to 0} \frac{\varepsilon^{\log a^h} - 1}{h} = a^x \cdot \lim_{h \to 0} \frac{\varepsilon^{\log a^h} - 1}{\log a^h} \cdot \frac{\log a^h}{h}$$

$$= a^x \cdot \lim_{h \to 0} \frac{\varepsilon^{\log a^h} - 1}{\log a^h} \cdot \frac{h \log a}{h} \quad \cdots ②$$

ここで、$\log a^h = t$ と置くと、$h \to 0$ のとき $\log a^h \to \log 1 = 0$ なので、$t \to 0$ です。したがって上の ┆┄┄┆ の部分は、

$$\lim_{t \to 0} \frac{\varepsilon^t - 1}{t}$$

と書けます。さらに $\varepsilon^t - 1 = u$ と置くと、$t \to 0$ のとき $u \to 0$、また、

$$\varepsilon^t - 1 = u \ \Rightarrow \ \varepsilon^t = 1 + u \ \Rightarrow \ t = \log(1 + u)$$

となるので、

$$\lim_{t \to 0} \frac{\varepsilon^t - 1}{t} = \lim_{u \to 0} \frac{u}{\log(1 + u)} = \lim_{u \to 0} \frac{1}{\frac{1}{u} \log(1 + u)}$$

$$= \lim_{u \to 0} \frac{1}{\log(1 + u)^{\frac{1}{u}}} = 1$$

←ネイピア数の定義 (31 ページ) より
$\lim_{u \to 0}(1 + u)^{\frac{1}{u}} = \varepsilon$ なので、$\log_\varepsilon \varepsilon = 1$

以上から、
$$y' = a^x \cdot \lim_{h \to 0} \frac{\varepsilon^{\log a^h}-1}{\log a^h} \cdot \frac{\cancel{h}\log a}{\cancel{h}} = a^x \cdot 1 \cdot \log a = a^x \log a$$

となります。

❷ $y = \varepsilon^x$ の微分

$y' = a^x \log a$ より、

$y' = \varepsilon^x \log \varepsilon = \varepsilon^x$

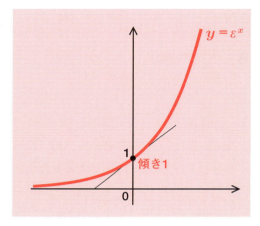

となります。

この公式から、指数関数 $y = \varepsilon^x$ のグラフは、$x = 0$ における接線の傾きが $f'(0) = \varepsilon^0 = 1$ となることがわかります。

逆にいうと、指数関数のグラフ $y = a^x$ の、$x = 0$ における接線の傾きが1になる特別な a の値がネイピア数 ε である、ということができます。

ε^x は微分しても ε^x のままです。

例題10 次の関数を微分しなさい。

❶ $y = 2^x$ ❷ $y = \varepsilon^{3x}$

例題の解説

❶ $y' = a^x \log a$ より、$y' = 2^x \log 2$ …（答）

❷ $y = \varepsilon^t$、$t = 3x$ とすれば、合成関数の微分により、
  $y' = (\varepsilon^t)' \cdot (3x)' = \varepsilon^t \cdot 3 = 3\varepsilon^{3x}$ …（答）

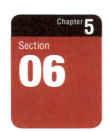

対数関数の微分

【微分と電気】

この節では対数関数の微分について説明します。対数の基本的な性質については第1章で説明しているので、忘れてしまった人は復習をしておいてください。

▶対数関数とは

「$y = \log_a x$」のような形の関数を、**対数関数**といいます。対数関数 $y = \log_a x$ のグラフは、次のような形になります。

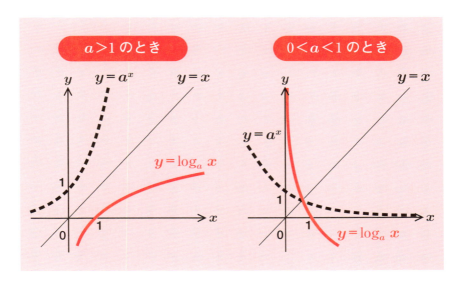

対数関数 $y = \log_a x$ は、$x = 1$ のとき、$y = \log_a 1 = 0$ になります。したがって、すべての対数関数は点 $(1, 0)$ を通ります。

また、対数関数 $y = \log_a x$ の x と y を入れ替えて $x = \log_a y$ とすると、$y = a^x$ となります。すなわち、対数関数 $y = \log_a x$ は、指数関数 $y = a^x$ の逆関数です。

▶対数関数の微分公式

対数関数の微分には、次のような公式があります。

対数関数の微分

❶ $y = \log_a x$ の微分 ➡ $y' = \dfrac{1}{x\log a}$ $(a > 0,\ a \neq 1)$

$y = \log_a |x|$ の微分 ➡ $y' = \dfrac{1}{x\log a}$

❷ $y = \log x$ の微分 ➡ $y' = \dfrac{1}{x}$

$y = \log |x|$ の微分 ➡ $y' = \dfrac{1}{x}$

❶ $y = \log_a x$ の微分 ┌ $a^m = M \longleftrightarrow m = \log_a M$ (26 ページ)

$y = \log_a x$ より、$\boxed{x = a^y}$ を y について微分すると、

$$\frac{dx}{dy} = a^y \log a$$

したがって、逆関数の微分（188 ページ）より、

$$\frac{dy}{dx} = \frac{1}{\dfrac{dx}{dy}} = \frac{1}{a^y \log a} = \frac{1}{x\log a}$$
　　　　　　　　　　　　　└ $x = a^y$ より

　なお、対数の真数は負の値をとれないので、$y = \log_a x$ の x は正の値でなければなりません（$x > 0$）。ただし、$\log_a |x|$ のように絶対値をとれば $x < 0$ の場合も考えることができます。

$x > 0$ のとき、$y = \log_a |x| = \log_a x$ となるので、$(\log_a x)' = \dfrac{1}{x\log a}$

$x < 0$ のとき、$y = \log_a |x| = \log_a (-x)$ となるので、

$$\{\log_a (-x)\}' = \boxed{\frac{1}{(-x)\log a} \cdot (-x)'} = \frac{1}{-x\log a} \cdot (-1) = \frac{1}{x\log a}$$
　　　　　　　　　　合成関数の微分

以上から、

$$(\log_a |x|)' = \frac{1}{x\log a}$$

となります。

❷ $y = \log x$ の微分

$y = \log_a x$ の微分の、$a = \varepsilon$ の場合なので、

$$\frac{dy}{dx} = \frac{1}{x \log_\varepsilon \varepsilon} = \frac{1}{x}$$

└─ 1（27ページの公式② $\log_a a = 1$）

となります。

グラフ $y = \log x$ の $x = 1$ における微分係数は、

$$f'(1) = \frac{1}{1} = 1$$

になることから、$y = \log x$ の $x = 1$ における接線の傾きが 1 になることを示します。

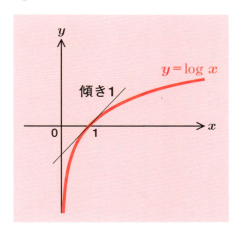

例題11 次の関数を微分しなさい。

❶ $y = \log_2 x$　　❷ $y = \log(x+1)$　　❸ $y = (\log x)^2$

例題の解説

❶ $y' = \dfrac{1}{x \log a}$ より、$y' = \dfrac{1}{x \log 2}$ …（答）

❷ $y' = \log z$、$z = x + 1$ として、合成関数の微分を使うと（186ページ）

$$y' = (\log(x+1))' \cdot (x+1)' = \frac{1}{x+1} \cdot 1 = \frac{1}{x+1} \quad \text{…（答）}$$

❸ $y' = z^2$、$z = \log x$ として、合成関数の微分を使うと

┌─ $2z^{2-1}$（179ページの公式❶）

$$y' = (z^2)' \cdot (\log x)' = 2z \cdot \frac{1}{x} = \frac{2\log x}{x} \quad \text{…（答）}$$

　　　　　　└─公式❷

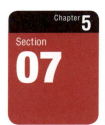

微分法と最大・最小問題

【微分と電気】

関数の最大値や最小値を、微分を使って求める方法を説明します。電験三種では基本的に微分は使いませんが、微分を使えばより簡単に解ける場合もあります。

▶微分法で最大・最小値を求める

たとえば、$y = f(x)$ が次のようなグラフとしましょう。

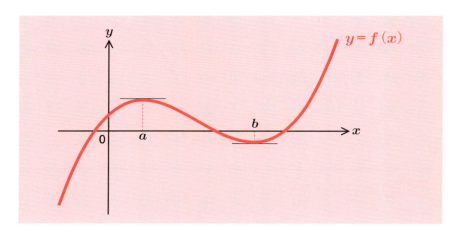

グラフに接線をいくつか書き込むと、グラフが増加傾向のときは右上がりの接線、グラフが減少傾向のときは右下がりの接線になることがわかります。グラフの山や谷の頂点では、接線は x 軸に平行です。

$y = f(x)$ の導関数 $f'(x)$ は、曲線 $y = f(x)$ の任意の x における接線の傾きを表しているので、

接線が右上がり	➡	$f'(x) > 0$
接線が x 軸に平行	➡	$f'(x) = 0$
接線が右下がり	➡	$f'(x) < 0$

となるはずです。このことを利用すると、上記のグラフのおおまかな形を次のような表にまとめることができます。

x	$x < a$	$x = a$	$a < x < b$	$x = b$	$b < x$
$f'(x)$	$f'(x) > 0$	$f'(x) = 0$	$f'(x) < 0$	$f'(x) = 0$	$f'(x) > 0$
$f(x)$	右上がり	極大値	右下がり	極小値	右上がり

このような表を**増減表**といいます。

> **例題12** 次の関数の増減表をつくり、最大値または最小値を求めよ。
>
> **1** $y = x^2 - 6x + 4$　　**2** $y = -x^2 + 4x - 1$

例題の解説

1 関数 $y = f(x) = x^2 - 6x + 4$ の微分は、$f'(x) = 2x - 6$ です。$f'(x) = 0$ となる x の値を求めると、

$$2x - 6 = 0 \Rightarrow x = 3$$

x が3より大きいとき $f'(x) > 0$、x が3より小さいとき $f'(x) < 0$ になるので、増減表は次のようになります。

x	$x < 3$	$x = 3$	$x > 3$
$f'(x)$	$f'(x) < 0$	$f'(x) = 0$	$f'(x) > 0$
$f(x)$	右下がり	極小値	右上がり

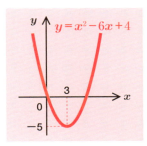

増減表から、関数 $y = x^2 - 6x + 4$ は $x = 3$ のとき最小となり、その値は

$$y = 3^2 - 6 \cdot 3 + 4 = 9 - 18 + 4 = -5 \quad \cdots \text{(答)}$$

2 $y = f(x) = -x^2 + 4x - 1$ を微分して、$f'(x) = 0$ となる x の値を求めます。

$$f'(x) = -2x + 4 \text{ より、} -2x + 4 = 0 \Rightarrow x = 2$$

x が2より大きいとき $f'(x) < 0$、x が2より小さいとき $f'(x) > 0$ になるので、増減表は次のようになります。

x	$x < 2$	$x = 2$	$x > 2$
$f'(x)$	$f'(x) > 0$	$f'(x) = 0$	$f'(x) < 0$
$f(x)$	右上がり	極大値	右下がり

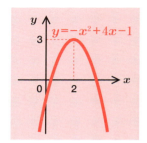

増減表から、関数 $y = -x^2 + 4x - 1$ は $x = 2$ のとき最大となることがわかります。その値は

$$y = -(2)^2 + 4 \cdot 2 - 1 = -4 + 8 - 1 = 3 \quad \cdots (答)$$

▶最大電力の問題を微分法で求める

例題13 図のような直流回路において、可変抵抗 R で消費される電力 P〔W〕が最大になるのは、R〔Ω〕がいくつのときか。

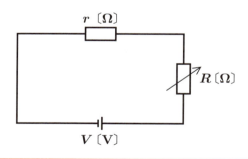

例題の解説

抵抗 R の消費電力 P は、$P = I^2 R$〔W〕で求められます。図の回路を流れる電流は、オームの法則より、

$$I = \frac{V}{r+R} \text{〔A〕} \quad \leftarrow 電流 = \frac{電圧}{抵抗}$$

なので、消費電力は、

$$P = I^2 R = \left(\frac{V}{r+R}\right)^2 R = \frac{RV^2}{r^2+2rR+R^2} = \frac{V^2}{\dfrac{r^2}{R}+R+2r} \quad \cdots ①$$

← 分母と分子に $\dfrac{1}{R}$ を掛ける

となります。電圧 V は一定なので、消費電力 P は、上の式①の分母が最小のとき最大になります。

そこで、式①の分母を $f(R)$ として $f'(R)$ を求め、$f'(R)=0$ となる R を求めます。

$$f'(R) = (r^2 R^{-1} + R + 2r)' = -1 \cdot r^2 \cdot R^{-2} + 1 = -\frac{r^2}{R^2} + 1$$

$f'(R)=0$ より、$-\dfrac{r^2}{R^2}+1=0 \Rightarrow \dfrac{r^2}{R^2}=1 \Rightarrow R=r$

また、$R>r$ のとき $-\dfrac{r^2}{R^2}+1>0$、$R<r$ のとき $-\dfrac{r^2}{R^2}+1<0$ となります。

R	$R<r$	$R=r$	$R>r$
$f'(R)$	$f'(R)<0$	$f'(R)=0$	$f'(R)>0$
$f(R)$	右下がり	極小値	右上がり

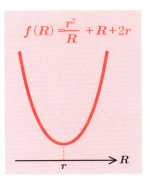

以上から、式①の分母は $R=r$〔Ω〕のとき最小になり、このとき消費電力 P は最大になります。 …（答）

▶最小定理を使う方法

例題 13 は、微分法を使わずに解くこともできます。その場合は、次のような定理を使います。

最小定理

2 つの正の数 a, b の積が一定であるとき、この 2 つの数の和 $a+b$ は、$a=b$ のとき最小になる。

たとえば、$a \cdot b = 100$ となるような2つの数の組 (a, b) には、$(1, 100)$、$(2, 50)$、$(4, 25)$ などがありますが、$a + b$ が最小になるのは、$a = b$ のとき、すなわち $(a, b) = (10, 10)$ のときです。

さきほどの例題で、式①の分母

$$\frac{r^2}{R} + R + 2r$$

において、

$$\frac{r^2}{R} \cdot R = r^2 \;\; \blacktriangleright \;\; 一定$$

ですから、最小定理により、$\frac{r^2}{R} + R$ は $\frac{r^2}{R} = R$ のとき最小になります。よって、

$$\frac{r^2}{R} = R \;\; \Rightarrow \;\; R^2 = r^2 \;\; \Rightarrow \;\; R = r$$

以上から、式①の分母は $R = r$ 〔Ω〕のとき最小になり、このとき消費電力 P は最大になります。

このように、最大電力の問題は微分法を使わずに最小定理を使って解くことができる場合もあります。

コラム▶最小定理の証明

式 $(\sqrt{a} - \sqrt{b})^2$ を次のように展開します。

$$(\sqrt{a} - \sqrt{b})^2 = (\sqrt{a})^2 - 2\sqrt{a}\sqrt{b} + (\sqrt{b})^2 = a + b - 2\sqrt{ab}$$
$$\Rightarrow \;\; a + b = (\sqrt{a} - \sqrt{b})^2 + 2\sqrt{ab}$$

ab を一定とすれば、$a + b$ は $(\sqrt{a} - \sqrt{b})^2 = 0$ のとき最小値 $2\sqrt{ab}$ になります。このとき、

$$(\sqrt{a} - \sqrt{b})^2 = 0 \;\; \Rightarrow \;\; \sqrt{a} - \sqrt{b} = 0 \;\; \Rightarrow \;\; \sqrt{a} = \sqrt{b} \;\; \Rightarrow \;\; a = b$$

なので、$a + b$ は $a = b$ のとき最小です。

オイラーの公式の証明

【微分と電気】

第4章では、オイラーの公式 $\varepsilon^{jx} = \cos x + j\sin x$ を証明なしで使用しました。オイラーの公式が成り立つことを微分法を用いて証明します。

▶関数のべき級数展開

ある関数 $f(x)$ を、$a_0 + a_1x + a_2x^2 + a_3x^3 + a_4x^4 + a_5x^5 + \cdots$ のような無限個の x^n の和（べき級数）で表すことを考えます。

$$f(x) = a_0 + a_1x + a_2x^2 + a_3x^3 + a_4x^4 + a_5x^5 + \cdots \quad \cdots ①$$

式①が成り立つと仮定して、右辺の係数 a_0, a_1, a_2, $a_3 \cdots$ を求めましょう。a_0 は、式①に $x = 0$ を代入すれば求めることができますね。したがって、

$$a_0 = f(0)$$

次に、式①の両辺を x で微分します（180ページ）。

$$f'(x) = a_1 + 2a_2x + 3a_3x^2 + 4a_4x^3 + 5a_5x^4 + \cdots \quad \cdots ②$$

式②に $x = 0$ を代入すれば、

$$f'(0) = a_1 \quad \therefore a_1 = f'(0)$$

さらに、式②の両辺を x で微分すると次のようになります。

$$f''(x) = 2 \cdot 1 a_2 + 3 \cdot 2 a_3 x + 4 \cdot 3 a_4 x^2 + 5 \cdot 4 a_5 x^3 + \cdots \quad \cdots ③$$

式③に $x = 0$ を代入すれば、

$$f''(0) = 2 \cdot 1 a_2 \quad \therefore a_2 = \frac{f''(0)}{2 \cdot 1}$$

さらに、式③の両辺を x で微分すると次のようになります。

$$f'''(x) = 3 \cdot 2 \cdot 1 a_3 + 4 \cdot 3 \cdot 2 a_4 x + 5 \cdot 4 \cdot 3 a_5 x^2 + \cdots \quad \cdots ④$$

式④に $x = 0$ を代入すれば、

$$f'''(0) = 3 \cdot 2 \cdot 1 a_3 \quad \therefore a_3 = \frac{f'''(0)}{3 \cdot 2 \cdot 1}$$

以下、これを無限に繰り返していくと、

$$a_4 = \frac{f''''(0)}{4 \cdot 3 \cdot 2 \cdot 1}, \ a_5 = \frac{f'''''(0)}{5 \cdot 4 \cdot 3 \cdot 2 \cdot 1} \quad \cdots$$

のように各係数を求めていくことができます。$f(x)$ を n 回微分したものを $f^{(n)}(x)$ と表せば、一般に係数 a_n は、

$$a_n = \frac{f^{(n)}(0)}{n!}$$

以上から関数 $f(x)$ は、無限に微分可能であれば次のようなべき級数で表せます。

$$f(x) = f(0) + \frac{f^{(1)}(0)}{1!} x + \frac{f^{(2)}(0)}{2!} x^2 + \frac{f^{(3)}(0)}{3!} x^3 + \cdots + \frac{f^{(n)}(0)}{n!} x^n + \cdots$$

$$\cdots ⑤$$

▶ $\sin x$ と $\cos x$ をべき級数で表す

上のべき級数の式に、$f(x) = \sin x$ を当てはめてみましょう。

$\sin x$ を複数回微分すると、

$$f^{(1)}(x) = \cos x$$
$$f^{(2)}(x) = -\sin x$$
$$f^{(3)}(x) = -\cos x$$
$$f^{(4)}(x) = \sin x$$
$$\cdots$$

$\sin x$ の微分 ➡ $\cos x$
$\cos x$ の微分 ➡ $-\sin x$
（190 ページ）

の繰り返しとなり、無限に微分可能です。これらに $x = 0$ を代入すると、

206

$$f^{(1)}(0) = \cos 0 = 1$$
$$f^{(2)}(0) = -\sin 0 = 0$$
$$f^{(3)}(0) = -\cos 0 = -1$$
$$f^{(4)}(0) = \sin 0 = 0$$
$$\cdots$$

となり、1, 0, − 1, 0, …のサイクルになります。これらを式⑤に代入すると、次のようになります。

$f(0) = \sin 0 = 0$

$$\sin x = 0 + \frac{1}{1!}x + \frac{0}{2!}x^2 + \frac{-1}{3!}x^3 + \frac{0}{4!}x^4 + \frac{1}{5!}x^5 + \frac{0}{6!}x^6 + \cdots$$
$$= \frac{1}{1!}x - \frac{1}{3!}x^3 + \frac{1}{5!}x^5 - \frac{1}{7!}x^7 + \cdots + \frac{(-1)^n}{(2n+1)!}x^{2n+1} + \cdots$$

同様に、$\cos x$ を複数回微分すると、

$$f^{(1)}(x) = -\sin x$$
$$f^{(2)}(x) = -\cos x$$
$$f^{(3)}(x) = \sin x$$
$$f^{(4)}(x) = \cos x$$
$$\cdots$$

の繰り返しとなります。これらに $x = 0$ を代入すると、

$$f^{(1)}(0) = -\sin 0 = 0$$
$$f^{(2)}(0) = -\cos 0 = -1$$
$$f^{(3)}(0) = \sin 0 = 0$$
$$f^{(4)}(0) = \cos 0 = 1$$
$$\cdots$$

となり、0, − 1, 0, 1, …のサイクルになります。したがって、

207

$$\cos x = \boxed{1} + \frac{0}{1!}\,x + \frac{-1}{2!}\,x^2 + \frac{0}{3!}\,x^3 + \frac{1}{4!}\,x^4 + \frac{0}{5!}\,x^5 + \frac{-1}{6!}\,x^6 + \cdots$$

$f(0) = \cos 0 = 1$

$$= 1 - \frac{1}{2!}\,x^2 + \frac{1}{4!}\,x^4 - \frac{1}{6!}\,x^6 + \cdots + \frac{(-1)^n}{(2n)!}\,x^{2n} + \cdots$$

▶オイラーの公式を導く

　ここまでくれば、オイラーの公式（132 ページ）を導く準備は完了です。

　まず、指数関数 $f(x) = \varepsilon^x$ のべき級数を求めましょう。ε^x は何回微分しても ε^x なので、$f^{(n)}(0) = \varepsilon^0 = 1$ となります。したがって、指数関数 ε^x は、

$$\varepsilon^x = 1 + \frac{1}{1!}\,x + \frac{1}{2!}\,x^2 + \frac{1}{3!}\,x^3 + \frac{1}{4!}\,x^4 + \frac{1}{5!}\,x^5 + \frac{1}{6!}\,x^6 + \cdots$$

のようなべき級数で表せます。

　この式の x の部分を jx に置き換えると、

$$\varepsilon^{jx} = 1 + \frac{1}{1!}(jx) + \frac{1}{2!}(jx)^2 + \frac{1}{3!}(jx)^3 + \frac{1}{4!}(jx)^4 + \frac{1}{5!}(jx)^5 + \frac{1}{6!}(jx)^6 + \cdots$$

$$= 1 + jx - \frac{1}{2!}\,x^2 - j\frac{1}{3!}\,x^3 + \frac{1}{4!}\,x^4 + j\frac{1}{5!}\,x^5 - \frac{1}{6!}\,x^6 + \cdots$$

$$= \left(1 - \frac{1}{2!}\,x^2 + \frac{1}{4!}\,x^4 - \frac{1}{6!}\,x^6 + \cdots\right) + j\left(x - \frac{1}{3!}\,x^3 + \frac{1}{5!}\,x^5 - \cdots\right)$$

$\cos x$ のべき級数　　　　　$\sin x$ のべき級数

$$= \cos x + j\sin x$$

となり、オイラーの公式が導けます。

コラム- 交流電流の位相がずれる理由

図のように、静電容量 C〔F〕のコンデンサに交流電圧 e を加えると、コンデンサに電荷 q〔C〕が蓄えられます。電流は単位時間当たりの電荷量なので、

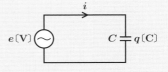

$$i = \frac{dq}{dt} \text{〔A〕}$$

のような微分で表すことができます。$Q = CV$ より、電荷 q は静電容量 C と電圧 e の積なので、$e = E_m \sin(\omega t + \theta)$ とすると、

$$i = \frac{d}{dt} C E_m \sin(\omega t + \theta)$$

$= C E_m \{\sin(\omega t + \theta)\}'$ ← $f(t) = \sin t,\ g(t) = \omega t + \theta$ として、合成関数 $f(g(t))$ の微分

$= C E_m \cos(\omega t + \theta) \cdot \omega$ ← $f'(g(t)) \cdot g'(t)$

$= \omega C E_m \cos(\omega t + \theta)$ ← $\cos\theta = \sin(\theta + 90°)$

$= \omega C E_m \sin(\omega t + \theta + 90°)$

となり、電流 i の位相は電圧より 90°の「進み」となることがわかります。

また、図のようにインダクタンス L〔H〕に交流電圧 e を加えると、コイルに次のような誘導起電力 e_L〔V〕が生じます。

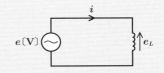

$$e_L = -L \frac{di}{dt} \text{〔V〕}$$

この誘導起電力は電源電圧 e と大きさが釣り合うので、

$$e + e_L = 0 \Rightarrow e - L\frac{di}{dt} = 0 \therefore e = L\frac{di}{dt} \text{〔V〕}$$

が成り立ちます。電流 i を $i = I_m \sin(\omega t + \theta)$ とすれば、

上記と同じ合成関数の微分

$e = L \{I_m \sin(\omega t + \theta)\}' = \omega L I_m \cos(\omega t + \theta)$

$= \omega L I_m \sin(\omega t + \theta + 90°)$

となります。電圧 e は電流 i より 90°位相が進むので、言い換えれば、電流 i の位相は電圧 e より 90°の「遅れ」になります。

第5章　章末問題

（解答は 211 〜 214 ページ）

問1 図のように、起電力が 24V で内部抵抗が 2Ω の電源に、6Ω の抵抗と可変抵抗 r を並列に接続した。可変抵抗 r を変化させたとき、r で消費される電力〔W〕の最大値はいくらか。

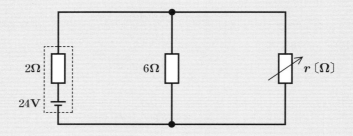

問2 パーセント抵抗が $p = 1.5$〔％〕、パーセントリアクタンスが $q = 2$〔％〕の変圧器がある。この変圧器の電圧変動率 ε〔％〕が次の式で近似できるとき、ε の値が最大となる負荷力率 $\cos\theta$ はいくらか。

ただし、パーセント抵抗及びパーセントリアクタンスは一定とする。

$$\varepsilon = p\cos\theta + q\sin\theta \ \text{〔％〕}$$

第5章　章末問題　解答

問1 可変抵抗 r に流れる電流を I_r とすると、分流の法則（63 ページ）より、

$$I_r = \frac{6}{6+r} \times I = \frac{6}{6+r} \times \frac{24}{R}$$

└─ オームの法則 $I = \dfrac{V}{R}$

となります。ここで、回路の合成抵抗 R は、

$$R = 2 + \frac{6r}{6+r} \quad \text{← 14 ページの和分の積}$$

なので、

$$I_r = \frac{6}{6+r} \times \frac{24}{2+\dfrac{6r}{6+r}} = \frac{6 \times 24}{2(6+r)+6r} = \frac{6 \times 24}{12+8r} = \frac{6 \times \overset{6}{24}}{4(3+2r)} = \frac{36}{3+2r}$$

以上から、可変抵抗 r で消費される電力 P は、

$$P = I_r^2 r = \frac{36^2 r}{(3+2r)^2} = \frac{36^2 r}{9+12r+4r^2} = \frac{36^2}{4r+\dfrac{9}{r}+12} \quad \cdots ①$$

分母と分子を r で割る ─┘

で求められます。

　電力 P は、式①の分母 $4r + \dfrac{9}{r} + 12$ が最小のとき最大となります。そこで、これを $f(r) = 4r + 9r^{-1} + 12$ として微分すると、

$$f'(r) = 4 - 9r^{-2} = 4 - \frac{9}{r^2}$$

└─ 定数項の微分は 0

$f'(r) = 0$ のとき、

$$4 - \frac{9}{r^2} = 0 \;\Rightarrow\; r^2 = \frac{9}{4} \;\; \therefore r = \frac{3}{2} \; [\Omega] \quad (r > 0)$$

となります。また、$r < \dfrac{3}{2}$ のとき $f'(r) < 0$、$r > \dfrac{3}{2}$ のとき $f'(r) > 0$ より、$f(r)$ は $r = \dfrac{3}{2}$ のとき最小になります（200 ページ）。

章末問題

r	$r < \dfrac{3}{2}$	$\dfrac{3}{2}$	$r > \dfrac{3}{2}$
$f'(r)$	負	0	正
$f(r)$	↘	最小	↗

以上から、電力 P は $r = \dfrac{3}{2}$〔Ω〕のとき最大となります。式①に $r = \dfrac{3}{2}$ を代入すると、次のようになります。

$$P = \frac{36^2}{4 \times \dfrac{3}{2} + \dfrac{9}{\dfrac{3}{2}} + 12} = \frac{36^2}{6 + 6 + 12} = \frac{36 \times 36}{24} = 54 \text{〔W〕}$$

答 **54〔W〕**

別解

式①の分母 $4r + \dfrac{9}{r} + 12$ は、$4r \times \dfrac{9}{r} = 36$（一定）なので、最小定理により $4r = \dfrac{9}{r}$ のとき最小になります（203 ページ）。したがって、

$$4r = \frac{9}{r} \ \Rightarrow \ r^2 = \frac{9}{4} \ \ \therefore r = \frac{3}{2} \text{〔Ω〕} \quad (r > 0)$$

以上から、電力 P は可変抵抗 $r = \dfrac{3}{2}$〔Ω〕のとき最大となります。

問2 電圧変動率とは、変圧器の二次側に負荷を接続したときと、負荷を接続していないときとで、二次側の端子電圧が変動する割合です。

式 $\varepsilon = p\cos\theta + q\sin\theta$ を θ で微分すると（190 ページ）、

$$\varepsilon' = -p\sin\theta + q\cos\theta$$

となります。$\varepsilon' = 0$ のとき、

$$-p\sin\theta + q\cos\theta = 0 \ \Rightarrow \ p\sin\theta = q\cos\theta$$

$$\Rightarrow \ \frac{\sin\theta}{\cos\theta} = \tan\theta = \frac{q}{p}$$

└ 72 ページ

また、$\tan\theta < \dfrac{q}{p}$ のとき、$\dfrac{\sin\theta}{\cos\theta} < \dfrac{q}{p} \ \Rightarrow \ p\sin\theta < q\cos\theta$

$$\Rightarrow -p\sin\theta + q\cos\theta > 0$$

$\tan\theta > \dfrac{q}{p}$ のとき、$\dfrac{\sin\theta}{\cos\theta} > \dfrac{q}{p}$

$\therefore \varepsilon' > 0$

$\Rightarrow p\sin\theta > q\cos\theta$

$\Rightarrow -p\sin\theta + q\cos\theta < 0$

$\therefore \varepsilon' < 0$

となるので、電圧変動率 ε は $\tan\theta = \dfrac{q}{p}$ のとき最大になります。

$\tan\theta$	$\tan\theta < \dfrac{q}{p}$	$\tan\theta = \dfrac{q}{p}$	$\tan\theta > \dfrac{q}{p}$
ε'	正	0	負
ε	↗	最大	↘

$\tan\theta = \dfrac{q}{p}$ になるのは底辺 p、高さ q の直角三角形なので、このときの $\cos\theta$ は

$$\cos\theta = \dfrac{p}{\sqrt{p^2+q^2}}$$

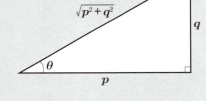

となります。この式に $p = 1.5$、$q = 2$ を代入すると、

$$\cos\theta = \dfrac{1.5}{\sqrt{1.5^2+2^2}} = \dfrac{1.5}{\sqrt{2.25+4}} = \dfrac{1.5}{\sqrt{6.25}} = \dfrac{1.5}{2.5} = 0.6$$

となります。

答 0.6

別解

式 $\varepsilon = p\cos\theta + q\sin\theta$ を、次のように変形します。

$$\varepsilon = \sqrt{p^2+q^2} \times \dfrac{p\cos\theta + q\sin\theta}{\sqrt{p^2+q^2}} \quad \leftarrow \sqrt{p^2+q^2} \times \dfrac{1}{\sqrt{p^2+q^2}} = 1$$

$$= \sqrt{p^2+q^2}\left(\dfrac{p}{\sqrt{p^2+q^2}}\cos\theta + \dfrac{q}{\sqrt{p^2+q^2}}\sin\theta\right)$$

ここで、右図のような直角三角形を考えれば、

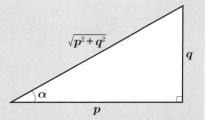

$$\frac{p}{\sqrt{p^2+q^2}} = \cos\alpha$$

$$\frac{q}{\sqrt{p^2+q^2}} = \sin\alpha$$

ですから、

$$\varepsilon = \sqrt{p^2+q^2}\,(\cos\alpha\cos\theta + \sin\alpha\sin\theta)$$
　←加法定理
$$= \sqrt{p^2+q^2}\,\cos(\alpha-\theta)$$

となります。ε は $\cos(\alpha-\theta) = \cos 0 = 1$ のとき最大となるので、

$$\alpha - \theta = 0 \quad \therefore \theta = \alpha$$

図より、$\cos\alpha = \cos\theta = \dfrac{p}{\sqrt{p^2+q^2}}$

となります。この式に $p = 1.5$、$q = 2$ を代入すると、$\cos\theta = 0.6$ を得ます。

$$\cos\theta = \frac{1.5}{\sqrt{1.5^2+2^2}} = \frac{1.5}{2.5} = 0.6$$

Chapter
06

積分と電気

01	積分とはなにか・・・・・・・・・・・・・・・・・	216
02	積分の基本公式・・・・・・・・・・・・・・・・・	221
03	いろいろな関数の積分・・・・・・・・・・・・	224
04	定積分・・・・・・・・・・・・・・・・・・・・・・・	231
05	電位と電位差・・・・・・・・・・・・・・・・・	237
06	ビオ・サバールの法則と積分・・・・・・・	241
07	アンペアの周回積分の法則・・・・・・・・	247
章末問題・・・・・・・・・・・・・・・・・・・・・・・・・		251

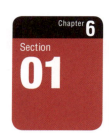

積分とはなにか

【積分と電気】

積分は、曲線のグラフの面積を求めることです。また、微分の逆が積分になります。ここではまず積分計算の基になる考え方を説明します。

▶ 積分はグラフの面積を表す

図のように、曲線 $y = f(x)$ と x 軸との間にある網かけ部分 S の面積を求めることを考えます。

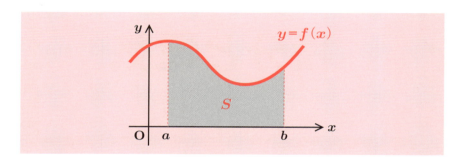

まず、a から b までの区間に、次のような細長い長方形を敷き詰めます。長方形1個の横幅を Δx とし、それぞれの位置を x_1, x_2, x_3, …, x_n とすると、1個の長方形の面積は $f(x_i) \cdot \Delta x$ で求められます。

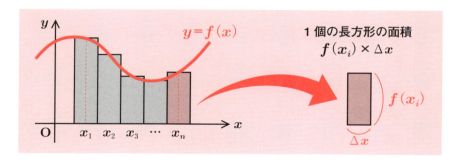

これらの長方形の面積を合計すると、網かけ部分の面積 S とおおよそで等しくなるはずです。

$$S ≒ f(x_1)・\Delta x + f(x_2)・\Delta x + f(x_3)・\Delta x + \cdots + f(x_n)・\Delta x$$

この長方形の面積の合計は、上側の曲線に沿った部分がギザギザしていて、正確な面積になりません。しかし、長方形の幅 Δx を小さくすれば、より正確な面積に近づきます。

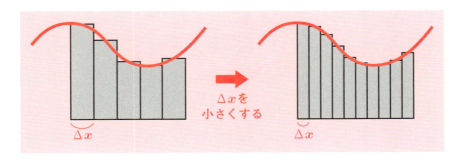

さらに、Δx を限りなく0に近づけていけば、網かけ部分の面積 S に限りなく等しくなります。「限りなく0に近い Δx」を記号 dx で表すと、

$$S = f(x_1)\,dx + f(x_2)\,dx + f(x_3)\,dx + \cdots + f(x_n)\,dx$$

上の式を「$f(x)・dx$ の値を区間 a から b まで合計した値」という意味で、次のように書きます。

上の式のように、面積を求める区間が「a から b まで」というように指定されている積分を**定積分**といいます。一方、区間の指定がない積分を**不定積分**といいます。

▶積分は微分の逆演算

関数 $y = f(x)$ の積分 $\int f(x)\,dx$ が、$y = f(x)$ と x 軸によってできる面積を求めることであることを説明しました。$y = f(x)$ は x の関数なので、曲線 $y = f(x)$ と x 軸によってできる面積も、やはり x の関数になります。この関数を $F(x)$ としましょう。すると $\int f(x)\,dx$ とは、この $F(x)$ を求めることと考えることができます。

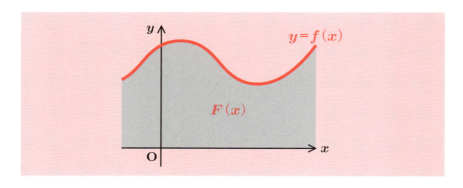

ここで、関数 $F(x)$ の微分を考えます。定義にしたがって $F(x)$ を微分すると、次のようになります。

$$F'(x) = \lim_{\Delta x \to 0} \frac{F(x+\Delta x) - F(x)}{\Delta x}$$

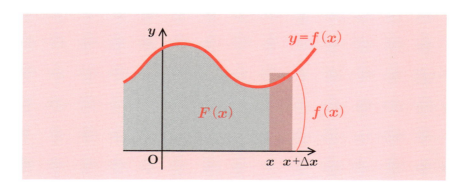

この式の右辺の分子 $F(x + \Delta x) - F(x)$ は、上図のように幅 Δx、高さ $f(x)$ の長方形 1 個分の面積を表します。それを Δx で割ったもの

は、長方形の高さ $f(x)$ ですから、

$$F'(x) = \lim_{\Delta x \to 0} \frac{F(x+\Delta x)-F(x)}{\Delta x} = f(x)$$

以上から、関数 $F(x)$ を微分すると $f(x)$ になることがわかります。逆にいうと、関数 $f(x)$ を積分すると、元の関数 $F(x)$ になります。この $F(x)$ を**原始関数**といいます。

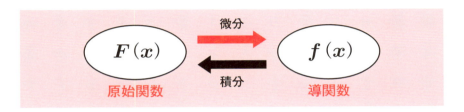

以上から、関数 $f(x)$ を積分するには、$f(x)$ の原始関数 $F(x)$ を求めればよい、ということがわかります。ただし、ちょっとした問題があります。

たとえば、$F(x)=x^2$ の微分は $F'(x)=2x$ ですが、逆に関数 $f(x)=2x$ を積分しても、$F(x)=x^2$ になるとは限らないのです。なぜなら、$F(x)=x^2+1$ や $F(x)=x^2-3$ も、微分すると $F'(x)=2x$ となるからです。

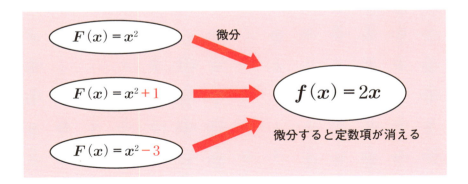

このように、微分すると原始関数にあった定数項が消えてしまうので、積分ではそれを補う必要が生じます。そこで、この定数項を記号 C で表すことにします。

　この記号 C を**積分定数**といいます。不定積分では、原始関数 $F(x)$ に積分定数を補い、

$$\int f(x)\,dx = \int F'(x)\,dx = F(x) + C \quad (Cは積分定数)$$

のように計算します。$f(x) = 2x$ の場合は、次のようになります。

$$\int 2x\,dx = x^2 + C \quad (Cは積分定数)$$

例題1 次の関数を積分しなさい。

1 $f(x) = 3x^2$　　**2** $f(x) = 2$

例題の解説

　積分定数を C とします。

1 $F(x) = x^3$ を微分すると $F'(x) = 3x^2$ になるので、

$$\int f(x)\,dx = \int 3x^2\,dx$$
$$= x^3 + C \quad \cdots (答)$$

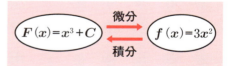

2 $F(x) = 2x$ を微分すると $F'(x) = 2$ になるので、

$$\int f(x)\,dx = \int 2\,dx$$
$$= 2x + C \quad \cdots (答)$$

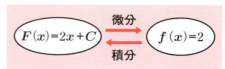

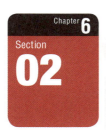

【積分と電気】
積分の基本公式

積分計算を行うための基本的な公式を説明します。これらの公式は、どれも使いこなせるようにしましょう。

▶不定積分の計算

不定積分の計算方法をまとめておきましょう。まずは、もっとも基本的な公式からはじめます。

不定積分の基本公式

❶ 定数項の積分　$\int k\,dx = kx + C$ （k は定数）

❷ x^n の積分　$\int x^n\,dx = \dfrac{1}{n+1}x^{n+1} + C$ （$n \neq -1$）

❸ $kf(x)$ の積分　$\int kf(x)\,dx = k\int f(x)\,dx$ （k は定数）

❹ 和と差の積分　$\int \{f(x) \pm g(x)\}\,dx = \int f(x)\,dx \pm \int g(x)\,dx$

---

❶ 定数項の積分

$F(x) = kx$ を微分すると $F'(x) = k$ となります。$\int F'(x)\,dx = F(x) + C$ より、

$$\int k\,dx = kx + C \quad (C は積分定数)$$

（微分）

が導けます。

(例)　$\int 4\,dx = 4x + C$

❷ x^n の積分

$F(x) = x^{n+1}$ の微分は $F'(x) = (n+1)x^n$ となります。

$\int F'(x)\,dx = F(x) + C$ より、

$$\int (n+1)\,x^n\,dx = x^{n+1} + C_1 \quad (C_1 \text{ は積分定数})$$

微分

両辺を $(n+1)$ で割ると、

$$\int x^n\,dx = \frac{1}{n+1}x^{n+1} + C \qquad \left(C = \frac{C_1}{n+1}\right)$$

となります。

公式❶〜❹は必ず覚えましょう。

(例) $\int x^4\,dx = \frac{1}{4+1}x^{4+1} = \frac{1}{5}x^5$

❸ $kf(x)$ の積分

$\int f(x)\,dx = F(x) + C$ より、$\left\{\int f(x)\,dx\right\}' = \left\{F(x) + C\right\}' = F'(x) = f(x)$ となります。したがって、

← 関数 $f(x)$ を積分し、それをまた微分すると $f(x)$ に戻るという意味

$$\left\{\int kf(x)\,dx\right\}' = kf(x)$$

また、$y = kf(x)$ の微分 ➡ $\{kf(x)\}' = kf'(x)$ より、

$$\left\{k\int f(x)\,dx\right\}' = k\left\{\int f(x)\,dx\right\}' = kf(x)$$

以上から、$\int kf(x)\,dx = k\int f(x)\,dx$ が導けます。

公式❷と❸をまとめると、
$$\int ax^n\,dx = \frac{a}{n+1}x^{n+1} + C$$
となります。

(例) $\int 4x^3\,dx = 4\int x^3\,dx = 4 \cdot \frac{1}{3+1}x^{3+1} = x^4$

❹ 和と差の積分

$\left\{\int f(x)\,dx\right\}' = f(x)$ より、

$$\left(\int \left\{f(x) \pm g(x)\right\}dx\right)' = f(x) \pm g(x)$$

また、$y = f(x) \pm g(x)$ の微分 ➡ $y' = f'(x) \pm g'(x)$ より、

$$\left\{\int f(x)dx \pm \int g(x)dx\right\}' = \left\{\int f(x)dx\right\}' \pm \left\{\int g(x)dx\right\}' = f(x) \pm g(x)$$

以上から、$\int \left\{f(x) \pm g(x)\right\}dx = \int f(x)dx \pm \int g(x)dx$ が導けます。

(例) $\int (2x+4)\,dx = \int 2xdx + \int 4dx$

$$= 2\int xdx + \int 4dx \qquad \text{公式❷より、}$$
$$\int xdx = \frac{1}{1+1}x^{1+1} + C_1$$
$$= 2 \cdot \left(\frac{1}{2}x^2 + C_1\right) + (4x + C_2)$$
$$= x^2 + 4x + C \quad \leftarrow 2C_1 + C_2 \text{をまとめて} C \text{とする}$$

以上の公式を使えば、不定積分の基本的な計算はできるようになります。

例題 2 次の不定積分を求めよ。

❶ $\int 7dx$　　**❷** $\int 5x^2dx$　　**❸** $\int (6x^2 - 8x + 5)\,dx$　　**❹** $\int \frac{1}{x^2}\,dx$

例題の解説

❶ $\int 7dx = 7x + C$　… (答)　　$\int x^n dx = \frac{1}{n+1}x^{n+1} + C$

❷ $\int 5x^2dx = 5\int x^2dx = 5 \cdot \frac{1}{2+1}x^{2+1} + C = \frac{5}{3}x^3 + C$　… (答)

❸ $\int (6x^2 - 8x + 5)\,dx = \int 6x^2dx - \int 8xdx + \int 5dx$

$$= 6\int x^2dx - 8\int xdx + \int 5dx$$
$$= 6 \cdot \frac{1}{3}x^3 - 8 \cdot \frac{1}{2}x^2 + 5x + C$$
$$= 2x^3 - 4x^2 + 5x + C \quad \cdots \text{(答)}$$

❹ $\int \frac{1}{x^2}\,dx = \int x^{-2}dx = \frac{1}{-2+1}x^{-2+1} + C = -x^{-1} + C$

$$= -\frac{1}{x} + C \quad \cdots \text{(答)}$$

【積分と電気】
いろいろな関数の積分

代表的な関数の積分について説明します。また、積分計算のテクニックとして重要な置換積分と部分積分をマスターしましょう。

▶分数関数の積分

$\dfrac{1}{x}$ を x^{-1} として、x^n の積分公式（221 ページ）に当てはめると、

$$\int x^{-1}dx = \dfrac{1}{\underline{-1+1}} x^{-1+1} + C$$

└─ 分母が0になる

となり、うまくいきません。そこで、次の公式を使います。

分数関数の積分

$$\int \dfrac{1}{x}\,dx = \log|x| + C \quad (x \neq 0) \qquad （C は積分定数）$$

$y = \log|x|$ の微分は $y' = \dfrac{1}{x}$ でした（198 ページ）。したがって、$\dfrac{1}{x}$ の積分は $\log|x|$ に積分定数 C を付け、$\log|x| + C$ になります。

例 $\displaystyle\int \dfrac{1}{3x}\,dx = \dfrac{1}{3}\int \dfrac{1}{x}\,dx = \dfrac{1}{3}\log|x| + C$

▶指数関数の積分

指数関数の積分

$$\int \varepsilon^x dx = \varepsilon^x + C \qquad （C は積分定数）$$

底をネイピア数 ε とする指数関数 $y = \varepsilon^x$ は、微分しても $y' = \varepsilon^x$ です（195 ページ）。したがって ε^x の積分は、ε^x に積分定数 C をつけ、$\varepsilon^x + C$

になります。

（例）　$\displaystyle\int 5\varepsilon^x dx = 5\int \varepsilon^x dx = 5\varepsilon^x + C$

▶三角関数の積分

三角関数の積分

❶ $\displaystyle\int \sin\boldsymbol{x}\,\boldsymbol{dx} = -\cos x + C$

❷ $\displaystyle\int \cos\boldsymbol{x}\,\boldsymbol{dx} = \sin x + C$　　　　　　（C は積分定数）

$y = -\cos x$ の微分は

$$y' = (-\cos x)' = -(\cos x)' = -(-\sin x) = \sin x$$

となります（190ページ）。したがって、$\sin x$ の積分は $-\cos x$ に積分定数 C をつけ、$-\cos x + C$ なります。

同様に、$y = \sin x$ の微分は $y' = \cos x$ ですから、$\cos x$ の積分は $\sin x$ に積分定数 C をつけ、$\sin x + C$ になります。

（例）　$\displaystyle\int 2\sin x\,dx = 2\int \sin x\,dx = 2\cdot(-\cos x) + C = -2\cos x + C$

例題3 次の不定積分を求めよ。

❶ $\displaystyle\int\left(x + \frac{1}{x}\right)dx$　　❷ $\displaystyle\int(\varepsilon^x + 2)dx$　　❸ $\displaystyle\int\sin^2\frac{x}{2}\,dx$

例題の解説　　　　　　　　　　　　　　　　※C は積分定数

❶ $\displaystyle\int\left(x + \frac{1}{x}\right)dx = \int x\,dx + \int \frac{1}{x}\,dx = \frac{1}{2}x^2 + \log|x| + C$ … （答）

225

2 $\displaystyle\int (\varepsilon^x + 2)\,dx = \int \varepsilon^x dx + \int 2dx = \varepsilon^x + 2x + C$ ⋯（答）

3 $\displaystyle\int \sin^2 \frac{x}{2}\,dx = \int \boxed{\frac{1-\cos x}{2}}\,dx = \frac{1}{2}\int (1-\cos x)\,dx$

$$= \frac{1}{2}\left(\int 1dx - \int \cos x dx\right)$$

半角の公式（92 ページ）
$$\sin^2 \frac{\theta}{2} = \frac{1-\cos\theta}{2}$$

$$= \frac{1}{2}(x - \sin x) + C$$ ⋯（答）

▶置換積分の方法

例として、$\displaystyle\int (2x+1)^3 dx$ を計算する手順を考えます。

これまでに説明した方法を使うなら、$(2x+1)^3$ を展開してから、それぞれの項を積分することになりますが、これはけっこう面倒です。しかし、この積分を $\displaystyle\int t^3 dt$ の形に変換できれば、だいぶ楽に計算できそうです。そこで、次の手順で計算します。

①$2x + 1 = t$ と置きます。これにより、関数 $f(x) = (2x + 1)^3$ は、$f(t) = t^3$ のような t の関数になります。

②変数を t に変えたので、記号 dx も dt に書き換えなければなりません。そこで、$2x + 1 = t$ を x について解き、これを t で微分します。

$$x = \frac{1}{2}t - \frac{1}{2} \quad \xrightarrow{t で微分} \quad x' = \frac{dx}{dt} = \frac{1}{2}$$

上の式の $\dfrac{dx}{dt}$ を分数とみなして両辺に dt を掛けると、

$$\frac{dx}{dt}\cdot dt = \frac{1}{2}\cdot dt \quad \Rightarrow \quad dx = \frac{1}{2}dt$$

となります。

③$\displaystyle\int (2x+1)^3 dx$ を t の積分に変換して、これを計算します。

$$\int (2x+1)^3 \, dx = \int t^3 \cdot \frac{1}{2} \, dt$$

（t に置換、dx を dt に置換）

この例は、次のような公式を使っても解けます。
$$\int (ax+b)^n dx = \frac{1}{a(n+1)}(ax+b)^{n+1}+C$$

$$= \frac{1}{2}\int t^3 dt = \frac{1}{2}\cdot\frac{1}{4}t^4+C = \frac{1}{8}t^4+C \quad \leftarrow t \text{ をもとに戻す}$$

$$= \frac{1}{8}(2x+1)^4+C$$

このような積分の手法を**置換積分**といいます。

置換積分の公式

$\int f(x)\,dx$ において、$x=g(t)$ のとき、

$$\int f(x)\,dx = \int f(g(t))\cdot g'(t)\,dt$$

公式にするとわかりにくいので、手順で覚えましょう。

例題 4　次の不定積分を求めよ。

1. $\int (3x-2)^4 dx$
2. $\int \frac{1}{(x+1)^2}\,dx$
3. $\int \sin 2x\, dx$
4. $\int \cos 3x\, dx$
5. $\int \varepsilon^{2x} dx$

例題の解説

1 $3x-2=t$ とおくと、$x=\frac{1}{3}t+\frac{2}{3}$ より、

$$x' = \frac{dx}{dt} = \frac{1}{3} \Rightarrow dx = \frac{1}{3}dt$$

となります。したがって、置換積分の公式により、

$$\int (3x-2)^4 dx = \int t^4 \cdot \frac{1}{3}dt = \frac{1}{3}\cdot\frac{1}{5}t^5+C = \frac{1}{15}(3x-2)^5+C \quad \cdots \text{（答）}$$

t^4 の積分 $= \frac{1}{4+1}t^{4+1}+C$

2 $x+1=t$ とおくと、$x=t-1$ より、$x'=\dfrac{dx}{dt}=1 \Rightarrow dx=dt$

したがって、置換積分の公式により、

$$\int \frac{1}{(x+1)^2}dx=\int \frac{1}{t^2}dt=\int t^{-2}dt=\frac{1}{-2+1}t^{-2+1}+C=-t^{-1}+C$$

$$=-\frac{1}{t}+C=-\frac{1}{x+1}+C \cdots （答）$$

3 $2x=t$ とおくと、$x=\dfrac{1}{2}t$ より、$(x)'=\dfrac{dx}{dt}=\dfrac{1}{2} \Rightarrow dx=\dfrac{1}{2}dt$

したがって、

$$\int \sin 2x\,dx=\int \sin t\cdot\frac{1}{2}dt=\frac{1}{2}\int \sin t\,dt$$

三角関数の積分（225ページ）
$$\int \sin x\,dx=-\cos x+C$$

$$=\frac{1}{2}(-\cos t)+C$$

一般に、$\sin ax$ の積分
$$\int \sin ax\,dx=-\frac{1}{a}\cos ax+C$$

$$=-\frac{1}{2}\cos 2x+C \cdots （答）$$

4 $3x=t$ とおくと、$x=\dfrac{1}{3}t$ より、$(x)'=\dfrac{dx}{dt}=\dfrac{1}{3} \Rightarrow dx=\dfrac{1}{3}dt$

したがって、

$$\int \cos 3x\,dx=\int \cos t\cdot\frac{1}{3}dt=\frac{1}{3}\int \cos t\,dt$$

三角関数の積分（225ページ）
$$\int \cos x\,dx=\sin x+C$$

$$=\frac{1}{3}\sin t+C$$

一般に、$\cos ax$ の積分
$$\int \cos ax\,dx=\frac{1}{a}\sin ax+C$$

$$=\frac{1}{3}\sin 3x+C \cdots （答）$$

5 $2x=t$ とおくと、$x=\dfrac{1}{2}t$ より、$(x)'=\dfrac{dx}{dt}=\dfrac{1}{2} \Rightarrow dx=\dfrac{1}{2}dt$

したがって、

$$\int \varepsilon^{2x}dx=\int \varepsilon^t\cdot\frac{1}{2}dt=\frac{1}{2}\int \varepsilon^t dt$$

指数関数の積分（224ページ）
$$\int \varepsilon^x dx=\varepsilon^x+C$$

$$=\frac{1}{2}\varepsilon^t+C$$

$$= \frac{1}{2} \varepsilon^{2x} + C \quad \cdots \text{（答）}$$

> 一般に、ε^{ax} の積分
> $$\int \varepsilon^{ax} dx = \frac{1}{a} \varepsilon^{ax} + C$$

▶部分積分の方法

　部分積分は、2 つの関数の積を積分する場合に使うテクニックです。積の微分公式（182 ページ）より、

$$\{f(x)\,g(x)\}' = f'(x)\,g(x) + f(x)\,g'(x)$$

ですが、この式の両辺を積分すると、

$$\boxed{\int \{f(x)\,g(x)\}'\,dx} = \int f'(x)\,g(x)\,dx + \int f(x)\,g'(x)\,dx$$

　　　$f(x)\,g(x)$ を微分して積分 ➡ $f(x)\,g(x)$ に戻る

$$\Rightarrow f(x)\,g(x) = \int f'(x)\,g(x)\,dx + \int f(x)\,g'(x)\,dx$$

$$\Rightarrow \int f(x)\,g'(x)\,dx = f(x)\,g(x) - \int f'(x)\,g(x)\,dx$$

となり、次の部分積分の公式が導けます。

部分積分の公式

$$\int f(x)g'(x)\,dx = f(x)g(x) - \int f'(x)\,g(x)\,dx$$

　部分積分の例として、$\log x$ の不定積分を求めてみましょう。微分すると $\log x$ になるような関数は公式にないので、$\log x$ を直接積分することはできません。しかし、$\log x$ を $\log x \cdot 1$ と考え、$f(x) = \log x$, $g'(x) = 1$ とすれば、

$$f'(x) = \frac{1}{x} \quad \text{←} \log x \text{を微分} \qquad g(x) = x \quad \text{←} 1 \text{を積分}$$

> $y = \log x$ の微分
> （198 ページ）
> $$y' = \frac{1}{x}$$

となり、部分積分の公式を適用できます。

229

$$\int \log x\, dx = \underbrace{(\log x)\cdot x}_{f(x)\,g(x)} - \int \underbrace{\frac{1}{x}\cdot x}_{f'(x)\,g(x)}\, dx = x\log x - \int 1\, dx = x\log x - x + C$$

例題 5 次の不定積分を求めよ。

1 $\displaystyle\int 3x\sin 2x\, dx$ 　　**2** $\displaystyle\int x\varepsilon^{2x}\, dx$

例題の解説

1 $f(x) = 3x,\ g'(x) = \sin 2x$ とすると、

$$f'(x) = 3 \quad \text{←}3x\text{を微分} \qquad g(x) = -\frac{1}{2}\cos 2x \quad \text{←}\sin 2x\text{を積分}$$
$$\text{（228 ページ）}$$

したがって、

$$\int \underbrace{3x}_{f(x)}\underbrace{\sin 2x}_{g'(x)}\, dx = \underbrace{3x\cdot\left(-\frac{1}{2}\cos 2x\right)}_{f(x)\,g(x)} - \int \underbrace{3\cdot\left(-\frac{1}{2}\cos 2x\right)}_{f'(x)\,g(x)}\, dx$$

$$= -\frac{3}{2}x\cos 2x + \frac{3}{2}\boxed{\int \cos 2x\, dx} \quad\longleftarrow\quad \int \cos ax\, dx = \frac{1}{a}\sin ax + C$$
$$\text{（228 ページ）}$$

$$= -\frac{3}{2}x\cos 2x + \frac{3}{2}\cdot\frac{1}{2}\sin 2x + C$$

$$= \frac{3}{4}\sin 2x - \frac{3}{2}x\cos 2x + C \quad\cdots\text{（答）}$$

2 $f(x) = x,\ g'(x) = \varepsilon^{2x}$ とすると、

$$f'(x) = 1 \quad \text{←}x\text{を微分} \qquad g(x) = \frac{1}{2}\varepsilon^{2x} \quad \text{←}\varepsilon^{2x}\text{を積分}$$

したがって、

$$\int x\varepsilon^{2x}\, dx = x\cdot\frac{1}{2}\varepsilon^{2x} - \int 1\cdot\frac{1}{2}\varepsilon^{2x}\, dx$$

$$= \frac{1}{2}x\varepsilon^{2x} - \frac{1}{2}\boxed{\int \varepsilon^{2x}\, dx} \quad\longleftarrow\quad \int \varepsilon^{ax}\, dx = \frac{1}{a}\varepsilon^{ax} + C$$
$$\text{（229 ページ）}$$

$$= \frac{1}{2}x\varepsilon^{2x} - \frac{1}{2}\left(\frac{1}{2}\varepsilon^{2x} + C\right)$$

$$= \frac{1}{2}x\varepsilon^{2x} - \frac{1}{4}\varepsilon^{2x} + C = \frac{1}{4}(2x-1)\varepsilon^{2x} + C \quad\cdots\text{（答）}$$

Section 04 【積分と電気】 定積分

定積分の計算方法を説明します。また、定積分の応用事例として、交流の実効値を定積分を用いて求めてみましょう。

▶定積分とは

この章のはじめに、積分とは曲線 $y = f(x)$ と x 軸との間の面積を求めることと説明しました。ただし、不定積分には「どこからどこまで」という区間の指定がないので、そのままでは面積になりません。「どこからどこまで」という区間を指定して面積を求める積分を、**定積分**といいます。

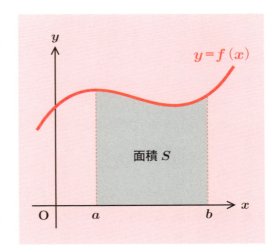

$$S = \int_a^b f(x)\,dx \quad \leftarrow 関数\ f(x)\ を区間\ a\ から\ b\ まで積分$$

定積分は、一般に次の手順で計算します。

① $f(x)$ の原始関数 $F(x)$ を求める（不定積分する）。

② $\left[F(x) \right]_a^b = F(b) - F(a)$ を計算する。

定積分の定義

$$\int_a^b f(x)\,dx = \left[F(x) \right]_a^b = F(b) - F(a)$$

例として、次の定積分を計算してみましょう。

例 $\int_5^{10} 3x^2 dx$

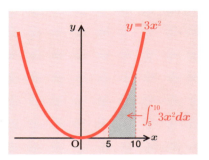

① $3x^2$ を不定積分すると、
$\int 3x^2 dx = 3 \cdot \dfrac{1}{3} x^3 + C = x^3 + C$
になります。定積分ではこれを、
$\int_5^{10} 3x^2 dx = \left[x^3 \right]_5^{10}$

のように書きます。積分定数 C は省略してかまいません。

積分定数 C は、$F(b) - F(a)$ を計算すると、
$(b^3 + C) - (a^3 + C) = b^3 - a^3$
のように消えるので、定積分では最初から省略します。

② x^3 の x に10と5を代入し、$F(10) - F(5)$ を求めます。

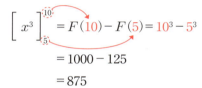

$\left[x^3 \right]_5^{10} = F(10) - F(5) = 10^3 - 5^3$
$= 1000 - 125$
$= 875$

▶定積分の基本公式

定積分の計算では、次のような公式が使えます。

定積分の公式

❶ $\int_a^b k f(x) dx = k \int_a^b f(x) dx$

❷ $\int_a^b \{f(x) \pm g(x)\} dx = \int_a^b f(x) dx \pm \int_a^b g(x) dx$

❸ $\int_a^b f(x) dx = \int_a^c f(x) dx + \int_c^b f(x) dx$

❹ $\int_a^b f(x) dx = -\int_b^a f(x) dx$

公式❶〜❹が成り立つことは、以下のように確認できます（関数 $f(x)$, $g(x)$ の不定積分を $F(x)$, $G(x)$ とします）。

❶ $\int_a^b kf(x)\,dx = \Big[kF(x)\Big]_a^b = kF(b) - kF(a)$
$\qquad\qquad\qquad = k\{F(b) - F(a)\}$
$\qquad\qquad\qquad = k\int_a^b f(x)\,dx$

❷ $\int_a^b \{f(x) \pm g(x)\}\,dx = \Big[F(x) \pm G(x)\Big]_a^b$
$\qquad\qquad\qquad\qquad = \{F(b) \pm G(b)\} - \{F(a) \pm G(a)\}$
$\qquad\qquad\qquad\qquad = \{F(b) - F(a)\} \pm \{G(b) - G(a)\}$
$\qquad\qquad\qquad\qquad = \int_a^b f(x)\,dx \pm \int_a^b g(x)\,dx$

❸ $\int_a^c f(x)\,dx + \int_c^b f(x)\,dx = \Big[F(x)\Big]_a^c + \Big[F(x)\Big]_c^b$
$\qquad\qquad\qquad\qquad = \{F(c) - F(a)\} + \{F(b) - F(c)\}$
$\qquad\qquad\qquad\qquad = F(b) - F(a)$
$\qquad\qquad\qquad\qquad = \int_a^b f(x)\,dx$

❹ $\int_a^b f(x)\,dx = \Big[F(x)\Big]_a^b = F(b) - F(a)$
$\qquad\qquad\qquad = -\{F(a) - F(b)\}$
$\qquad\qquad\qquad = -\int_b^a f(x)\,dx$

例題 6 次の定積分を計算しなさい。

❶ $\int_0^{\frac{\pi}{2}} \sin\theta\,d\theta$　　❷ $\int_0^3 \varepsilon^x\,dx$　　❸ $\int_0^2 (x^2 - 3x)\,dx + \int_2^4 (x^2 - 3x)\,dx$

例題の解説

❶ $\int_0^{\frac{\pi}{2}} \sin\theta\,d\theta = \Big[-\cos\theta\Big]_0^{\frac{\pi}{2}}$　　$\int \sin x\,dx = -\cos x$

$\cos\frac{\pi}{2} = 0$　　$= \left(-\cos\frac{\pi}{2}\right) - (-\cos 0)$　　$\cos 0 = 1$

$\qquad\qquad = -0 - (-1) = 1$　…（答）

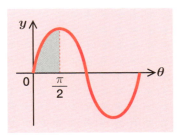

Sec. 04 定積分

2 $\int_0^3 \varepsilon^x dx = \left[\varepsilon^x\right]_0^3 = \varepsilon^3 - \varepsilon^0 = \varepsilon^3 - 1$ …(答)

$\int \varepsilon^x dx = \varepsilon^x$

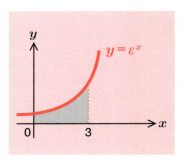

3 $\int_0^2 (x^2 - 3x)\,dx + \int_2^4 (x^2 - 3x)\,dx = \int_0^4 (x^2 - 3x)\,dx$

x^n の積分 $\dfrac{1}{n+1}x^{n+1}$

$\int_a^b f(x)dx = \int_a^c f(x)dx + \int_c^b f(x)dx$

$= \left[\dfrac{1}{3}x^3 - \dfrac{3}{2}x^2\right]_0^4$

$= \left(\dfrac{1}{3}\cdot 4^3 - \dfrac{3}{2}\cdot 4^2\right) - \left(\dfrac{1}{3}\cdot 0^3 - \dfrac{3}{2}\cdot 0^2\right)$

$= \dfrac{64}{3} - \dfrac{48}{2} = \dfrac{128}{6} - \dfrac{144}{6} = -\dfrac{16}{6}$

$= -\dfrac{8}{3}$ …(答)

▶定積分の置換積分

　置換積分（226ページ）は定積分でも使えますが、変数を置き換えたとき、積分の区間も変化することに注意します。

(例) $\int_0^2 (4x-1)^3 dx$

$4x - 1 = t$ …① とすると、

　　$x = \dfrac{1}{4}t + \dfrac{1}{4}$ より、$\dfrac{dx}{dt} = \dfrac{1}{4}$ ⇒ $dx = \dfrac{1}{4}dt$

また、①より、$x = 0$ のとき、$t = 4\cdot 0 - 1 = -1$
　　　　　　$x = 2$ のとき、$t = 4\cdot 2 - 1 = 7$

以上から、x の積分は次のような t の積分に置き換えて計算できます。

　　$\int_0^2 (4x-1)^3 dx = \int_{-1}^7 t^3 \cdot \dfrac{1}{4}dt = \dfrac{1}{4}\left[\dfrac{1}{4}t^4\right]_{-1}^7$

$$= \frac{1}{4} \cdot \frac{1}{4} \left\{ 7^4 - (-1)^4 \right\}$$

$$= \frac{1}{16} (2401 - 1) = \frac{2400}{16} = 150 \quad \cdots (答)$$

▶定積分の部分積分

定積分の部分積分は、次の公式にしたがって行います。

定積分の部分積分

$$\int_a^b f(x)\,g'(x)\,dx = \Big[f(x)\,g(x) \Big]_a^b - \int_a^b f'(x)\,g(x)\,dx$$

（例） $\displaystyle\int_0^2 x\varepsilon^x dx$

$f(x) = x$、$g'(x) = \varepsilon^x$ とすると、

$$f'(x) = 1 \quad \leftarrow x を微分 \qquad g(x) = \varepsilon^x \quad \leftarrow \varepsilon^x を積分$$

となり、部分積分の公式を適用できます。

$$\int_0^2 x\varepsilon^x dx = \Big[\underset{f(x)\,g(x)}{\boxed{x\varepsilon^x}} \Big]_0^2 - \int_0^2 1 \cdot \varepsilon^x dx$$

$$= (2 \cdot \varepsilon^2 - 0 \cdot \varepsilon^0) - \Big[\varepsilon^x \Big]_0^2$$

$$= 2\varepsilon^2 - (\varepsilon^2 - \varepsilon^0) \quad \leftarrow \varepsilon^0 = 1$$

$$= \varepsilon^2 + 1 \quad \cdots (答)$$

▶交流電流の実効値を定積分で求める

第3章で、交流電流の実効値が、最大値の $\dfrac{1}{\sqrt{2}}$ 倍になることを証明しました（108ページ）。同じことを、定積分を利用して証明してみましょう。今回は、交流電流の実効値が、

実効値 $= \sqrt{瞬時値の2乗の平均値}$

で求められるところからはじめます（110ページ）。ここで、瞬時値電流

Sec.
04
定積分

235

$i(t) = I_m \sin\omega t$ の2乗のグラフは右図のようになります。

この図の網かけ部分と面積が等しい長方形を考えます。この長方形の

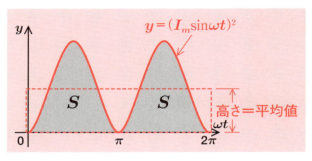

横幅を2πとすれば、長方形の高さは、上下する波形の平均の高さと考えることができます。

網かけ部分の面積Sは、次のような定積分で求められます。

$$\begin{aligned}
S &= \int_0^{2\pi} (I_m \sin\theta)^2 d\theta = I_m{}^2 \int_0^{2\pi} \sin^2\theta \, d\theta \\
&= I_m{}^2 \int_0^{2\pi} \frac{1-\cos 2\theta}{2} d\theta \\
&= \frac{I_m{}^2}{2} \left(\int_0^{2\pi} 1 d\theta - \int_0^{2\pi} \cos 2\theta d\theta \right) \\
&= \frac{I_m{}^2}{2} \left\{ \Big[\theta \Big]_0^{2\pi} - \frac{1}{2} \Big[\sin t \Big]_0^{4\pi} \right\} \\
&= \frac{I_m{}^2}{2} \left\{ (2\pi - 0) - \frac{1}{2} (\underbrace{\sin 4\pi}_{=0} - \underbrace{\sin 0}_{=0}) \right\} \\
&= \frac{I_m{}^2}{2} \cdot 2\pi = \pi I_m{}^2
\end{aligned}$$

$\sin^2 \dfrac{\alpha}{2} = \dfrac{1-\cos\alpha}{2}$
（92ページ）

この部分は置換積分で解く。
$2\theta = t$ とおけば、$\theta = \dfrac{1}{2}t$ より、
$\dfrac{d\theta}{dt} = \dfrac{1}{2} \quad \therefore d\theta = \dfrac{1}{2}dt$
また、$\theta = 0 \Rightarrow t = 2\theta = 0$
$\theta = 2\pi \Rightarrow t = 2\theta = 4\pi$

$$\begin{aligned}
\int_0^{2\pi} \cos 2\theta d\theta &= \int_0^{4\pi} \cos t \frac{1}{2} dt \\
&= \frac{1}{2} \int_0^{4\pi} \cos t \, dt \\
&= \frac{1}{2} \Big[\sin t \Big]_0^{4\pi}
\end{aligned}$$

この面積Sを横幅2π〔rad〕で割れば、長方形の高さ（＝瞬時値の2乗の平均値）が求められます。したがって、実効値は次のようになります。

$$実効値 = \sqrt{\frac{S}{2\pi}} = \sqrt{\frac{\pi I_m{}^2}{2\pi}} = \frac{I_m}{\sqrt{2}}$$

以上から、実効値は最大値I_mの$\dfrac{1}{\sqrt{2}}$倍になることがわかります。

【積分と電気】
電位と電位差

積分を使った電気計算の例として、電荷によって生じる電界中のある点の電位の求め方を説明します。

▶積分で電位を求める

1つの電荷の近くにもう1つ電荷を置くと、2つの電荷の間に反発したり引き寄せあう力（静電力）が働きます。ある電荷が、他の電荷に対して力を及ぼす範囲を**電界**といいます。

Q〔C〕の電荷からr〔m〕離れた点の**電界の強さ**は、その点に1Cの電荷を置いたときに働く力の大きさで表し、クーロンの法則（19ページ）より

$$E = \frac{Q}{4\pi\varepsilon_0 r^2} \text{〔V/m〕}$$

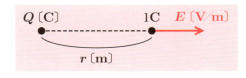

となります。電界の強さの単位は、定義からニュートン毎クーロン〔N/C〕ですが、一般にはボルト毎メートル〔V/m〕を使います。

電界の中に電荷を置くと、その電荷に力が働き、電界がゼロになるまで移動します。これは、電界中に置かれた電荷が位置エネルギーをもっていることを示します。下図のように、1Cの電荷が電界中の点Pから電界ゼロまで移動する仕事量は、1Cの電荷を電界ゼロから点Pまで運ぶのに必要なエネルギーに等しく、このエネルギーを**電位**といいます。電位の単位は定義からジュール毎クーロン〔J/C〕ですが、**ボルト**〔V〕という単位名がついています。

電圧の単位ボルト〔V〕も同じように定義されます。

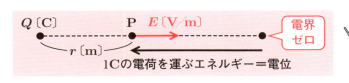

点Pにおける電位の大きさを求めましょう。

仕事量は、必要な力の大きさ×距離で求められます。点電荷Qからx〔m〕離れた点Xの電界の強さをE_xとすると、1Cの電荷を点Xから微小な距離dx〔m〕だけ運ぶのに必要な仕事量は、

$$-E_x dx = -\frac{Q}{4\pi\varepsilon_0 x^2}dx \text{〔V〕}$$ ←力の向きがE_xと逆なのでマイナスを付ける

です。点Pの電位は、この計算を電界ゼロの点（Qから無限に遠い点：∞）から点Pまで積分すれば求められます。

$$V = -\int_\infty^r \frac{Q}{4\pi\varepsilon_0 x^2}dx = \int_r^\infty \frac{Q}{4\pi\varepsilon_0 x^2}dx = \frac{Q}{4\pi\varepsilon_0}\int_r^\infty \frac{1}{x^2}dx$$

（$\frac{1}{x^2} = x^{-2}$）

$$= \frac{Q}{4\pi\varepsilon_0}\left[\frac{1}{-2+1}x^{-2+1}\right]_r^\infty$$

$$= \frac{Q}{4\pi\varepsilon_0}\left[-\frac{1}{x}\right]_r^\infty$$

$$= \frac{Q}{4\pi\varepsilon_0}\left(-\frac{1}{\infty} + \frac{1}{r}\right) = \frac{Q}{4\pi\varepsilon_0 r} \text{〔V〕}$$

（$-\frac{1}{\infty} = 0$）

また、2点間の電位の差を**電位差**といいます。下図の点P_1の電位をV_1、点P_2の電位をV_2とすると、電位差V_{12}は$V_{12} = V_1 - V_2$〔V〕で求められます。

$$V_{12} = V_1 - V_2$$
$$= \frac{Q}{4\pi\varepsilon_0 r_1} - \frac{Q}{4\pi\varepsilon_0 r_2}$$
$$= \frac{Q}{4\pi\varepsilon_0}\left(\frac{1}{r_1} - \frac{1}{r_2}\right) \text{〔V〕}$$

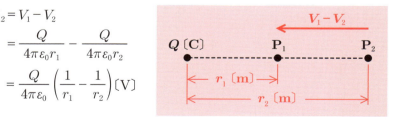

▶ガウスの法則

電荷の周囲にできる電界の様子は、**電気力線**を使うと目に見える形で表すことができます。電気力線は正電荷から出て負電荷に入る線で、電

荷量が大きいほど、電荷から出る（または入る）電気力線の本数が増えます。また、ある点の電界の強さE〔V／m〕は、その点における電気力線の密度（単位面積当たりの電気力線の本数〔本／m²〕）を表します。

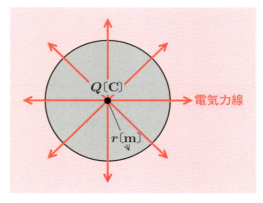

　ここで、右図のようにQ〔C〕の点電荷を中心とする半径r〔m〕の球面を考えます。球面上の電界の強さは、球面上のどこでも等しく

$$E = \frac{Q}{4\pi\varepsilon_0 r^2} 〔\text{V／m}〕$$

です。これが電気力線の密度（＝単位面積当たりの力線の本数）と等しいので、この球面から外に出る電気力線の本数は、

$$N = E \times \underbrace{4\pi r^2}_{\text{球体の表面積}} = \frac{Q}{4\pi\varepsilon_0 r^2} \times 4\pi r^2 = \frac{Q}{\varepsilon_0} 〔本〕$$

となります。この本数は、球体の半径rが変わっても一定です。

　一般に、ある電荷を囲む面から出ていく電気力線の総数は、その面の内部にある電荷の総和と一致します。これを**ガウスの法則**といいます。

　そこで、下図のように電荷Q〔C〕をもつ導体球の中心から、r〔m〕離れた点Pの電位について考えます。

　導体球を囲む半径r〔m〕の球体を考えれば、ガウスの法則より、

$$E \times 4\pi r^2 = \frac{Q}{\varepsilon_0} \Rightarrow E = \frac{Q}{4\pi\varepsilon_0 r^2}$$

が成り立ちます。これは、Q〔C〕の点電荷による電界の強さと同じです（237ページ）。したがって、この導体球の中心からr〔m〕離れた点Pの電位もやはり、

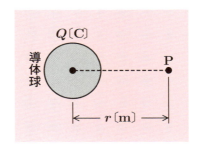

$$V = \frac{Q}{4\pi\varepsilon_0 r} \text{ [V]}$$

となります。

> **例題7** 図のように、単位長さ当たりλ〔C／m〕の電荷が与えられた直線導体がある。この導体からa〔m〕離れた点Aとb〔m〕離れた点Bとの電位差を求めよ。

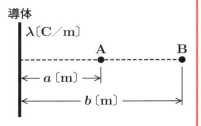

例題の解説

直線導体を中心軸として、導体を囲む半径r〔m〕、長さl〔m〕の円筒を考えます。電気力線は導体から放射状に広がり、円筒の側面を貫きます。円筒側面の電界の強さをE〔V／m〕とすると、円筒内の電荷はλl〔C〕、円筒側面の面積は$2\pi r l$〔m²〕なので、電気力線の本数はガウスの法則より、

$$E \times 2\pi r l = \frac{\lambda l}{\varepsilon_0} \quad \Rightarrow \quad E = \frac{\lambda}{2\pi\varepsilon_0 r}$$

となります。以上から、点Aと点Bの電位差Vは次のように求められます。

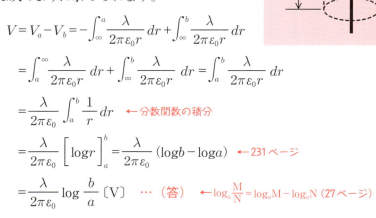

$$V = V_a - V_b = -\int_\infty^a \frac{\lambda}{2\pi\varepsilon_0 r}dr + \int_\infty^b \frac{\lambda}{2\pi\varepsilon_0 r}dr$$

$$= \int_a^\infty \frac{\lambda}{2\pi\varepsilon_0 r}dr + \int_\infty^b \frac{\lambda}{2\pi\varepsilon_0 r}dr = \int_a^b \frac{\lambda}{2\pi\varepsilon_0 r}dr$$

$$= \frac{\lambda}{2\pi\varepsilon_0} \int_a^b \frac{1}{r}dr \quad \leftarrow \text{分数関数の積分}$$

$$= \frac{\lambda}{2\pi\varepsilon_0}\Big[\log r\Big]_a^b = \frac{\lambda}{2\pi\varepsilon_0}(\log b - \log a) \quad \leftarrow \text{231ページ}$$

$$= \frac{\lambda}{2\pi\varepsilon_0} \log \frac{b}{a} \text{ [V]} \quad \cdots \text{(答)} \quad \leftarrow \log_a\frac{M}{N} = \log_a M - \log_a N\text{（27ページ）}$$

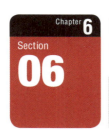

【積分と電気】
ビオ・サバールの法則と積分

微分・積分は電磁気学を理解するうえで重要ですが、その一例として、ビオ・サバールの法則について説明します。

▶ビオ・サバールの法則

電線に電流を流すと、その周囲に磁界が発生します。この磁界の強さを求める方法を考えてみましょう。

右図のように導体に電流を流したとき、導体上の微小な長さ dl を流れる電流によって、点Pに生じる磁界の強さは、次のような数式で表されます。これを**ビオ・サバールの法則**といいます。

└ 限りなく0に近い長さ l を表す

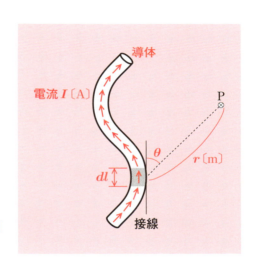

ビオ・サバールの法則

$$dH = \frac{I\sin\theta}{4\pi r^2}\,dl\;\text{[A/m]}$$

I：電流の大きさ〔A〕
dl：導体上の微小長さ〔m〕
θ：dl の接線と点Pの方向がなす角度
r：dl から点Pまでの距離〔m〕

ビオ・サバールの法則は、積分を使わないと役に立ちません。代表的な例をいくつかみていきましょう。

▶円形コイルの磁界

右図のような半径 a〔m〕の円形のコイルに電流 I〔A〕が流れるとき、微小長さ dl によってコイルの中心 O に生じる磁界の強さは、

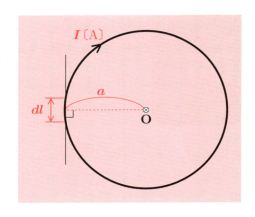

$$dH = \frac{I\sin 90°}{4\pi a^2}dl \quad (\sin 90° = 1)$$
$$= \frac{I}{4\pi a^2}dl \ \text{〔A/m〕}$$

です。この磁界が円形コイル1周分（= $2\pi a$〔m〕）あるので、dl を 0 から $2\pi a$ まで積分すれば、中心 O の磁界の強さが求められます。

$$\int_0^{2\pi a} \frac{I}{4\pi a^2}dl = \frac{I}{4\pi a^2}\int_0^{2\pi a}dl = \frac{I}{4\pi a^2}\Big[l\Big]_0^{2\pi a}$$
$$= \frac{I}{4\pi a^2}\cdot 2\pi a$$
$$= \frac{I}{2a}\ \text{〔A/m〕}$$

電験3種などでは、この式を公式として覚えます。

コイルの巻数が N の場合、磁界の強さは $\dfrac{NI}{2a}$〔A/m〕です。

▶直線導体の磁界

次に、右図のような無限長の直線の導体から a〔m〕離れた点 P に生じる磁界の強さを考えてみましょう。

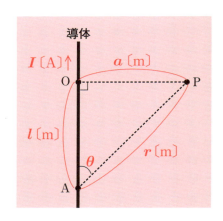

242

導体の微小長さ dl による磁界の強さは、ビオ・サバールの法則より

$$dH = \frac{I\sin\theta}{4\pi r^2} dl \text{〔A/m〕} \quad \cdots ①$$

と書けます。この磁界の強さを導体全体にわたって積分すれば、点Pの磁界の強さが求められます。ただし、角度 θ や距離 r は dl の導体上の位置によって変わってしまうため、この式のままでは積分できません。

そこで、距離 r と微小長さ dl を、角度 θ を使った式で置き換えます。

点Pの方向と直角をなす導体上の点をO、点Pの方向と角度 θ をなす導体上の点をAとします。すると、

$$\sin\theta = \frac{a}{r} \quad \Rightarrow \quad r = \frac{a}{\sin\theta} \quad \cdots ②$$

また、OA間の導体の長さを l〔m〕とすると、

$$\cos\theta = \frac{l}{r} \quad \Rightarrow \quad l = r\cos\theta \quad \cdots ③$$

式②を式③に代入すると、

$$l = \frac{a}{\sin\theta} \cdot \cos\theta = \frac{a\cos\theta}{\sin\theta} \quad \cdots ④$$

を得ます。式④は、長さ l を角度 θ の式で表しているので、関数表記で

$$l(\theta) = \frac{a\cos\theta}{\sin\theta} \quad \cdots ⑤$$

と書けます。

次に、導体上の点Aから Δl だけOに近い点をBとします。導体と直線BPとの角度は、右図のように角度 θ より $\Delta\theta$ だけ大きくなるので、OB間の導体の長さは関数表記で、

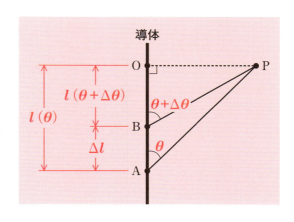

$$l(\theta+\Delta\theta) = \frac{a\cos(\theta+\Delta\theta)}{\sin(\theta+\Delta\theta)}$$

と書けます。したがって、AB 間の導体の長さ Δl は、

$$\Delta l = l(\theta) - l(\theta+\Delta\theta)$$

となります。$\Delta\theta$ を限りなくゼロに近づけると、Δl も限りなくゼロに近づきます。これを $d\theta$、dl として $\frac{dl}{d\theta}$ を求めると、

$$\frac{dl}{d\theta} = \lim_{\Delta\theta\to 0}\frac{\Delta l}{\Delta\theta} = \lim_{\Delta\theta\to 0}\frac{l(\theta)-l(\theta+\Delta\theta)}{\Delta\theta} = -\lim_{\Delta\theta\to 0}\frac{l(\theta+\Delta\theta)-l(\theta)}{\Delta\theta}$$

← 微分の定義（178 ページ）になる

となり、関数 $l(\theta)$ の微分になります（マイナス符号がついていることに注意）。以上から、

$$\frac{dl}{d\theta} = -l'(\theta) = -\left(\frac{a\cos\theta}{\sin\theta}\right)' = -a\cdot\frac{-\sin\theta\cdot\sin\theta-\cos\theta\cdot\cos\theta}{\sin^2\theta}$$

$$= -a\cdot\frac{-(\sin^2\theta+\cos^2\theta)}{\sin^2\theta} = \frac{a}{\sin^2\theta}$$

← =1

商の微分公式（184 ページ）
$$\left\{\frac{f(x)}{g(x)}\right\}' = \frac{f'(x)g(x)-f(x)g'(x)}{\{g(x)\}^2}$$

$$\therefore dl = \frac{a}{\sin^2\theta}\,d\theta \quad \cdots ⑥$$

式①に、式②の $r = \frac{a}{\sin\theta}$ と式⑥を代入すると、次のようになります。

$$dH = \frac{I\sin\theta}{4\pi\cdot\frac{a^2}{\sin^2\theta}}\cdot\frac{a}{\sin^2\theta}\,d\theta = \frac{I\sin\theta}{4\pi a}\,d\theta \quad \cdots ⑦$$

式⑦は、導体上の微小長さ dl による点 P の磁界の強さを表しますから、これを定積分すれば、導体の特定部分によって生じる磁界の強さが求められます。たとえば、右図の点 A から点 B までの導体によって生じる点 P の磁界の強さ H_{AB} は、次のようになります。

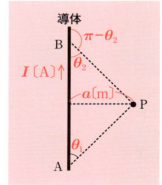

$$H_{AB} = \int_{\theta_1}^{\pi-\theta_2} \frac{I\sin\theta}{4\pi a} d\theta = \frac{I}{4\pi a} \int_{\theta_1}^{\pi-\theta_2} \sin\theta d\theta = \frac{I}{4\pi a} \Big[-\cos\theta \Big]_{\theta_1}^{\pi-\theta_2}$$

$$= \frac{I}{4\pi a} \Big\{ -\cos(\pi-\theta_2) + \cos\theta_1 \Big\} = \frac{I}{4\pi a}(\cos\theta_1 + \cos\theta_2) \quad \cdots ⑧$$

加法定理（85ページ）より、
$\cos(\pi - \theta_2) = \cos\pi\cos\theta_2 + \sin\pi\sin\theta_2 = -\cos\theta_2$

式⑧の θ_1 と θ_2 に 0 を代入すれば、無限長の直線導体による磁界の強さが求められます。

$$H = \frac{I}{4\pi a}(\cos 0 + \cos 0) = \frac{I}{4\pi a}(1+1)$$

$$= \frac{I}{2\pi a} [\text{A/m}] \quad \cdots ⑨$$

電験3種などでは、式⑨を公式として覚えます。

例題 8 図1のように、1辺の長さが a [m] の正方形のコイル（巻数：1）に直流電流 I [A] が流れているときの中心点 O_1 の磁界の大きさを H_1 [A/m] とする。また、図2のように、直径 a [m] の円形のコイル（巻数：1）に直流電流 I [A] が流れているときの中心点 O_2 の磁界の大きさを H_2 [A/m] とする。このとき、磁界の大きさの比 $\dfrac{H_1}{H_2}$ の値を求めよ。

ただし、中心点 O_1, O_2 はそれぞれ正方形のコイル、円形のコイルと同一平面上にあるものとする。

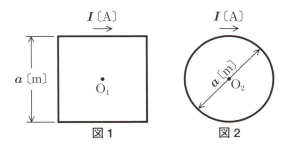

> **例題の解説**

図1の正方形のコイルの1辺によって生じる磁界の大きさは、前ページ式⑧より、次のように求められます。

$$H = \frac{I}{4\pi \frac{a}{2}}(\cos 45° + \cos 45°)$$

$$= \frac{I}{2\pi a}\left(\frac{1}{\sqrt{2}} + \frac{1}{\sqrt{2}}\right)$$

$$= \frac{I}{2\pi a} \cdot \frac{2}{\sqrt{2}} = \frac{I}{\sqrt{2}\,\pi a} \text{〔A/m〕}$$

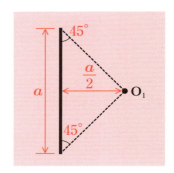

したがって、正方形コイルの4辺全体では、

$$H_1 = \frac{4I}{\sqrt{2}\,\pi a} \text{〔A/m〕}$$

となります。

一方、図2の円形コイルによって生じる磁界は、242ページより、

$$H_2 = \frac{I}{2\left(\frac{a}{2}\right)} = \frac{I}{a} \text{〔A/m〕}$$

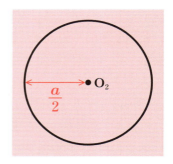

以上から、2つのコイルの磁界の大きさの比 $\frac{H_1}{H_2}$ は、

$$\frac{H_1}{H_2} = \frac{4I}{\sqrt{2}\,\pi a} \div \frac{I}{a}$$

$$= \frac{4I \cdot a}{\sqrt{2}\,\pi a \cdot I}$$

$$= \frac{4}{\sqrt{2}\,\pi} ≒ 0.9 \quad \cdots \text{(答)}$$

となります。

【積分と電気】
アンペアの周回積分の法則

アンペアの周回積分の法則は、電流と磁界の強さの関係をビオ・サバールの法則とは異なるアプローチで示す法則です。

▶アンペアの周回積分の法則

　図のように、無限長の直線導体に電流 I〔A〕が流れているとき、導体を囲むようにぐるっと1周しながら、各位置の磁界の強さを積分すると、その値は導体を流れる電流 I に等しくなることがわかっています。これを、**アンペアの周回積分の法則**といいます。

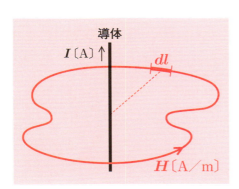

どんなルートでも、半径がいくつでも、とにかく導体のまわりを1周すれば積分の値は I になります。

　ぐるっと1周積分することを**周回積分**といいます。微小長さ dl を周回積分することを $\oint dl$ で表すと、アンペアの周回積分の法則は、次のような式で表せます。

アンペアの周回積分の法則

$$\oint H dl = I$$

　　H：微小長さ dl における磁界の強さ〔A/m〕
　　I：囲みの内側を通る電流〔A〕

右図のように、半径 a〔m〕の円周に沿って磁界の強さを周回積分することを考えてみましょう。円周上の磁界の強さはどこも一定なので、磁界の強さ H は定数とみなせます。また、円周の長さは $2\pi a$〔m〕なので、

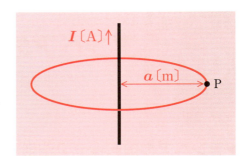

$$\oint H dl = \int_0^{2\pi a} H dl = H \Big[l \Big]_0^{2\pi a} = 2\pi a H$$

アンペアの周回積分の法則により、この値は I に等しいので、

$$2\pi a H = I \quad \therefore H = \frac{I}{2\pi a} \text{〔A/m〕}$$

が成り立ちます。この式は、無限長の直線導体から a〔m〕離れた点 P における磁界の強さ H を表しています。

ビオ・サバールの法則を使って導出した式⑨（245ページ）と同じです。

例題 9 無限長の直線導体に 10〔A〕の電流が流れているとき、導体より 50〔cm〕離れた点における磁界の強さ〔A/m〕はいくらか。

例題の解説

アンペアの周回積分の法則より、$2\pi a H = I$ が成り立つので、

$$H = \frac{I}{2\pi a} = \frac{10}{2\pi \cdot 0.5} = \frac{10}{\pi} \fallingdotseq 3.18 \text{〔A/m〕} \quad \cdots \text{（答）}$$

↑ 50cm = 0.5m

▶ソレノイド内の磁界の強さを計算

図のように、中心の半径が a〔m〕の環状鉄心に巻数 N のコイルを巻いたソレノイド（円筒状コイル）について考えます。

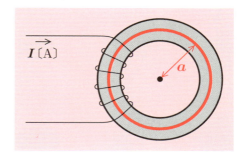

半径 a〔m〕の円周内には N 本の導体が通っているので、アンペアの周回積分の法則より、

$$\oint H dl = 2\pi a H = NI$$

したがって、ソレノイド内部の磁界の強さは、

$$H = \frac{NI}{2\pi a} \text{〔A/m〕}$$

になります。

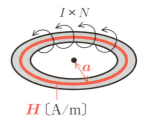

▶導体内の磁界の強さを計算

図のように、無限長で半径 a〔m〕の円柱の導体の内部に、電流 I〔A〕が一様に流れているとします。このとき、中心軸から r〔m〕離れた点 P における磁界の強さを考えます。

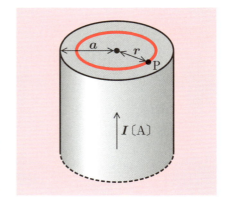

$r < a$ のとき、点 P は導体内部にあります。導体内を流れる電流は断面積に比例するので、半径 r〔m〕内を流れる電流は、

$$I_r = I \cdot \underbrace{\frac{\pi r^2}{\pi a^2}}_{\substack{\text{半径 }r\text{ の断面積} \\ \text{半径 }a\text{ の断面積}}} = \frac{Ir^2}{a^2} \text{〔A〕}$$

です。アンペアの周回積分の法則により、半径 r の円周上の磁界の強さを周回積分した値は I_r と等しいので、

$$\oint H dl = \frac{Ir^2}{a^2} \Rightarrow 2\pi rH = \frac{Ir^2}{a^2}$$
$$\Rightarrow H = \frac{Ir}{2\pi a^2} \,\text{[A/m]}$$

となります。

また、$r > a$ のとき、点Pは導体外部にあるので、

$$2\pi rH = I \Rightarrow H = \frac{I}{2\pi r} \,\text{[A/m]}$$

となります。

> **例題10** 図のように、無限長で半径 a 〔m〕の円筒形の導体に、電流 I 〔A〕が一様に流れている。このとき、中心軸から r 〔m〕離れた点Pにおける磁界の強さ〔A/m〕はいくらか。ただし、$r < a$ とする。

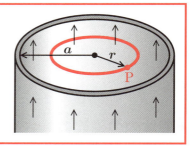

例題の解説

$r < a$ のとき、半径 r の円周の内部に電流は流れていません。したがって、アンペアの周回積分の法則より、

$$\oint H dl = 2\pi aH = 0$$

となります。以上から、点Pの磁界の強さは0です。… (答)

円筒形の場合、内部は空洞になることに注意。

第6章 章末問題

（解答は 252 ～ 254 ページ）

問1 図のように、長い線状導体の一部が点 P を中心とする半径 r [m] の半円形になっている。この導体に電流 I [A] を流すとき、点 P に生じる磁界の大きさ H [A/m] を表す式を求めよ。

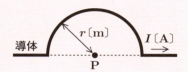

問2 図のような三角波の電圧の実効値を表す式を求めよ。

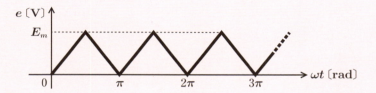

問3 図のような同軸円筒導体において、内部導体の半径を a、外部導体の内半径を b、内外導体間の誘電体の誘電率を ε とする。外部導体を接地し、内部導体に電圧 V [V] を印可したとき、誘電体内の最大電界を最小にするには、内部導体の半径 a を外部導体の内半径 b の何倍にすればよいか。

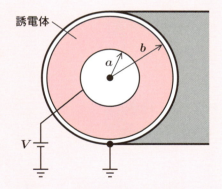

> **ヒント**
> ①誘電体内の電界の強さ E_r を式で表します。
> ②E_r を定積分して電位差を求めます。この電位差は V [V] と等しくなります。
> ③①、②から、電界の強さ E_r が最大となる条件式 $f(a)$ を求めます。
> ④③を微分し、最大電界が最小になるときの a の値を求めます。

第６章　章末問題　解答

問1 この導体の半円形の微小部分 dl を流れる電流による磁界の強さは、ビオ・サバールの法則により、

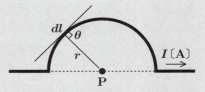

$$dH = \frac{I\sin\theta}{4\pi r^2} dl$$

で求めることができます（241 ページ）。ここで角度 θ は、dl と点 P の方向とのなす角度なので、半円のどの部分でも $\theta = 90°$ です。よって、

$$dH = \frac{I\sin 90°}{4\pi r^2} dl = \frac{I}{4\pi r^2} dl \quad \leftarrow \sin 90° = 1$$

半円部分の導体の長さは $2\pi r \times \dfrac{1}{2} = \pi r$〔m〕なので、$dl$ を 0 から πr まで定積分すると、

　　　円周の長さ

$$H = \int_0^{\pi r} \frac{I}{4\pi r^2} dl = \frac{I}{4\pi r^2} \Big[l \Big]_0^{\pi r} = \frac{I}{4\pi r^2} \cdot \pi r$$
$$= \frac{I}{4r} \text{〔A／m〕}$$

となります。なお、導体の直線部分は、点 P となす角度が $0°$ になるため、点 P には磁界をつくりません。

答 $\dfrac{I}{4r}$〔**A／m**〕

問2 周期的に変化する波形の実効値は、

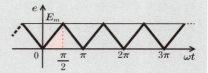

実効値＝√瞬時値の２乗の平均

で表すことができました（235 ページ）。三角波の場合も同様です。

この三角波の $0 \leqq \omega t \leqq \dfrac{\pi}{2}$ の直線は、座標 $(0, 0)$ と座標 $\left(\dfrac{\pi}{2}, E_m\right)$ を通るので、$\theta = \omega t$ とすれば

$$e = \frac{E_m}{\pi/2} \theta \quad \left(0 \leqq \theta \leqq \frac{\pi}{2}\right) \quad \cdots ①$$

で表すことができます。式①は三角波の半周期分ですが、残りの半周期

は式①とy軸対称なので、半周期分だけを考えれば済みます。

式①の2乗の平均Eは、式①の2乗を0から$\frac{\pi}{2}$まで積分し、これを$\frac{\pi}{2}$で割れば求められます。その平方根が答えになります。

$$E = \frac{1}{\pi/2} \int_0^{\frac{\pi}{2}} \left(\frac{E_m}{\pi/2} \theta\right)^2 d\theta = \frac{2}{\pi} \cdot \frac{4E_m{}^2}{\pi^2} \int_0^{\frac{\pi}{2}} \theta^2 d\theta$$

$$= \frac{8E_m{}^2}{\pi^3} \left[\frac{1}{3}\theta^3\right]_0^{\frac{\pi}{2}} = \frac{8E_m{}^2}{\pi^3} \left\{\frac{1}{3} \cdot \left(\frac{\pi}{2}\right)^3\right\} = \frac{E_m{}^2}{3}$$

【答】 $e = \frac{E_m}{\sqrt{3}}$ 〔V〕

問3 内部導体に蓄えられている単位長さ当たりの電荷をλ〔C/m〕とします。また、内部導体を中心とする長さl〔m〕、半径r〔m〕の円筒を考え(ただし、$a \leqq r \leqq b$)、この円筒の側面上の点の電界の強さをE_r〔V/m〕とすると、電気力線の本数はガウスの法則より、

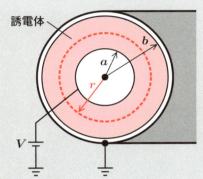

$$E_r \times 2\pi rl = \frac{\lambda l}{\varepsilon} \quad \leftarrow 240ページの例題$$

$$\therefore E_r = \frac{\lambda}{2\pi\varepsilon r} \quad \cdots ①$$

この値をaからbまで積分した値が、導体間の電圧Vに等しくなります。

$$V = \int_a^b \frac{\lambda}{2\pi\varepsilon r} dr = \frac{\lambda}{2\pi\varepsilon} \int_a^b \frac{1}{r} dr = \frac{\lambda}{2\pi\varepsilon} \left[\log r\right]_a^b$$

$$= \frac{\lambda}{2\pi\varepsilon} \left(\log b - \log a\right)$$

$$= \frac{\lambda}{2\pi\varepsilon} \log \frac{b}{a}$$

$\log_a \frac{M}{N} = \log_a M - \log_a N$
(27ページの公式⑤)

$$\therefore \lambda = \frac{2\pi\varepsilon V}{\log(b/a)} \quad \cdots ②$$

式②を式①に代入すると、誘電体内の電界の強さは、

$$E_r = \frac{\dfrac{2\pi\varepsilon V}{\log(b/a)}}{2\pi\varepsilon r} = \frac{\dfrac{V}{\log(b/a)}}{r} = \frac{V}{r\log(b/a)}$$

電界の強さ E_r は、r が最小値 a〔m〕のとき最大になります。このときの値を E とすると、

$$E = \frac{V}{a\log(b/a)} \quad \cdots ③$$

この E が最小になるのは、式③の分母 $a\log(b/a)$ が最大になるときです。

b を一定として、$f(a) = a\log(b/a)$ を微分すると、

$$f'(a) = \left\{ a\left(\log\frac{b}{a} \right) \right\}' = (a\log b)' - (a\log a)' \quad \leftarrow 27ページの公式❺$$

$$= \log b - \left(1\cdot\log a + a\cdot\frac{1}{a} \right) = \log\frac{b}{a} - 1$$

└ 積の微分公式 $f'(x)\,g(x) + f(x)\,g'(x)$

これを 0 と置けば、

$$\log\frac{b}{a} - 1 = 0 \quad \Rightarrow \quad \log\frac{b}{a} = 1$$

$$\therefore \frac{b}{a} = e \quad \Rightarrow \quad a = \frac{b}{e} \qquad ※e はネイピア数$$

となります。また、$a < \dfrac{b}{e}$ のとき $f'(a) > 0$、$a > \dfrac{b}{e}$ のとき $f'(a) < 0$ となるので、$f(a)$ は $f'(a) = 0$ のとき最大となります。

a	$a < \dfrac{b}{e}$	$a = \dfrac{b}{e}$	$a > \dfrac{b}{e}$
$f'(a)$	$+$	0	$-$
$f(a)$	↗	最大	↘

以上から、導体内の最大電界が最小になるのは、内部導体の半径 a が外部導体の内半径 b の $1/e$ ＝約 0.368 倍のときになります（ネイピア数 $e = 2.718\cdots$ とする）。

答 **0.368 倍**

Chapter
07

微分方程式と
ラプラス変換

01	微分方程式とは・・・・・・・・・・・・・・・・・	256
02	いろいろな過渡現象・・・・・・・・・・・・・	264
03	ラプラス変換・・・・・・・・・・・・・・・・・・	270
04	ラプラス変換と微分方程式・・・・・・・・	275
05	自動制御とラプラス変換・・・・・・・・・	281
章末問題・・・・・・・・・・・・・・・・・・・・・・・・・		289

【微分方程式とラプラス変換】
微分方程式とは

いきなり微分方程式の定義から説明してもイメージをつかみにくいので、電気回路を例に、微分方程式とはどのようなものかを説明します。

▶RL直流回路の過渡現象

コイルと抵抗を直流電源に接続した、下図のような回路を考えます。直流回路ではコイルは短絡した状態と同じなので、スイッチSを閉じたとき回路に流れる電流は、オームの法則より、

$$i = \frac{E}{R} \,[\text{A}]$$

で求められます。

ただし、これはスイッチSを閉じてから十分に時間が経過した状態（定常状態）の電流です。スイッチSを閉じた直後には、自己誘導作用によってコイルに誘導起電力が生じ、電流の流れがさまたげられます。そのため電流は0から徐々に大きくなり、$i = \frac{E}{R}\,[\text{A}]$の大きさに近づきます。

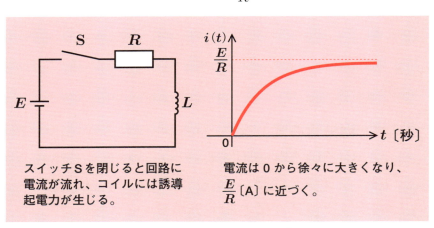

スイッチSを閉じると回路に電流が流れ、コイルには誘導起電力が生じる。

電流は0から徐々に大きくなり、$\frac{E}{R}\,[\text{A}]$に近づく。

このように、回路がある状態から別の状態へと切り替わる変化の過程を**過渡現象**といいます。

▶過渡現象と微分方程式

上の回路に流れる電流の変化を、数式で表してみましょう。

電流はスイッチSを閉じた後の経過時間に応じて変化するので、経過時間をt秒とすれば、tの関数として表せます。この関数を$i(t)$とします。関数$i(t)$を数式で表すことができれば、t秒後の電流の大きさがわかります。ところが、これを直接数式で表すとなると、なかなか難しいのです。そこで少し別の角度からこの現象を考えます。

コイルの誘導起電力の大きさは、コイルのインダクタンスL〔H〕と、電流の変化率に比例するので、t秒後の誘導起電力eは、関数$i(t)$を使って次のように表せます。

$$e = L \frac{i(t+\Delta t) - i(t)}{\Delta t} \text{〔V〕}$$

Δtを0に近づけていけば、 ── 178ページ

$$e = L \cdot \lim_{\Delta t \to 0} \frac{i(t+\Delta t) - i(t)}{\Delta t} = L \frac{di}{dt} \text{〔V〕}$$

となります。キルヒホッフの第2法則（53ページ）より、回路の電源電圧Eはコイルの電圧降下と抵抗の電圧降下の和に等しいので、次の式が成り立ちます。
　　　　　　　　↑コイルの誘導起電力eに等しい

$$E = L\frac{di}{dt} + Ri \quad \cdots ①$$

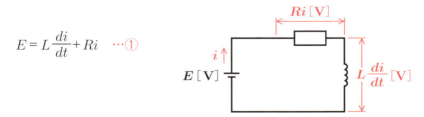

式①の$\dfrac{di}{dt}$は、「関数$i(t)$の微分」を意味しています。このように、未知の関数の微分を含んだ方程式を、**微分方程式**といいます。

微分方程式に含まれている未知の関数をみつけることを、「微分方程式を解く」といいます。すなわち、式①の微分方程式を解けば、関数$i(t)$を求めることができるのです。

▶微分方程式を解く

微分方程式にはいくつかの形式がありますが、ここでは

$$\frac{di}{dt} = ai + b \quad (a,\ b は定数)$$

のような形をした微分方程式の解き方を説明します。この形の微分方程式は、

上記の式の両辺を $ai + b$ で割る

$$\frac{1}{ai+b} \cdot \frac{di}{dt} = 1 \quad \Rightarrow \quad \frac{1}{ai+b}\,di = 1 \cdot dt$$

のように、未知関数 i を左辺に、変数 t と定数を右辺に集めてから、

$$\int \frac{1}{ai+b}\,di = \int 1 dt$$

のように両辺を不定積分することで解を求めることができます。

この方法を**変数分離法**といいます。前ページの式①の微分方程式の解を、変数分離法で求めてみましょう。

$$E = L\frac{di}{dt} + Ri \quad \cdots① （再掲）$$

式①の両辺を整理して、左辺に未知関数 i、右辺に定数と変数 t を集めます。

$$L\frac{di}{dt} = E - Ri \quad \Rightarrow \quad \frac{di}{dt} = \frac{E-Ri}{L} \qquad ←両辺を E-Ri で割る$$

$$\Rightarrow \quad \frac{1}{E-Ri} \cdot \frac{di}{dt} = \frac{1}{L} \qquad ←両辺に - dt を掛ける$$

$$\Rightarrow \quad \frac{1}{Ri-E}\,di = -\frac{1}{L}\,dt$$

両辺に積分記号を付けると、

$$\int \frac{1}{Ri-E}\,di = -\int \frac{1}{L}\,dt$$

となります。この積分を計算しましょう。

左辺は置換積分（226 ページ）を使って積分します。$Ri - E = x$ と置けば、$i = \dfrac{x}{R} + \dfrac{E}{R}$ より、

258

$$\frac{di}{dx} = \boxed{\frac{1}{R}} \quad \Rightarrow \quad di = \frac{1}{R}\,dx$$

（上：$\frac{x}{R} + \frac{E}{R}$ を x で微分）

分数関数の積分（224ページ）
$$\int \frac{1}{x}\,dx = \log|x| + C$$

よって、置換積分の公式（227ページ）より、

$$\int \frac{1}{\underline{Ri-E}}\,di = \int \frac{1}{\underline{x}} \cdot \frac{1}{R}\,dx = \frac{1}{R}\boxed{\int \frac{1}{x}\,dx} = \frac{1}{R}\log|x| + K_1$$

$$= \frac{1}{R}\log|Ri - E| + K_1 \quad （K_1 は積分定数）\quad \cdots ②$$

また、右辺は定数の積分ですから、

$$-\int \frac{1}{L}\,dt = -\frac{1}{L}t + K_2 \quad （K_2 は積分定数）\quad \cdots ③$$

となります（積分定数の記号は C が一般的ですが、コンデンサの記号とまぎらわしいので、この章では K を使います）。②＝③なので、

$$\frac{1}{R}\log|Ri - E| = -\frac{1}{L}t + K_2 - K_1$$

$$\Rightarrow \quad \log_\varepsilon|Ri - E| = -\frac{R}{L}t + K_3 \quad\quad （K_3 = (K_2 - K_1) \times R）$$

（自然対数の底）

となります。対数 $\log_\varepsilon a = b$ は、「ε を b 乗すると a になる」という意味ですから、

$$|Ri - E| = \varepsilon^{\left(-\frac{R}{L}t + K_3\right)} = \varepsilon^{K_3} \cdot \varepsilon^{-\frac{R}{L}t}$$

が成り立ちます。ε^{K_3} を $\pm\varepsilon^{K_3}$ とすれば絶対値の指定ははずれるので、

$$Ri - E = \pm\varepsilon^{K_3} \cdot \varepsilon^{-\frac{R}{L}t} \quad \Rightarrow \quad Ri = E \pm \varepsilon^{K_3} \cdot \varepsilon^{-\frac{R}{L}t}$$

$$\Rightarrow \quad i = \frac{E}{R} \boxed{\pm \frac{\varepsilon^{K_3}}{R}} \cdot \varepsilon^{-\frac{R}{L}t}$$

まとめて定数 K とする

$$\Rightarrow \quad i = \frac{E}{R} + K\varepsilon^{-\frac{R}{L}t} \quad \cdots ④ \quad （K は定数）$$

以上で、i の関数が導出できました。式④を、微分方程式①の**一般解**（いっぱんかい）といいます。

259

▶微分方程式の初期条件

先ほど求めた一般解

$$i = \frac{E}{R} + K\varepsilon^{-\frac{R}{L}t} \quad \cdots ④ \text{（再掲）}$$

には、定数 K が含まれているため、このままでは具体的な電流の大きさはわかりません。定数 K の値を求めましょう。

定数 K の値を求めるには、回路の**初期条件**が必要になります。

初期条件とは、スイッチSを閉じた直後、すなわち $t = 0$ ときの電流 i の大きさです。$t = 0$ のとき、電流はまだ流れていないので $i = 0$〔A〕ですね。これが初期条件です。そこで式④に $t = 0$, $i = 0$ を代入すると、

$$0 = \frac{E}{R} + K\varepsilon^{-\frac{R}{L}\cdot 0} \quad \Rightarrow \quad 0 = \frac{E}{R} + K\cdot 1 \qquad \leftarrow \varepsilon^0 = 1$$

$$\Rightarrow \quad K = -\frac{E}{R}$$

となります。これを式④に代入すると、初期条件を満たす解は

$$i = \frac{E}{R} - \frac{E}{R}\varepsilon^{-\frac{R}{L}t} = \frac{E}{R}\left(1 - \varepsilon^{-\frac{R}{L}t}\right) \quad \cdots ⑤$$

となります。

このように、特別な条件を満たす解を**特殊解**といいます。

▶時定数とは

式⑤をグラフで表すと次のようになります。

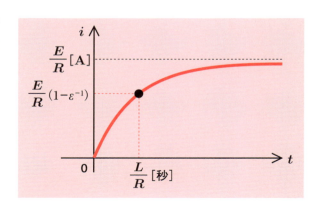

電流 $i(t)$ は、0〔A〕から徐々に大きくなり、十分な時間がたつと定常状態 $\left(i=\dfrac{E}{R}\right)$ に等しくなります。

また、$t=\dfrac{L}{R}$〔秒〕のときの電流 i の大きさは、式⑤より

$$i = \dfrac{E}{R}\left(1-\varepsilon^{-\frac{R}{L}\cdot\frac{L}{R}}\right) = \dfrac{E}{R}(1-\varepsilon^{-1})$$

$\varepsilon^{-1} = \dfrac{1}{\varepsilon} \fallingdotseq 0.368$
≒約0.632

となります。このように、ε の指数が－1になるときの t の値を**時定数（じていすう）**といいます。

時定数は、過渡現象のスピードを測るときの目安に使われます。時定数が大きいほど、電流が定常状態になるまでに時間がかかります。したがって、電流を瞬間的に定常状態まで上げたいときは、時定数 $\tau(タウ)=\dfrac{L}{R}$ がなるべく小さくなるように、コイルのインダクタンス L と抵抗 R の値を決めればよいことになります。

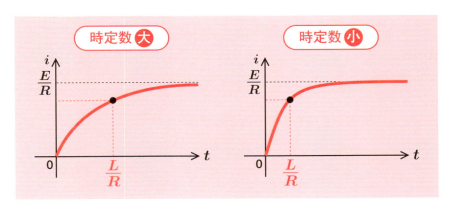

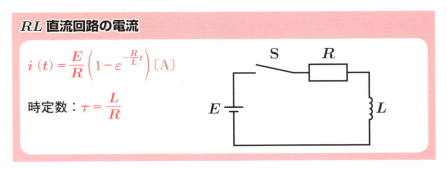

RL 直流回路の電流

$$i(t) = \dfrac{E}{R}\left(1-\varepsilon^{-\frac{R}{L}t}\right)〔A〕$$

時定数：$\tau = \dfrac{L}{R}$

例題 1 インダクタンスが 2H のコイルを、起電力が 10V で内部抵抗が 1Ω の直流電源に接続したとき、回路を流れる電流の時定数の値は何〔s〕か。

例題の解説

電験三種の試験などでは、前ページの電流の式を暗記して、値を当てはめるのがいちばん早い解き方ですが、ここでは微分方程式の練習を兼ねて、電流 i の式を求めてみます。

図の RL 直列回路において、直流電源 E は内部抵抗 r とコイル L の電圧降下の和に等しいので、

$$L\frac{di}{dt} + ri = E \quad \text{←257 ページの式①}$$

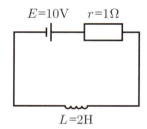

が成り立ちます。上の式に、内部抵抗 $r = 1$、インダクタンス $L = 2$、起電力 $E = 10$ を代入すれば、

$$2 \cdot \frac{di}{dt} + 1 \cdot i = 10 \Rightarrow 2\frac{di}{dt} = -i + 10 \quad \text{←両辺を} -i+10 \text{で割る}$$

を得ます。両辺を整理して積分すると

$$\frac{2}{-i+10} \cdot \frac{di}{dt} = 1 \Rightarrow \frac{1}{i-10}di = -\frac{1}{2}dt$$

$$\Rightarrow \int \frac{1}{i-10}di = -\int \frac{1}{2}dt \quad \text{←分数関数の積分(224 ページ)}$$

$$\Rightarrow \log|i-10| = -\frac{1}{2}t + K_1 \quad (K_1 \text{は積分定数})$$

$$\Rightarrow |i-10| = \varepsilon^{-\frac{1}{2}t + K_1} \quad \text{←対数の定義より (26 ページ)}$$

$$\Rightarrow i = K\varepsilon^{-\frac{1}{2}t} + 10 \quad \text{←}\varepsilon^{K_1}\text{または}-\varepsilon^{K_1}\text{を}K\text{とする}$$

初期条件より、$t = 0$ のとき $i = 0$ なので、

$$0 = K\underbrace{\varepsilon^{-\frac{1}{2} \cdot 0}}_{\varepsilon^0 = 1} + 10 \Rightarrow K = -10$$

以上から、電流 i の式は

$$i = -10\varepsilon^{-\frac{1}{2}t} + 10 = 10\left(1 - \varepsilon^{-\frac{1}{2}t}\right) \text{〔A〕}$$

となります。時定数 τ は、ε の指数が -1 になるときの t の値なので、

$$-\frac{1}{2}t = -1 \Rightarrow t = 2 \text{〔s〕} \quad \cdots \text{（答）}$$

となります。

コラム 自由落下と微分方程式

質量 m の物体を空中で真下に落としたとき、t 秒後の速度 v を求める式を微分方程式から求めてみましょう（空気抵抗は考えないものとします）。

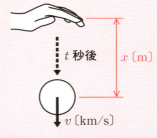

質量 m の物体に力 F を加えたときに生じる加速度を a とすると、

$$F = ma$$

の関係が成り立ちます（ニュートンの運動方程式）。加速度とは単位時間当たりの速度の変化ですから、速度 v を時間 t で微分したものです。したがって上の運動方程式は、

$$F = m\frac{dv}{dt} \quad \cdots ①$$

物体が落下するとき、地球の重力によって重力加速度 g が生じるので、落下する質量 m の物体に加わる力は、

$$F = mg \quad \cdots ②$$

です。①、②より、次の微分方程式が成り立ちます。これを解くと、t 秒後の速度 v を求める式になります。

$$m\frac{dv}{dt} = mg \Rightarrow \frac{dv}{dt} = g \Rightarrow \int \frac{dv}{dt}dt = \int g\,dt \Rightarrow v = gt + C \quad \cdots ③$$

$t = 0$ のときの初速を 0 とすれば、積分定数 $C = 0$ となり、特殊解 $v = gt$ を得ます。この式は高校の物理で習いますが、じつは微分方程式によって導出できることがわかります。

Chapter 7 Section 02 【微分方程式とラプラス変換】
いろいろな過渡現象

過渡現象は、様々な物理現象に現れます。RC 回路や RLC 回路の過渡現象と、その微分方程式についてみてみましょう。電気回路以外の過渡現象についても説明します。

▶ *RC* 直流回路の過渡現象

前節では RL 直流回路の過渡現象を例としてとりあげましたが、今度はコンデンサ C と抵抗 R を図のように直流電源に接続した回路について考えてみましょう。

コンデンサは直流回路では電気を通さないため、回路を流れる電流はゼロです。ただし、スイッチSを閉じた直後にはコンデンサに電荷が蓄えられるで、コンデンサが完全に充電されるまでの間だけ、回路に電流が流れます。

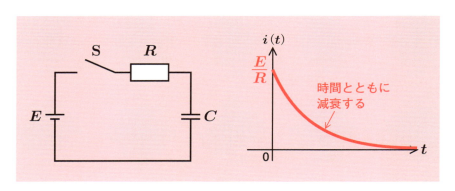

回路に流れる電流 i の式を求めましょう。コンデンサ C に蓄えられる電荷の量 q は、コンデンサに加えられる電圧 V〔V〕と静電容量 C〔F〕に比例し、$q = CV$〔C〕と書けます。よって、コンデンサの電圧降下は

$$V = \frac{q}{C}$$

キルヒホッフの第2法則より（53ページ）、回路の電源電圧 E はコンデンサの電圧降下と抵抗の電圧降下の和に等しいので、

$$E = \frac{q}{C} + Ri \quad \cdots ①$$

となります。電流とは単位時間当たりに流れる電荷の量ですから、t 秒後にコンデンサに蓄えられる電荷量を $q(t)$ とすれば、Δt 秒間に流れる電流は、

$$i = \frac{q(t + \Delta t) - q(t)}{\Delta t}$$

と書けます。Δt を 0 に近づけると、

$$i = \lim_{\Delta t \to 0} \frac{q(t + \Delta t) - q(t)}{\Delta t} = \frac{dq}{dt} \quad \cdots ②$$

この式は、「電荷量 q を時間 t で微分」すると電流 i になることを示します。式①に式②を代入すると、次のような微分方程式になります。

$$E = \frac{q}{C} + R\frac{dq}{dt} \quad \cdots ③$$

この微分方程式を解いて、関数 $q(t)$ を求めましょう。式③を次のように整理して、両辺を積分します。

$$R\frac{dq}{dt} = -\frac{q}{C} + E \quad \Rightarrow \quad R\frac{dq}{dt} = -\frac{q - CE}{C} \quad \text{←両辺を } q - CE \text{ と } R \text{ で割る}$$

$$\Rightarrow \quad \frac{1}{q - CE} \cdot \frac{dq}{dt} = -\frac{1}{CR}$$

$$\Rightarrow \quad \int \frac{1}{q - CE} dq = -\int \frac{1}{CR} dt$$

$$\Rightarrow \quad \log|q - CE| = -\frac{1}{CR} t + K_1$$

$$\Rightarrow \quad |q - CE| = \varepsilon^{-\frac{1}{CR}t + K_1} = \varepsilon^{K_1} \cdot \varepsilon^{-\frac{1}{CR}t}$$

$$\Rightarrow \quad q = CE + K\varepsilon^{-\frac{1}{CR}t} \quad (K は定数) \quad \cdots ④$$

（Kの箱に $\pm \varepsilon^{K_1}$ の注釈）

式④が、微分方程式③の一般解です。$t = 0$ のとき、コンデンサに蓄えられている電荷は 0 なので（初期条件）、式④に $q = 0$，$t = 0$ を代入すると、

$$0 = CE + K\varepsilon^{-\frac{1}{CR}\cdot 0} \quad \Rightarrow \quad 0 = CE + K\cdot 1 \quad \Rightarrow \quad K = -CE$$

（$\varepsilon^0 = 1$ の注釈）

を得ます。これを式④に代入すると、

$$q = CE - CE\varepsilon^{-\frac{1}{CR}t} = CE\left(1 - \varepsilon^{-\frac{1}{CR}t}\right) \quad \cdots ⑤$$

となり、電荷量 q に関する特殊解を得られます。

電流は「電荷量 q を時間 t で微分したもの」ですから、式⑤を微分すれば電流 i を表す関数になります。

$$\begin{aligned}
i(t) = \frac{dq}{dt} &= CE\left\{(1)' - (\varepsilon^{-\frac{1}{CR}t})'\right\} \\
&= CE\left\{0 - \varepsilon^{-\frac{1}{CR}t}\cdot\left(-\frac{1}{CR}t\right)'\right\} \\
&= CE\left\{0 - \varepsilon^{-\frac{1}{CR}t}\cdot\left(-\frac{1}{CR}\right)\right\} \\
&= 0 - \not{C}E\cdot\left(-\frac{1}{\not{C}R}\right)\varepsilon^{-\frac{1}{CR}t} = \frac{E}{R}\varepsilon^{-\frac{1}{CR}t} \text{〔A〕} \quad \cdots ⑥
\end{aligned}$$

合成関数の微分（185ページ）より、
$(\varepsilon^{g(x)})' = \varepsilon^{g(x)}\cdot g'(x)$

式⑥から、電流 i の変化をグラフに描くと、次のようになります。

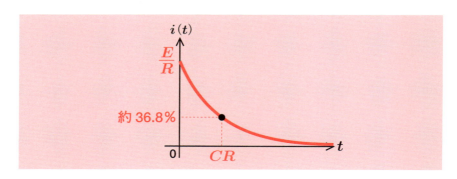

グラフから、スイッチSを閉じた直後の電流は$\frac{E}{R}$〔Ω〕となり、徐々に減衰してゼロになることがわかります。

また、式⑥より、電流iの値は$t = CR$のとき$i = \frac{E}{R}\varepsilon^{-1}$になるので、この回路の時定数は$\tau$(タウ)$= CR$〔秒〕です。

$\frac{1}{\varepsilon} \fallingdotseq$ 約0.368

RC直流回路の電流と時定数

$i(t) = \frac{E}{R}\varepsilon^{-\frac{1}{CR}t}$〔A〕

時定数：$\tau = CR$〔秒〕

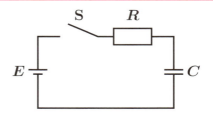

例題2 図のような回路において、スイッチSを①側に閉じて、回路が定常状態に達した後で、スイッチSを切り替え②側に閉じた。スイッチS、抵抗R_2およびコンデンサCからなる閉回路の時定数の値〔s〕はいくらか。

ただし、抵抗$R_1 = 300$Ω、抵抗$R_2 = 100$Ω、コンデンサCの静電容量 $= 20\mu F$、直流電圧$E = 10V$とする。

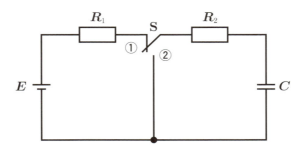

例題の解説

スイッチSを①側に閉じると、コンデンサCにE〔V〕が充電されます。

次にスイッチSを②側に閉じると、回路は右図の状態になり、コンデンサに充電された電荷が放電されます。コンデンサに充電された電荷をqとすると、コンデンサCの両端の電圧が抵抗R_2で消費される電圧と等しいので、次の式が成り立ちます。

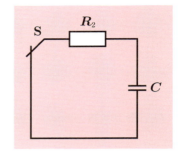

$$\frac{q}{C} = -R_2 i$$

電流iは電荷量qをtで微分したものなので、

$$\frac{q}{C} = -R_2 \frac{dq}{dt} \quad \text{←両辺を}q\text{と}-R_2\text{で割る}$$

この微分方程式を解くと、

$$\frac{1}{q} \cdot \frac{dq}{dt} = -\frac{1}{CR_2} \Rightarrow \int \frac{1}{q} dq = -\int \frac{1}{CR_2} dt$$

$$\Rightarrow \log|q| = -\frac{1}{CR_2}t + K_1$$

$$\Rightarrow q = K\varepsilon^{-\frac{1}{CR_2}t} \quad (K\text{は定数})$$

$t=0$のとき、電荷量qはフル充電状態なので、$q=CE$です。これを初期条件として上の式に代入すると、

$$CE = K\underbrace{\varepsilon^{-\frac{1}{CR_2}\cdot 0}}_{=1} \Rightarrow K = CE$$

となり、特殊解

$$q = CE\varepsilon^{-\frac{1}{CR_2}t}$$

を得ます。両辺を微分して電流iを求めると、

$$i = \frac{dq}{dt} = CE \cdot \varepsilon^{-\frac{1}{CR_2}t} \cdot \left(-\frac{1}{CR_2}t\right)' = CE \cdot \left(-\frac{1}{CR_2}\right) \cdot \varepsilon^{-\frac{1}{CR_2}t}$$

$$= -\frac{E}{R_2}\varepsilon^{-\frac{1}{CR_2}t} \, [\text{A}]$$

となります。

時定数はεの指数が-1になるときのtの値なので、

$$-\frac{1}{CR_2}t = -1 \Rightarrow t = CR_2$$

したがって、

$$t = (20 \times \underline{10^{-6}}) \cdot 100 = 2 \times 10^{-3} \,[\text{s}] \quad \cdots (答)$$

↑ μ（マイクロ）

▶RLC 直流回路の過渡現象

抵抗R、コイルL、コンデンサCを接続した図のように直流回路について考えます。

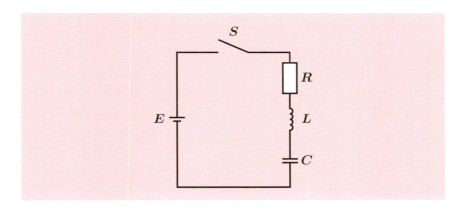

キルヒホッフの第2法則より、抵抗R、コイルL、コンデンサCのそれぞれの電圧降下の和は、電源電圧に等しいので、次の式が成り立ちます。

$$Ri + L\frac{di}{dt} + \frac{q}{C} = E$$

ここで、コンデンサに充電される電荷量qは、t秒間に流れた電流の総和なので関数$i(t)$の積分で表せます。

$$Ri + L\frac{di}{dt} + \frac{1}{C}\int i(t)\,dt = E$$

この方程式を解いて関数$i(t)$の式を求めるのはかなり高度なので、本書では説明を割愛します。

【微分方程式とラプラス変換】
ラプラス変換

ラプラス変換は、過渡現象などの時間に応じて変化する関数を、別の関数に置き換えて計算できるようにする手法です。

▶ラプラス変換とは

時間に応じて変化する電圧や電流を、時間 t の関数 $f(t)$ とし、

$$F(s) = \int_0^\infty \varepsilon^{-st} f(t)\, dt \quad \cdots ①$$

を求めるとき、$f(t)$ から $F(s)$ への変換を**ラプラス変換**といいます。t の関数 $f(t)$ は、ラプラス変換によって s の関数 $F(s)$ になります。sってなに？　と疑問に思うかもしれませんが、s はラプラス変換された宇宙で、時間の代わりに変化するなにかだと思ってください。

ラプラス変換は、微分・積分を含む複雑な式を、単純な式に置き換えて計算するために使われます。計算が終わったら、ラプラス変換された解を元に戻すラプラス逆変換を行うと、求める解が得られる仕組みです。

たとえば、257 ページの微分方程式

$$L\frac{di}{dt} + Ri = E$$

をラプラス変換すると、

$$LsI(s) + RI(s) = \frac{E}{s}$$

となります（275 ページ手順 1）。この式を $I(s)$ について解くと、

$$I(s) = \frac{E}{R}\left(\frac{1}{s} - \frac{1}{s + \frac{R}{L}}\right)$$

となります（276 ページ手順 2）。これをラプラス逆変換すれば、

$$i(t) = \frac{E}{R}\left(1 - \varepsilon^{-\frac{R}{L}t}\right)$$

となり、微分方程式の解が求められます（277 ページ手順 3）。といわれても、まだよくわからないと思いますが、現段階では微分方程式をラプラス変換して計算を行い、ラプラス逆変換で元に元に戻す、という手順を頭に入れておきましょう。

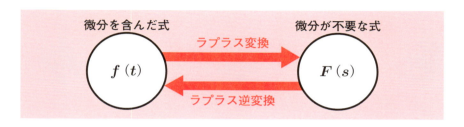

▶ラプラス変換の公式

関数 $f(t)$ のラプラス変換を、一般に

$$\underline{\mathcal{L}f(t)} = F(s) = \int_0^\infty \varepsilon^{-st} f(t)\, dt$$

↳$f(t)$ のラプラス変換という意味

と書きます。関数 $f(t)$ のラプラス変換は、記号を大文字にして $F(s)$ と書きます。同様に、関数 $i(t)$ のラプラス変換は $I(s)$ です。

簡単な関数や定数を、実際にラプラス変換してみましょう。

一見複雑ですが、積分の手順はどれもすでに説明したものばかりです。

① $\mathcal{L}1$

前ページの式①に、$f(t) = 1$ を代入して計算します。

$$\mathcal{L}1 = \int_0^\infty \varepsilon^{-st} \cdot 1\, dt = \int_0^\infty \varepsilon^{-st} dt = \left[-\frac{1}{s} \varepsilon^{-st} \right]_0^\infty \quad \leftarrow \varepsilon^{ax} \text{の積分公式 229 ページ}$$

$$= -\frac{1}{s} \left[\varepsilon^{-st} \right]_0^\infty = -\frac{1}{s} (\varepsilon^{-\infty} - \varepsilon^0) = -\frac{1}{s} (0 - 1) = \boxed{\frac{1}{s}}$$

② $\mathcal{L}af(t)$ （a は定数）

前ページの式①の $f(t)$ の部分に $af(t)$ を代入すると、

$$\mathcal{L}af(t) = \int_0^\infty \varepsilon^{-st} \cdot af(t) = a\underbrace{\int_0^\infty \varepsilon^{-st}f(t)}_{} = aF(s)$$

この部分は $\mathcal{L}f(t) = F(s)$

となり、$\mathcal{L}af(t) = a\,\mathcal{L}f(t) = aF(s)$ であることがわかります。

③ $\mathcal{L}\varepsilon^{-at}$

270 ページの式①に、$f(t) = \varepsilon^{-at}$ を代入して計算します。

$$\mathcal{L}\varepsilon^{-at} = \int_0^\infty \varepsilon^{-st} \cdot \varepsilon^{-at}dt = \int_0^\infty \varepsilon^{-(s+a)t}dt = -\frac{1}{s+a}\left[\varepsilon^{-(s+a)t}\right]_0^\infty$$

$$= -\frac{1}{s+a}(\varepsilon^{-\infty} - \varepsilon^0) = -\frac{1}{s+a}(0-1) = \frac{1}{s+a}$$

④ $\mathcal{L}\varepsilon^{at}$

上の式で、a の代わりに $-a$ とすれば、$F(s) = \dfrac{1}{s-a}$ となります。

⑤ $\mathcal{L}\sin\omega t$

オイラーの公式 $\varepsilon^{j\theta} = \cos\theta + j\sin\theta$ より （132 ページ）、

$$\varepsilon^{j\omega t} = \cos\omega t + j\sin\omega t \qquad \cdots ②$$

$$\varepsilon^{-j\omega t} = \underbrace{\cos(-\omega t)}_{\cos\omega t} + j\underbrace{\sin(-\omega t)}_{-\sin\omega t} = \cos\omega t - j\sin\omega t \qquad \cdots ③$$

式②－③より、　$\varepsilon^{j\omega t} - \varepsilon^{-j\omega t} = 2j\sin\omega t$

$$\therefore \sin\omega t = \frac{\varepsilon^{j\omega t} - \varepsilon^{-j\omega t}}{2j}$$

となります。したがって、

$$\mathcal{L}\sin\omega t = \int_0^\infty \varepsilon^{-st} \cdot \sin\omega t\,dt = \int_0^\infty \varepsilon^{-st} \cdot \frac{\varepsilon^{j\omega t} - \varepsilon^{-j\omega t}}{2j}\,dt$$

$$= \frac{1}{2j}\left(\underbrace{\int_0^\infty \varepsilon^{-st}\varepsilon^{j\omega t}dt}_{\mathcal{L}\varepsilon^{j\omega t} = \frac{1}{s-j\omega}} - \underbrace{\int_0^\infty \varepsilon^{-st}\varepsilon^{-j\omega t}dt}_{\mathcal{L}\varepsilon^{-j\omega t} = \frac{1}{s+j\omega}}\right)$$

$$= \frac{1}{2j}\left(\frac{1}{s-j\omega} - \frac{1}{s+j\omega}\right)$$

$$= \frac{1}{2j} \cdot \frac{(s+j\omega)-(s-j\omega)}{(s-j\omega)(s+j\omega)} \quad \begin{array}{l}(a+b)(a-b)\\=a^2-b^2\end{array}$$

$$= \frac{1}{2j} \cdot \frac{2j\omega}{s^2-j^2\omega^2} = \frac{\omega}{s^2+\omega^2} \qquad j^2=-1$$

⑥ $\mathcal{L}\cos\omega t$

式② + ③ より、 $\varepsilon^{j\omega t} + \varepsilon^{-j\omega t} = 2\cos\omega t$

$$\therefore \cos\omega t = \frac{\varepsilon^{j\omega t} + \varepsilon^{-j\omega t}}{2}$$

となります。したがって、

$$\mathcal{L}\cos\omega t = \int_0^\infty \varepsilon^{-st} \cdot \cos\omega t\,dt = \int_0^\infty \varepsilon^{-st} \cdot \frac{\varepsilon^{j\omega t} + \varepsilon^{-j\omega t}}{2}\,dt$$

$$= \frac{1}{2}\left(\underbrace{\int_0^\infty \varepsilon^{-st}\,\varepsilon^{j\omega t}\,dt}_{\mathcal{L}\,\varepsilon^{j\omega t}} + \underbrace{\int_0^\infty \varepsilon^{-st}\,\varepsilon^{-j\omega t}\,dt}_{\mathcal{L}\,\varepsilon^{-j\omega t}}\right)$$

$$= \frac{1}{2}\left(\frac{1}{s-j\omega} + \frac{1}{s+j\omega}\right) = \frac{1}{2} \cdot \frac{(s+j\omega)+(s-j\omega)}{(s-j\omega)(s+j\omega)}$$

$$\qquad\qquad\qquad\qquad\qquad\qquad \begin{array}{l}(a+b)(a-b)\\=a^2-b^2\end{array}$$

$$= \frac{1}{2} \cdot \frac{2s}{s^2-j^2\omega^2} = \frac{s}{s^2+\omega^2} \qquad j^2=-1$$

⑦ $\mathcal{L}t$

$f(t) = t,\ g'(t) = \varepsilon^{-st}$ と置くと、

$$f'(t) = 1 \quad \leftarrow t\,\text{を微分} \qquad g(t) = -\frac{1}{s}\varepsilon^{-st} \quad \leftarrow \varepsilon^{-st}\text{を積分}$$

これらを定積分の部分積分の公式（235ページ）に当てはめて計算します。

$$\mathcal{L}t = \int_0^\infty \underbrace{\varepsilon^{-st}}_{g'(t)} \cdot \underbrace{t}_{f(t)}\,dt = \underbrace{\left[t \cdot \left(-\frac{1}{s}\varepsilon^{-st}\right)\right]_0^\infty}_{f(t)\cdot g(t)} - \underbrace{\int_0^\infty 1 \cdot \left(-\frac{1}{s}\varepsilon^{-st}\right)dt}_{f'(t)\,g(t)}$$

$$= \left(t \cdot 0 + 0 \cdot \frac{1}{s}\right) + \frac{1}{s}\int_0^\infty \varepsilon^{-st}\,dt = 0 + \frac{1}{s}\left(-\frac{1}{s}\right)\left[\varepsilon^{-st}\right]_0^\infty$$

$$= -\frac{1}{s^2}(0-1)$$

$$= \frac{1}{s^2} \qquad \int_a^b f(x)\,g'(x)\,dx = \left[f(x)\,g(x)\right]_a^b - \int_a^b f'(x)\,g(x)\,dx$$

⑧ $\mathcal{L} \dfrac{di(t)}{dt}$ ←関数 $i(t)$ の微分

$f(t) = \varepsilon^{-st}, \ g'(t) = \dfrac{di(t)}{dt}$ と置くと、

$f'(t) = -s\varepsilon^{-st}$ ←ε^{-st}を微分　　$g(t) = i(t)$ ←$\dfrac{di}{dt}$を積分

となり、部分積分の公式を適用できます。

$$\mathcal{L} \frac{di}{dt} = \underbrace{\int_0^\infty \underbrace{\varepsilon^{-st}}_{f(t)} \cdot \underbrace{\frac{di(t)}{dt}}_{g'(t)}} = \underbrace{\left[\varepsilon^{-st} \cdot i(t) \right]_0^\infty}_{f(t)\,g(t)} - \int_0^\infty \underbrace{(-s\varepsilon^{-st})}_{f'(t)} \cdot \underbrace{i(t)}_{g(t)} dt$$

$$= \underbrace{\varepsilon^{-\infty}}_{0} \cdot i(t=\infty) - \underbrace{\varepsilon^0}_{1} \cdot i(t=0) + s\int_0^\infty \varepsilon^{-st} i(t) dt$$

$$= s\underbrace{\int_0^\infty \varepsilon^{-st} i(t) dt}_{I(s)} - \underbrace{i(t=0)}_{i_0} = sI(s) - i_0$$

$\displaystyle\int_0^\infty \varepsilon^{-st} i(t) dt$ は、関数 $i(t)$ のラプラス変換なので $I(s)$ と書けます。また、i_0 は、関数 i の $t=0$ における値（初期値）です。

▶ラプラス変換表

　以上のような計算を変換のたびにやるのは面倒なので、主なラプラス変換についてはあらかじめ計算済みのものを表にまとめたものがあります。この表のおかげで、計算がだいぶ楽になるのです。

$f(t)$	$F(s)$
1	$\dfrac{1}{s}$
$af(t)$	$aF(s)$
ε^{-at}	$\dfrac{1}{s+a}$
ε^{at}	$\dfrac{1}{s-a}$
$\sin\omega t$	$\dfrac{\omega}{s^2+\omega^2}$
$\cos\omega t$	$\dfrac{s}{s^2+\omega^2}$
t	$\dfrac{1}{s^2}$
$\dfrac{di}{dt}$	$sI(s) - i_0$
$\displaystyle\int_0^\infty f(t) dt$	$\dfrac{F(s)}{s}$

Chap.
7
微分方程式とラプラス変換

274

ラプラス変換と微分方程式

Chapter 7 【微分方程式とラプラス変換】
Section 04

ラプラス変換を使って微分方程式を解く手順を説明します。ラプラス変換を使っても簡単になるわけではありませんが、微分方程式を代数的に解くことができます。

▶微分方程式をラプラス変換で解く

図のような RL 直流回路で、スイッチ S を閉じたときに流れる電流は、微分方程式

$$L\frac{di}{dt} + Ri = E \quad \cdots ①$$

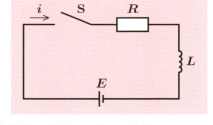

を解いて求めることができました（257 ページ）。ここでは、上の微分方程式の解をラプラス変換によって求めてみましょう。

:::【手順1】ラプラス変換する:::

式①の各項を前ページの変換表にしたがって変換すると、次のようになります。

① $\mathcal{L}\left\{L\dfrac{di}{dt}\right\} = L\,\mathcal{L}\dfrac{di}{dt} = L\left(sI(s) - i_0\right)$

② $\mathcal{L}\left\{Ri\right\} = R\,\mathcal{L}i(t) = RI(s)$

③ $\mathcal{L}E = E\mathcal{L}1 = \dfrac{E}{s}$

以上から、式全体のラプラス変換は次のようになります。

$$L(sI(s) - i_0) + RI(s) = \frac{E}{s}$$

ここで、$t=0$ における電流 i は 0A ですから、初期値 $i_0 = 0$ です。

したがって、

$$L\left(sI\left(s\right)-0\right)+RI\left(s\right)=\frac{E}{s} \quad\Rightarrow\quad sLI\left(s\right)+RI\left(s\right)=\frac{E}{s} \quad\cdots②$$

となります。

【手順2】部分分数展開を使って式を変形する

式②を $I\left(s\right)$ についての式に変形します。

$$I\left(s\right)\left(sL+R\right)=\frac{E}{s} \quad\Rightarrow\quad I\left(s\right)=\frac{E}{s\left(sL+R\right)}$$

$$\Rightarrow\quad I\left(s\right)=\frac{E\diagup L}{s\left(sL+R\right)\diagup L} \quad\text{←分母と分子を}L\text{で割る}$$

$$\Rightarrow\quad I\left(s\right)=\frac{E\diagup L}{s\left(s+R\diagup L\right)}$$

$$\Rightarrow\quad I\left(s\right)=\frac{E}{L}\cdot\boxed{\frac{1}{s\left(s+R\diagup L\right)}} \quad\cdots③$$

次に、ここが重要なのですが、式③の の部分を、

$$\frac{\alpha}{s}+\frac{\beta}{s+R\diagup L}$$

← この形式にしないと、ラプラス逆変換ができないんです。

の形式に変換します。そのためにここでは**部分分数展開**というテクニックを使います。

まず、

> **用語 部分分数展開**
>
> 分母が複数の因数の積で表される分数を、各因数を分母にもつ分数の和で表すこと。
>
> 例：$\dfrac{1}{x\left(x+a\right)} \Rightarrow \dfrac{A}{x}+\dfrac{B}{x+a}$

$$\frac{1}{s\left(s+R\diagup L\right)}=\frac{\alpha}{s}+\frac{\beta}{s+R\diagup L} \quad(\alpha,\ \beta\text{は定数})$$

が成り立つような α と β を求めましょう。上の式を変形すると、

$$\frac{1}{s\left(s+R\diagup L\right)}=\frac{\alpha}{s}+\frac{\beta}{s+R\diagup L}=\frac{\alpha\left(s+R\diagup L\right)+\beta s}{s\left(s+R\diagup L\right)}$$

$$=\frac{\left(\alpha+\beta\right)s+\alpha\left(R\diagup L\right)}{s\left(s+R\diagup L\right)}$$

となるので、

$$(\alpha + \beta)\,s + \alpha\,\frac{R}{L} = 1 \quad \cdots ④$$

が成り立ちます。この式は s がどんな値でも成り立つので、$s = 0$ なら

$$(\alpha + \beta)\cdot 0 + \alpha\,\frac{R}{L} = 1 \quad \therefore \alpha = \frac{L}{R} \quad \cdots ⑤$$

式⑤を式④に代入すれば、

$$\left(\frac{L}{R} + \beta\right)s + 1 = 1 \;\Rightarrow\; \left(\frac{L}{R} + \beta\right)s = 0 \quad \therefore \beta = -\frac{L}{R}$$

を得ます。したがって、

$$\frac{1}{s\,(s+R \diagup L)} = \frac{L \diagup R}{s} - \frac{L \diagup R}{(s+R \diagup L)} = \frac{L}{R}\left(\frac{1}{s} - \frac{1}{s+R \diagup L}\right) \quad \cdots ⑥$$

式⑥を式③に代入すると、

$$I\,(s) = \frac{E}{\cancel{L}} \cdot \frac{\cancel{L}}{R}\left(\frac{1}{s} - \frac{1}{s+R \diagup L}\right) = \frac{E}{R}\left(\frac{1}{s} - \frac{1}{s+R \diagup L}\right) \quad \cdots ⑦$$

となります。

【手順3】 ラプラス逆変換する

　ラプラス変換した関数 $F\,(s)$ を、元の関数 $f\,(t)$ に戻すことを**ラプラス逆変換**といい、

$$\mathcal{L}^{-1}F\,(s) = f\,(t)$$

のように書きます。ラプラス逆変換には計算は必要ありません。274 ページの表を参照して、各項を元の関数に戻すだけです。上記の式⑦をラプラス逆変換すると、次のようになります。

$$I\,(s) = \frac{E}{R}\left(\frac{1}{s} - \frac{1}{s+R \diagup L}\right) \quad \cdots ⑦（再掲）$$

① $\mathcal{L}^{-1}I\,(s) = i\,(t)$

② $\mathcal{L}^{-1} \dfrac{1}{s} = 1$

③ $\mathcal{L}^{-1} \dfrac{1}{s + R/L} = \varepsilon^{-\frac{R}{L}t}$ ← $\mathcal{L}\, \varepsilon^{-at} = \dfrac{1}{s+a}$

以上から、式⑦全体は、次のような関数 $i(t)$ の式に変換されます。

$$i(t) = \dfrac{E}{R}\left(1 - \varepsilon^{-\frac{R}{L}t}\right)$$

この式が、261 ページの RL 直流回路の電流の式と一致することを確認してください。

例題 3 図の RC 直流回路のコンデンサに充電される電荷を表す式を、ラプラス変換によって求めなさい。

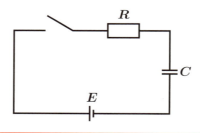

例題の解説

キルヒホッフの第 2 法則（53 ページ）より、次の式が成り立ちます。

$$Ri + \dfrac{q(t)}{C} = E$$

電流 i は電荷量 $q(t)$ の微分なので、

$$R\dfrac{dq}{dt} + \dfrac{q(t)}{C} = E \quad \cdots ⑧$$

274 ページの表にしたがい、式⑧の各項をラプラス変換すると、

$$R\dfrac{dq}{dt} \quad \to \quad R(sQ(s) - q_0)$$

278

$$\frac{q(t)}{C} \quad \rightarrow \quad \frac{1}{C}Q(s)$$

$$E \quad \rightarrow \quad \frac{E}{s}$$

となるので、式⑧全体のラプラス変換は次のようになります。

$$R(sQ(s) - q_0) + \frac{1}{C}Q(s) = \frac{E}{s}$$

q_0 は、$t = 0$ におけるコンデンサの電荷量なので、$q_0 = 0$ です。したがって、

$$sRQ(s) + \frac{1}{C}Q(s) = \frac{E}{s} \ \Rightarrow \ \left(sR + \frac{1}{C}\right)Q(s) = \frac{E}{s} \quad \textcolor{red}{\leftarrow 両辺を R で割る}$$

$$\Rightarrow \ \left(s + \frac{1}{CR}\right)Q(s) = \frac{E}{R} \cdot \frac{1}{s} \quad \textcolor{red}{\leftarrow Q(s)について \\ 解く}$$

$$\Rightarrow \ Q(s) = \frac{E}{R} \cdot \frac{1}{s(s + 1/CR)}$$

ここで、$\dfrac{1}{s(s + 1/CR)} = \dfrac{\alpha}{s} + \dfrac{\beta}{s + 1/CR}$ と置くと、

$$\frac{\textcolor{red}{1}}{s(s + 1/CR)} = \frac{\alpha}{s} + \frac{\beta}{s + 1/CR}$$

$$= \frac{\alpha(s + 1/CR) + \beta s}{s(s + 1/CR)}$$

$$= \frac{\textcolor{red}{(\alpha + \beta)s + \alpha/CR}}{s(s + 1/CR)} \ より、$$

$$(\alpha + \beta)s + \frac{1}{CR}\alpha = 1 \quad \cdots ⑨$$

が成り立ちます。この式は s がどんな値でも成り立つので、$s = 0$ のとき

$$(\alpha + \beta) \cdot 0 + \frac{1}{CR}\alpha = 1 \quad \therefore \ \alpha = CR \quad \cdots ⑩$$

式⑩を式⑨に代入すると、

279

$$(CR + \beta) s + 1 = 1 \quad \Rightarrow \quad (CR + \beta) s = 0 \quad \therefore \beta = -CR$$

となるので、

$$\frac{1}{s(s+1/CR)} = \frac{CR}{s} + \frac{-CR}{s+1/CR}$$

$$= CR \left(\frac{1}{s} - \frac{1}{s+1/CR} \right)$$

と書けます。したがって、

$$Q(s) = \frac{E}{R} \cdot \frac{1}{s(s+1/CR)}$$

$$= \frac{E}{R} \cdot CR \left(\frac{1}{s} - \frac{1}{s+1/CR} \right)$$

$$= CE \left(\frac{1}{s} - \frac{1}{s+1/CR} \right) \quad \cdots ⑪$$

を得ます。

274 ページの表より、式⑪の各項をラプラス逆変換すると、

$$\mathcal{L}^{-1} Q(s) = q(t)$$

$$\mathcal{L}^{-1} \frac{1}{s} = 1$$

$$\mathcal{L}^{-1} \frac{1}{s+1/CR} = \varepsilon^{-\frac{1}{CR}t} \quad \leftarrow \mathcal{L}\, \varepsilon^{-at} = \frac{1}{s+a} \text{ より}$$

となり、電荷量の式

$$q(t) = CE \left(1 - \varepsilon^{-\frac{1}{CR}t} \right) \quad \cdots \text{（答）}$$

が求められます。

この式が 266 ページの式⑤と一致することを確認してください。

280

自動制御とラプラス変換

【微分方程式とラプラス変換】

自動制御では、入力信号と出力信号にラプラス変換を使い、複数の伝達関数の組合せを表しています。

▶伝達関数とは

抵抗 R とコンデンサ C を使った図のような RC 回路に、電圧 v_i を加えることを考えます。電圧 v_o は、入力信号 v_i に対する出力信号とみなすことができます。

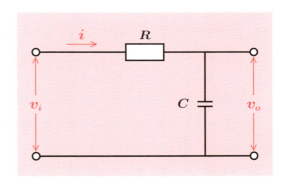

キルヒホッフの第2法則より、

$$v_i = Ri + v_o$$

上の式の電流 i は、コンデンサの電荷 q を時間 t で微分したものです。また、電荷量 q はコンデンサの静電容量 C と電圧 v_o に比例するので ($q = Cv_o$)、

$$i = \frac{dq}{dt} = \frac{d}{dt}Cv_o = C\frac{dv_o}{dt}$$

以上から、

$$v_i = Ri + v_o \;\Rightarrow\; v_i = CR\frac{dv_o}{dt} + v_o \quad \cdots ①$$

が成り立ちます。①の微分方程式の各項をラプラス変換すると、

$$v_i \;\rightarrow\; V_i(s)$$

$$CR\frac{dv_o}{dt} \;\rightarrow\; CR \cdot sV_o(s) \quad \text{※ 初期値は0とする}$$

$v_o \rightarrow V_o(s)$

となり、式①全体は次のように書けます。

v_i, v_o は時間 t に応じて変化する t の関数とみなし、ラプラス変換では s の関数になります。

$$V_i(s) = sCRV_o(s) + V_o(s)$$

両辺を $V_o(s)$ で割ると、

$$\frac{V_i(s)}{V_o(s)} = sCR + 1 \Rightarrow \frac{V_o(s)}{V_i(s)} = \frac{1}{1+sCR}$$

となります。ここで $\frac{V_o(s)}{V_i(s)} = G(s)$ とすると、

$$V_i(s) \cdot G(s) = V_i(s) \cdot \frac{V_o(s)}{V_i(s)} = V_o(s)$$

となり、

$$\underbrace{入力信号}_{V_i(s)} \times G(s) = \underbrace{出力信号}_{V_o(s)}$$

のようにして、入力信号から出力信号を計算できるようになります。この $G(s)$ を、**伝達関数**といいます。

伝達関数

$$G(s) = \frac{Y(s)}{X(s)} \quad \begin{array}{l}\leftarrow 出力信号のラプラス変換 \\ \leftarrow 入力信号のラプラス変換\end{array}$$

$X(s) \rightarrow \boxed{G(s)} \rightarrow Y(s)$

入力信号と出力信号の関係をいちいち微分や積分を含む方程式で示すのはたいへんなので、このようにラプラス変換が使われます。

例題 4 伝達関数 $G(s) = \dfrac{3}{1+2s}$ の系に単位ステップ信号を入力したときの 2 秒後の出力値はいくらか。

ただし、$\varepsilon^{-1} = 0.368$ とする。

例題の解説

大きさが定数1の信号を**単位ステップ信号**といいます。1のラプラス変換は $\dfrac{1}{s}$ なので (274ページ)、出力信号 $V_o(s)$ は次のように求められます。

$$V_o(s) = V_i(s) \cdot G(s) = \dfrac{1}{s} \cdot \dfrac{3}{1+2s} \quad \cdots ②$$

式②を部分分数展開すると (276ページ)、

$$\dfrac{3}{s(1+2s)} = \dfrac{\alpha}{s} + \dfrac{\beta}{1+2s} = \dfrac{\alpha(1+2s) + \beta s}{s(1+2s)} \quad \text{より、}$$

$$\alpha(1+2s) + \beta s = 3 \;\Rightarrow\; (2\alpha + \beta)s + \alpha = 3 \quad \cdots ③$$

式③は s がどんな値でも成り立つので、$s = 0$ とすれば $\alpha = 3$
また、$(2 \cdot 3 + \beta)s + 3 = 3$ より、$(6+\beta)s = 0$ ∴ $\beta = -6$
以上から、

（分母と分子を2で割る）

$$V_o(s) = \dfrac{3}{s} - \dfrac{6}{1+2s} = 3\left(\dfrac{1}{s} - \boxed{\dfrac{2}{1+2s}}\right) = 3\left(\dfrac{1}{s} - \dfrac{1}{s+1/2}\right) \quad \cdots ④$$

となります。式④をラプラス逆変換すると、ラプラス変換表より

$$\dfrac{1}{s} \to 1, \quad \dfrac{1}{s+1/2} \to \varepsilon^{-\frac{1}{2}t}$$

なので、

$$v_o(t) = 3\left(1 - \varepsilon^{-\frac{1}{2}t}\right) \quad \cdots ⑤$$

を得ます。式⑤に $t = 2$ を代入すると、

（267ページ）

$$v_o(2) = 3(1 - \varepsilon^{-1})$$
$$= 3 \cdot (1 - 0.368)$$
$$= 1.896 \quad \cdots (答)$$

となります。

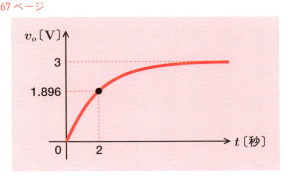

▶周波数伝達関数

281ページのRC回路に、入力信号として交流電圧を加える場合を考えます。交流の角速度をω〔rad／s〕とすると、

$$i = \frac{v_i}{\dot{Z}} = \frac{v_i}{R + 1/j\omega C}, \quad v_o = \dot{X}_C i = \frac{1}{j\omega C} i$$

より、出力信号v_oは次のように表せます。

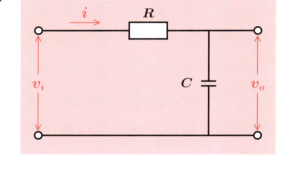

分母と分子に$j\omega C$を掛ける

$$v_o = \frac{1/j\omega C}{R + 1/j\omega C} v_i$$

$$= \frac{1}{1 + j\omega CR} v_i$$

$$\Rightarrow \quad \frac{v_o}{v_i} = \frac{1}{1 + j\omega CR}$$

電圧v_o, v_iを、変数$j\omega$によって値が決まる関数と考えれば、上の式は伝達関数$G(s)$のsを$j\omega$に置き換えたものと同じなので、次のように書けます。

$$G(j\omega) = \frac{V_o(j\omega)}{V_i(j\omega)} = \frac{1}{1 + j\omega CR} \quad \cdots ⑥$$

このような伝達関数を、**周波数伝達関数**といいます。

また、式⑥のように周波数伝達関数$G(j\omega)$が$\dfrac{K}{1+j\omega T}$の形で表される回路を**一次遅れ要素**といい、Tを**時定数**といいます。式⑥の時定数は$T = CR$です。

時定数は入力信号に対する出力信号の遅延の度合いを表し、小さいほど応答が速くなります。

一次遅れ要素の周波数伝達関数

$$G(j\omega) = \frac{Y(j\omega)}{X(j\omega)} = \frac{K}{1 + j\omega T} \qquad X(j\omega) \rightarrow \boxed{G(j\omega)} \rightarrow Y(j\omega)$$

例題 5 図に示す RL 回路の入力信号 $E_i(j\omega)$ と出力信号 $E_o(j\omega)$ 間の周波数伝達関数 $G(j\omega) = \dfrac{E_o(j\omega)}{E_i(j\omega)}$ の時定数を求めよ。

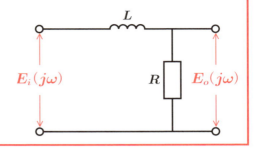

例題の解説

オームの法則より、$i = \dfrac{E_i(j\omega)}{R+j\omega L}$, $E_o(j\omega) = Ri$ なので、

$$E_o(j\omega) = \dfrac{R}{R+j\omega L} E_i(j\omega)$$

したがって、周波数伝達関数 $G(j\omega)$ は次のようになります。

$$\therefore G(j\omega) = \dfrac{E_o(j\omega)}{E_i(j\omega)} = \dfrac{R}{R+j\omega L} = \dfrac{1}{1+j\omega(L/R)}$$

以上から、時定数 $T = \dfrac{L}{R}$ となります。…（答）

▶ゲインとデシベル

電気回路における入力と出力の比を**ゲイン**（利得）といいます。ある回路に入力する電力を P_i、出力される電力を P_o とすると、

ゲイン $= \dfrac{P_o}{P_i}$ 〔単位：なし〕

ゲインの値は大きな値になることが多いので、値が「10 の何乗になるか」で表し、単位**ベル**〔B〕をつけます。

10を底とする対数をとる

ゲイン $= \log_{10} \dfrac{P_o}{P_i}$ 〔単位：ベル〕　← $\dfrac{P_o}{P_i} = 10^x$（x はゲイン）

たとえば 1 ベルは、出力が入力の「10 の 1 乗」倍であることを表します。2 ベルであれば 100 倍、3 ベルであれば 1000 倍です。

また、ベルを 10 倍した値を単位**デシベル**〔dB〕で表します。

$$\text{ゲイン} = 10\log_{10}\frac{P_o}{P_i} \quad \text{〔単位 dB:デシベル〕}$$

たとえば20dBは、出力が入力の「10の2乗」(= 100) 倍であることを表します。

(例) 0〔dB〕 ← 1倍（10の0乗）
　　 10〔dB〕 ← 10倍（10の1乗）
　　 20〔dB〕 ← 100倍（10の2乗）

電気回路のゲインは一般に電力を基準に考えるので、電気信号（電圧）のゲインは次のように計算します。

$$\text{電圧ゲイン} = 10\log_{10}\frac{P_o}{P_i} = 10\log_{10}\frac{E_o{}^2/R}{E_i{}^2/R} = 10\log_{10}\left(\frac{E_o}{E_i}\right)^2$$

$$= 20\log_{10}\frac{E_o}{E_i} \quad \text{〔単位 dB:デシベル〕}$$

281ページのRC回路（右図に再掲）のゲインを求めてみましょう。この回路の周波数伝達関数 $G(j\omega)$ は284ページより、

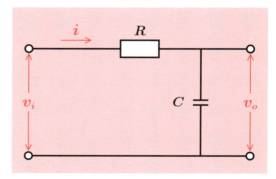

$$G(j\omega) = \frac{1}{1+j\omega CR}$$

です。周波数伝達関数は、定義より入力信号と出力信号の比を表しますが、虚数単位 j を含んでいるので、実部と虚部に分けて整理します。

$$G(j\omega) = \frac{1}{1+j\omega CR} = \frac{1-j\omega CR}{(1+j\omega CR)(1-j\omega CR)} = \frac{1-j\omega CR}{1-(j\omega CR)^2}$$

（$j^2 = -1$）

$$= \frac{1-j\omega CR}{1+(\omega CR)^2} = \frac{1}{1+(\omega CR)^2} - j\frac{\omega CR}{1+(\omega CR)^2}$$

$G(j\omega)$ をベクトルと考えれば、その大きさは次のようになります。

$$|G(j\omega)| = \sqrt{\left(\frac{1}{1+(\omega CR)^2}\right)^2 + \left(\frac{\omega CR}{1+(\omega CR)^2}\right)^2}$$

$$= \sqrt{\frac{1+(\omega CR)^2}{\{1+(\omega CR)^2\}^2}}$$

$$= \sqrt{\frac{1}{1+(\omega CR)^2}}$$

$$= \frac{1}{\sqrt{1+(\omega CR)^2}}$$

この $|G(j\omega)|$ をゲインとします。すなわち、

$$g = 20\log_{10}|G(j\omega)| = 20\log_{10}\frac{1}{\sqrt{1+(\omega CR)^2}}$$

$$= 20\log_{10}(1+(\omega CR)^2)^{-\frac{1}{2}}$$

$$= -10\log_{10}(1+(\omega CR)^2) \text{〔dB〕}$$

角速度 ω を変化させたときのゲイン g〔dB〕の変化をグラフで表すと、次のようになります。このグラフを**ボード線図**といいます。

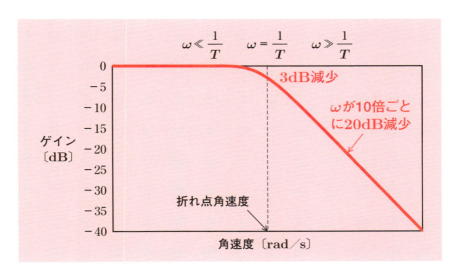

角速度 ω が $\frac{1}{T}$ より小さいとき $\left(\omega \ll \frac{1}{CR}\right)$、

$$g = -10\log_{10}(1 + \underbrace{(\omega CR)^2}_{\text{ほぼゼロ}}) \;\Rightarrow\; -10\log_{10} 1 \;[\text{dB}]$$

となるので、回路のゲイン g はほぼ 0dB となります。

また、角速度 $\omega = \frac{1}{T}$ のとき $\left(\omega = \frac{1}{CR}\right)$、

$$g = -10\log_{10}\left(1 + \left(\frac{1}{CR} \cdot CR\right)^2\right) \;\Rightarrow\; -10\log_{10} 2 \fallingdotseq -3\;[\text{dB}]$$

より、回路のゲインは約 -3dB となります。このときの角速度を**折れ点角速度**といいます。

角速度 ω が $\frac{1}{T}$ より大きくなると $\left(\omega \gg \frac{1}{CR}\right)$、

$$g = -10\log_{10}(1 + (\omega CR)^2) \;\Rightarrow\; -20\log_{10}\omega CR = -20\log_{10}\omega + \text{定数}\;[\text{dB}]$$

となり、ω を10倍するごとに、ゲイン g は 20dB 減少します。

第7章 章末問題

（解答は 290 〜 292 ページ）

問1 図のように、開いた状態のスイッチ S、R 〔Ω〕の抵抗、インダクタンス L 〔H〕のコイル、直流電源 E 〔V〕からなる直列回路がある。この直列回路において、スイッチ S を閉じた直後に過渡現象が起こる。この場合において、①回路に流れる電流 i 〔A〕、②抵抗の端子電圧 v_R 〔V〕および③コイルの端子電圧 v_L 〔V〕を表す式をそれぞれ求めよ。また、これらの時間変化をグラフに示せ。

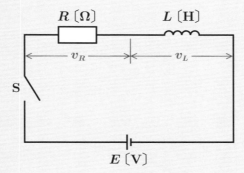

問2 図に示す回路において、入力 E_i に対する出力 E_o の周波数伝達関数 $G(j\omega)$ を求めよ。

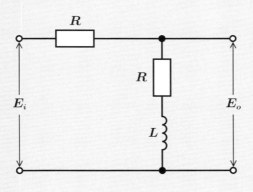

第7章 章末問題 解答

問1

①回路の電流 i に関する微分方程式は、

$$Ri + L\frac{di}{dt} = E$$

となります。この微分方程式を解くと（260ページ参照）、

$$i = \frac{E}{R}\left(1 - \varepsilon^{-\frac{R}{L}t}\right) \text{[A]} \quad \text{…答え①}$$

となり、回路を流れる電流 i を表す式が得られます。電流 i は $t = 0$ のとき 0 [A]で、時間経過にしたがって徐々に大きくなり、定常状態に達すると $\frac{E}{R}$ [A]になります。

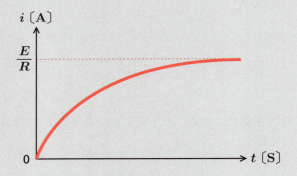

②抵抗の端子電圧 v_R は、

$$v_R = Ri$$

です。上の式に式①を代入すると、

$$v_R = R \cdot \frac{E}{R}\left(1 - \varepsilon^{-\frac{R}{L}t}\right) = E\left(1 - \varepsilon^{-\frac{R}{L}t}\right) \text{[V]} \quad \text{…答え②}$$

となります。端子電圧 v_R は、$t = 0$ のとき 0 [V]で、時間経過にしたがって徐々に大きくなり、定常状態に達すると E [V]になります。

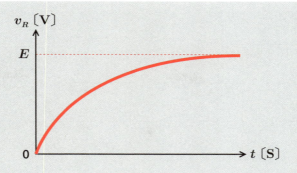

③コイルの端子電圧 v_L は、

$$v_L = L \frac{di}{dt}$$

と表せます。$v_R + v_L = E$ より、

$$v_L = E - v_R = E - E\left(1 - \varepsilon^{-\frac{R}{L}t}\right) = E\varepsilon^{-\frac{R}{L}t} \quad \text{…答え③}$$

となります。端子電圧 v_L は、$t = 0$ のとき E〔V〕で、時間経過にしたがって徐々に小さくなり、定常状態に達すると 0〔V〕になります。

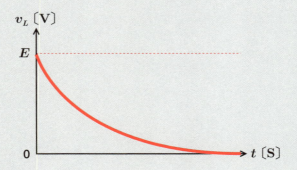

問2 回路を流れる電流を I とすると、オームの法則より、

$$I = \frac{E_i}{2R + j\omega L} \text{〔A〕} \quad \text{…①} \quad \leftarrow j\omega L \text{〔Ω〕はコイルの誘導リアクタンス（142ページ）}$$

です。また、キルヒホッフの法則より、

$$E_i = RI + E_o \text{〔V〕} \quad \text{…②}$$

なので、式①、②より、

$$E_i = \frac{R}{2R+j\omega L}E_i + E_o$$

$$\Rightarrow \quad E_o = E_i - \frac{R}{2R+j\omega L}E_i = E_i\left(1 - \frac{R}{2R+j\omega L}\right)$$

$$\Rightarrow \quad \frac{E_o}{E_i} = 1 - \frac{R}{2R+j\omega L} = \frac{2R+j\omega L - R}{2R+j\omega L} = \boxed{\frac{R+j\omega L}{2R+j\omega L}} = \frac{1+j\omega(L/R)}{2+j\omega(L/R)}$$

←分母と分子をRで割る

以上から、周波数伝達関数 $G(j\omega)$ は、

$$G(j\omega) = \frac{E_o}{E_i} = \frac{1+j\omega(L/R)}{2+j\omega(L/R)}$$

となります。

答 $G(j\omega) = \dfrac{1+j\omega(L/R)}{2+j\omega(L/R)}$

Chapter

08

フーリエ変換

01	フーリエ級数	294
02	複素フーリエ級数	304
03	フーリエ変換	309
章末問題		314

Chapter 8 Section 01

【フーリエ変換】

フーリエ級数

フーリエ級数は、サインやコサインの波形を合成して様々な波形をつくる技法です。フーリエ級数を使って方形波やノコギリ波をつくる方法を説明します。

▶ フーリエ級数とは

三角関数の sin や cos のグラフは、一定の周期で繰り返す波形の曲線になります。これらの波形を合成すると、どんな曲線になるかを考えてみましょう。

たとえば、$f(x) = \sin x + \sin 2x$ は次のような曲線になります。

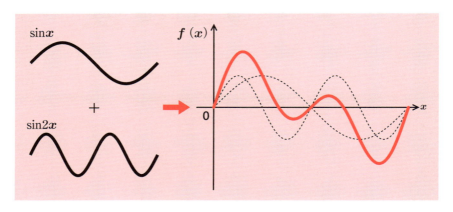

上の例では2つの波形を合成しただけですが、波形をいくつも合成すれば、もっと複雑な形の波形をつくることもできそうです。では、次のような波形はどうでしょうか？

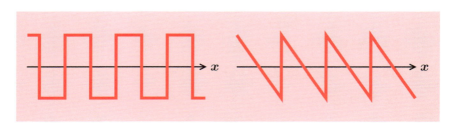

曲線の波形を組み合わせて、こんなギザギザした四角形や三角形の波形がつくれるでしょうか？ それを可能にするのが**フーリエ級数**です。

級数とは数列の和のこと。フーリエ級数は、sinとcosで構成された次のような数列の和です。

フーリエ級数

$$f(x) = \frac{a_0}{2} + \sum_{n=1}^{\infty} \left(a_n \cos \frac{n\pi}{L} x + b_n \sin \frac{n\pi}{L} x \right)$$

※ただし、波形の周期を$2L$とする（Lは半周期分の波長）

上の式中に出てくるa_0, a_n, b_nを**フーリエ係数**といいます。これらのフーリエ係数は、それぞれ次のように計算します。

フーリエ係数

$$a_0 = \frac{1}{L} \int_{-L}^{L} f(x) dx$$

$$a_n = \frac{1}{L} \int_{-L}^{L} f(x) \cos \frac{n\pi}{L} x \, dx$$

$$b_n = \frac{1}{L} \int_{-L}^{L} f(x) \sin \frac{n\pi}{L} x \, dx$$

フーリエ級数の式は同じでも、フーリエ係数の値を調整することによって、ギザギザした四角形や三角形など、様々な形の波形をつくることができます。

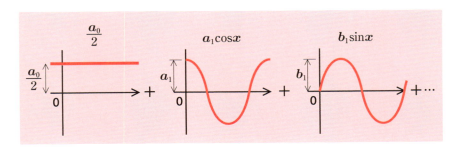

▶方形波のフーリエ級数を求める

> **例題 1** 次のような関数 $f(x)$ を表すフーリエ級数を求めよ。
>
> $$f(x) = \begin{cases} -1 & (-\pi \leq x \leq 0) \\ 1 & (0 \leq x \leq \pi) \end{cases}$$

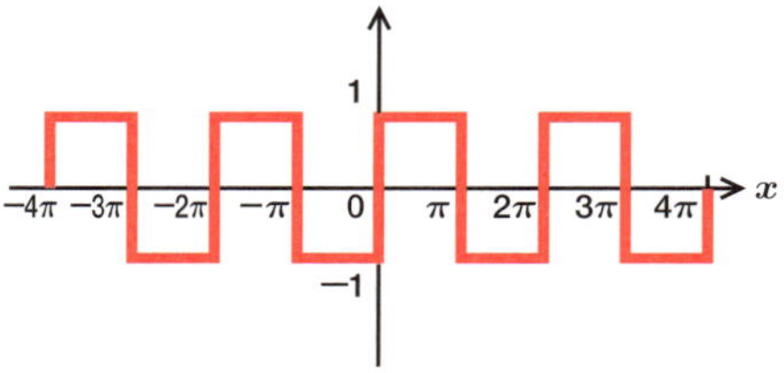

例題の解説

フーリエ級数でどんな波形がつくれるのか、実際に上の図のような波形のフーリエ級数を求めてみましょう。図のような四角形の波形を**方形波**といいます。この方形波の関数 $f(x)$ は $-\pi \leq x \leq \pi$ を1周期とすると、

$-\pi \leq x \leq 0$ のとき $f(x) = -1$

$0 \leq x \leq \pi$ のとき $f(x) = 1$

のように表せます。また、波形の周期は $2L = 2\pi$ です。これらを前ページの式に当てはめ、フーリエ係数 a_0, a_n, b_n を求めると、次のようになります。

$$a_0 = \frac{1}{\pi} \int_{-\pi}^{\pi} f(x)\,dx$$

$$a_n = \frac{1}{\pi} \int_{-\pi}^{\pi} f(x)\cos nx\,dx$$

$$b_n = \frac{1}{\pi} \int_{-\pi}^{\pi} f(x)\sin nx\,dx$$

ただし、このうちの a_0 と a_n については、じつは計算するまでもなく0になります（詳しくは、次ページのコラムで説明します）。したがって、ここでは b_n についてのみ計算すれば済みます。

Chap. **8** フーリエ変換

296

コラム・偶関数と奇関数

◆偶関数と奇関数

たとえば $f(x) = x^2$ のグラフは、図のように y 軸をはさんで対称です。このような関数を偶関数といいます。偶関数は数式では次のように表せます。

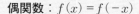

偶関数：$f(x) = f(-x)$

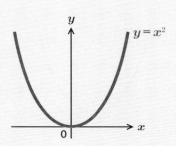

また、たとえば $g(x) = x$ のグラフは、図のように原点を中心に対称になります。このような関数を奇関数といいます。奇関数は数式では次のように表せます。

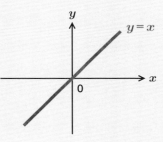

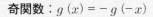

奇関数：$g(x) = -g(-x)$

三角関数では、$f(x) = \sin x$ は原点を中心に対称なので奇関数、$f(x) = \cos x$ は y 軸をはさんで対称なので偶関数です。

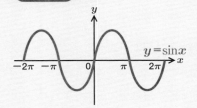

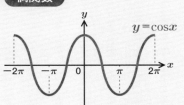

◆偶関数・奇関数の性質

偶関数 $f(x)$ を $-a$ から a まで定積分した値は、$f(x)$ を 0 から a まで定積分した値の２倍になります。また、奇関数 $g(x)$ を $-a$ から a まで定積分した値は必ず 0 になります。これは、次のように積分の値を面積として考えればよくわかります。

$$\int_{-a}^{a} f(x)\,dx = 2\int_{0}^{a} f(x)\,dx \qquad \int_{-a}^{a} g(x)\,dx = 0$$

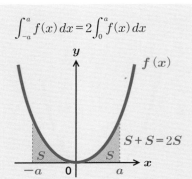
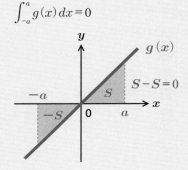

また、

- $f(x)f(x) = f(-x)f(-x)$ より、偶関数 × 偶関数は偶関数
- $f(x)g(x) = f(-x)\{-g(-x)\} = -f(-x)g(-x)$ より、
 偶関数 × 奇関数は奇関数
- $g(x)g(x) = \{-g(-x)\}\{-g(-x)\} = g(-x)g(-x)$ より、
 奇関数 × 奇関数は偶関数

となります。

◆偶関数・奇関数とフーリエ係数

296 ページの式で、$f(x)$ が奇関数のとき、フーリエ係数 a_0 は、

$$a_0 = \frac{1}{\pi}\int_{-\pi}^{\pi} f(x)\,dx$$

$f(x)$ は奇関数なので、この関数を $-\pi$ から π まで積分した値は 0 になります。

また、フーリエ係数 a_n は、

$$a_n = \frac{1}{\pi}\int_{-\pi}^{\pi} f(x)\cos nx\,dx$$

$f(x)$ は奇関数、$\cos nx$ は偶関数なので、$f(x)\cos nx$ は奇関数 × 偶関数＝奇関数になります。したがって、$f(x)\cos nx$ を $-\pi$ から π まで積分した値は 0 になります。

$$\int_a^b f(x)dx = \int_a^c f(x)dx + \int_c^b f(x)dx$$
（232 ページ）

$$\int \sin nx\, dx = -\frac{1}{n}\cos nx + C$$
（228 ページ）

$$b_n = \frac{1}{\pi}\int_{-\pi}^{\pi} f(x)\sin nx\, dx$$

$$= \frac{1}{\pi}\left\{ \int_{-\pi}^{0} f(x)\sin nx\, dx + \int_{0}^{\pi} f(x)\sin nx\, dx \right\}$$

$-\pi \leq x \leq 0$ のとき
$f(x) = -1$

$0 \leq x \leq \pi$ のとき
$f(x) = 1$

$$= \frac{1}{\pi}\left\{ -\int_{-\pi}^{0} \sin nx\, dx + \int_{0}^{\pi} \sin nx\, dx \right\}$$

$$= \frac{1}{\pi}\left\{ -\left[-\frac{1}{n}\cos nx \right]_{-\pi}^{0} + \left[-\frac{1}{n}\cos nx \right]_{0}^{\pi} \right\}$$

$$= \frac{1}{\pi}\left\{ \frac{1}{n}\left[\cos nx \right]_{-\pi}^{0} - \frac{1}{n}\left[\cos nx \right]_{0}^{\pi} \right\}$$

$$= \frac{1}{n\pi}\left\{ (\cos 0 - \cos(-n\pi)) - (\cos n\pi - \cos 0) \right\}$$

$=1$ $\cos(-\theta)=\cos\theta$ $=1$

$$= \frac{1}{n\pi}(1 - \cos n\pi - \cos n\pi + 1)$$

$$= \frac{1}{n\pi}(2 - 2\cos n\pi)$$

$$= \frac{2}{n\pi}(1 - \cos n\pi) \quad \cdots ①$$

①において、$n = 1,\ 3,\ 5,\ \cdots$ のときは、$\cos n\pi = -1$ となるので、

$$b_n = \frac{2}{n\pi}(1 + 1) = \frac{4}{n\pi} \quad (n = 1,\ 3,\ 5,\ \cdots)$$

また、$n = 2,\ 4,\ 6,\ \cdots$ のときは、$\cos n\pi = 1$ となるので、

$$b_n = \frac{2}{n\pi}(1 - 1) = 0 \quad (n = 2,\ 4,\ 6,\ \cdots)$$

以上から、この方形波のフーリエ係数は、

$$a_0 = a_n = 0, \quad b_n = \begin{cases} \dfrac{4}{n\pi} & (n = 1,\ 3,\ 5,\ \cdots) \\[2mm] 0 & (n = 2,\ 4,\ 6,\ \cdots) \end{cases}$$

Sec.
01
フーリエ級数

299

となります。これらを 295 ページのフーリエ級数の式に代入します。

$$f(x) = \underset{\underset{0}{\parallel}}{\frac{a_0}{2}} + \sum_{n=1}^{\infty}\left(\underset{\underset{0}{\parallel}}{a_n}\cos\frac{n\pi}{L}x + b_n\sin\frac{n\pi}{L}x\right) \quad \leftarrow a_0, a_1 \text{はゼロ}$$

$$= \sum_{n=1}^{\infty} b_n \sin nx$$

$$= b_1\sin x + b_2\sin 2x + b_3\sin 3x + b_4\sin 4x + b_5\sin 5x + \cdots$$

($b_1 = \frac{4}{n\pi}$, $b_2 = 0$, $b_3 = \frac{4}{n\pi}$, $b_4 = 0$, $b_5 = \frac{4}{n\pi}$)

$$= \frac{4}{\pi}\sin x + \frac{4}{3\pi}\sin 3x + \frac{4}{5\pi}\sin 5x + \cdots$$

$$= \frac{4}{\pi}\left(\sin x + \frac{1}{3}\sin 3x + \frac{1}{5}\sin 5x + \cdots\right) \quad \leftarrow \text{カッコ内を総和記号で}\atop\text{まとめる}$$

$$= \frac{4}{\pi}\sum_{n=0}^{\infty}\frac{1}{2n+1}\sin(2n+1)x \quad \cdots ②$$

式②が、この方形波のフーリエ級数です。

　数式だけをみてもピンとこないと思うので、実際にグラフを描いて確認してみましょう。上のフーリエ級数の式では無限個の sin を足し合わせていますが、とりあえずはじめの 3 個の sin 関数を足し合わせた

$$f(x) = \frac{4}{\pi}\left(\sin x + \frac{1}{3}\sin 3x + \frac{1}{5}\sin 5x\right)$$

のグラフを描くと、次のようになります。

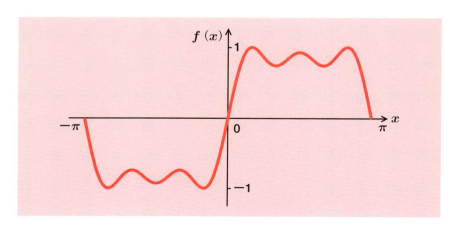

この段階ではまだ方形波にみえませんが、足し合わせる sin 関数の個数を増やしていくと、徐々に方形波に近づいていきます。

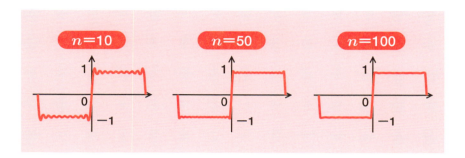

フーリエ級数では、このように周波数の異なる波形を無限に合成して、求める波形をつくることができます。

▶ノコギリ波のフーリエ級数を求める

例題 2 次のような関数 $f(x)$ を表すフーリエ級数を求めよ。

$f(x) = x \quad (-\pi \leqq x \leqq \pi)$

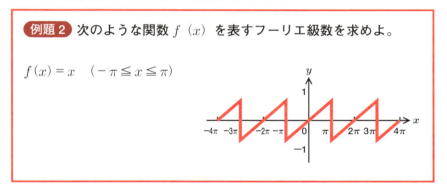

例題の解説

例題のような波形を**ノコギリ波**といいます。方形波の場合と同じように、フーリエ係数 a_0, a_n, b_n を求めましょう。波形の周期は $-\pi \leqq x \leqq \pi$ なので、周期 $2L = 2\pi$ として計算します。

グラフは原点を中心に対称なので、関数 $f(x)$ は奇関数です（297 ページのコラム参照）。したがって、

$$a_0 = a_n = 0$$

また、フーリエ係数 b_n は次のように書けます。

$$b_n = \frac{1}{\pi}\int_{-\pi}^{\pi} x\sin nx\, dx = \frac{2}{\pi}\int_0^\pi x\sin nx\, dx \quad \leftarrow \text{偶関数の}-\pi\text{から}\pi\text{までの}$$

積分は、0からπまでの積分
の2倍になる

奇関数 × 奇関数＝偶関数

この積分は部分積分を使って計算できます。$f(x) = x$, $g'(x) = \sin nx$ と置くと、

$$f'(x) = 1, \quad g(x) = -\frac{1}{n}\cos nx$$

となるので、部分積分の公式（235 ページ）より、

部分積分の公式（235 ページ）

$$\int_a^b f(x)\cdot g'(x)\,dx = \Big[f(x)g(x)\Big]_a^b - \int_a^b f'(x)g(x)\,dx$$

$$= \frac{2}{\pi}\int_0^\pi \underset{f(x)\cdot g'(x)}{x\sin nx}\, dx$$

$$= \frac{2}{\pi}\left\{ \underset{f(x)\cdot g(x)}{\left[x\cdot\left(-\frac{1}{n}\cos nx\right)\right]_0^\pi} - \underset{f'(x)\cdot g(x)}{\int_0^\pi 1\cdot\left(-\frac{1}{n}\cos nx\right)dx} \right\}$$

$$= \frac{2}{\pi}\left\{ \pi\cdot\left(-\frac{1}{n}\cos n\pi\right) + \frac{1}{n}\int_0^\pi \cos nx\, dx \right\}$$

$$= \frac{2}{\pi}\left\{ -\frac{\pi}{n}\cos n\pi + \frac{1}{n}\left[\frac{1}{n}\sin nx\right]_0^\pi \right\}$$

$$= \frac{2}{\pi}\left(-\frac{\pi}{n}\cos n\pi + \frac{1}{n^2}\underset{\text{nがどんな整数でも常に0}}{\sin n\pi} \right) \qquad \int\cos nx\, dx = \frac{1}{n}\sin nx + C$$

$$= -\frac{2}{n}\cos n\pi \quad \cdots ③$$

式③において、$n = 1,\ 3,\ 5,\ \cdots$ のとき、$\cos n\pi = -1$

$$\therefore b_n = -\frac{2}{n}(-1) = \frac{2}{n} \quad (n = 1,\ 3,\ 5,\ \cdots)$$

また、$n = 2, 4, 6, \cdots$のとき、$\cos n\pi = 1$

$$\therefore b_n = -\frac{2}{n} \quad (n = 2, 4, 6, \cdots)$$

以上から、この方形波のフーリエ係数は、

$$a_0 = a_n = 0, \quad b_n = \begin{cases} \dfrac{2}{n} & (n = 1, 3, 5, \cdots) \\ -\dfrac{2}{n} & (n = 2, 4, 6, \cdots) \end{cases}$$

となります。これらを 295 ページのフーリエ級数の式に代入します。

$$f(x) = \frac{\overset{0}{\overset{\|}{a_0}}}{2} + \sum_{n=1}^{\infty}\left(\underset{0}{\underset{\|}{a_n}}\cos\frac{n\pi}{\boxed{L}}x + b_n\sin\frac{n\pi}{\boxed{L}}x\right)$$

$$= \sum_{n=1}^{\infty} b_n \sin nx$$

$$= \boxed{b_1}\sin x + \boxed{b_2}\sin 2x + \boxed{b_3}\sin 3x + \boxed{b_4}\sin 4x + \boxed{b_5}\sin 5x + \cdots$$
$$\;\;\uparrow\tfrac{2}{n}\quad\uparrow -\tfrac{2}{n}\quad\uparrow\tfrac{2}{n}\quad\uparrow -\tfrac{2}{n}\quad\uparrow\tfrac{2}{n}$$

$$= \frac{2}{1}\sin x - \frac{2}{2}\sin 2x + \frac{2}{3}\sin 3x - \frac{2}{4}\sin 4x + \frac{2}{5}\sin 5x - \cdots$$

$$= 2\left(\sin x - \frac{1}{2}\sin 2x + \frac{1}{3}\sin 3x - \frac{1}{4}\sin 4x + \frac{1}{5}\sin 5x - \cdots\right)$$

　　　　　　　　　　　　　　　　　総和記号を使ってまとめる

$$= 2\sum_{n=1}^{\infty} \frac{(-1)^{n+1}}{n}\sin nx \quad \cdots \text{（答）}$$

以上が、ノコギリ波のフーリエ級数です。

【フーリエ変換】
複素フーリエ級数

フーリエ級数とフーリエ係数の式は、複素数を使って表すとより簡単な形になります。複素フーリエ級数は、フーリエ変換の式を導くために必要です。

▶フーリエ級数を複素数で表す

オイラーの公式 $\varepsilon^{j\theta} = \cos\theta + j\sin\theta$ において、$\theta = \pm\dfrac{n\pi}{L}x$ とすると、

$$\varepsilon^{j\frac{n\pi}{L}x} = \cos\dfrac{n\pi}{L}x + j\sin\dfrac{n\pi}{L}x \quad \cdots ①$$

$$\varepsilon^{-j\frac{n\pi}{L}x} = \cos\left(-\dfrac{n\pi}{L}x\right) + j\sin\left(-\dfrac{n\pi}{L}x\right) = \boxed{\cos\dfrac{n\pi}{L}x} - \boxed{j\sin\dfrac{n\pi}{L}x} \quad \cdots ②$$

偶関数　　　　奇関数
$\cos\theta = \cos(-\theta)$　$\sin\theta = -\sin(-\theta)$

が成り立ちます。①+②より、

$$\varepsilon^{j\frac{n\pi}{L}x} + \varepsilon^{-j\frac{n\pi}{L}x} = 2\cos\dfrac{n\pi}{L}x \quad \therefore \cos\dfrac{n\pi}{L}x = \dfrac{\varepsilon^{j\frac{n\pi}{L}x} + \varepsilon^{-j\frac{n\pi}{L}x}}{2}$$

また、①−②より、

$$\varepsilon^{j\frac{n\pi}{L}x} - \varepsilon^{-j\frac{n\pi}{L}x} = j2\sin\dfrac{n\pi}{L}x \quad \therefore \sin\dfrac{n\pi}{L}x = \dfrac{\varepsilon^{j\frac{n\pi}{L}x} - \varepsilon^{-j\frac{n\pi}{L}x}}{j2}$$

となります。これを、295ページのフーリエ級数の式に代入すると、

$$f(x) = \dfrac{a_0}{2} + \sum_{n=1}^{\infty}\left(a_n\cos\dfrac{n\pi}{L}x + b_n\sin\dfrac{n\pi}{L}x\right)$$

$$= \dfrac{a_0}{2} + \sum_{n=1}^{\infty}\left(a_n\dfrac{\varepsilon^{j\frac{n\pi}{L}x} + \varepsilon^{-j\frac{n\pi}{L}x}}{2} + b_n\dfrac{\varepsilon^{j\frac{n\pi}{L}x} - \varepsilon^{-j\frac{n\pi}{L}x}}{j2}\right) \quad \dfrac{1}{j} = \dfrac{j}{j^2} = -j$$

$$= \dfrac{a_0}{2} + \sum_{n=1}^{\infty}\left(a_n\dfrac{\varepsilon^{j\frac{n\pi}{L}x} + \varepsilon^{-j\frac{n\pi}{L}x}}{2} - jb_n\dfrac{\varepsilon^{j\frac{n\pi}{L}x} - \varepsilon^{-j\frac{n\pi}{L}x}}{2}\right)$$

$$= \dfrac{a_0}{2} + \sum_{n=1}^{\infty}\left(\dfrac{a_n}{2}\varepsilon^{j\frac{n\pi}{L}x} + \dfrac{a_n}{2}\varepsilon^{-j\frac{n\pi}{L}x} - \dfrac{jb_n}{2}\varepsilon^{j\frac{n\pi}{L}x} + \dfrac{jb_n}{2}\varepsilon^{-j\frac{n\pi}{L}x}\right)$$

$$= \dfrac{a_0}{2} + \sum_{n=1}^{\infty}\left(\dfrac{a_n - jb_n}{2}\varepsilon^{j\frac{n\pi}{L}x} + \dfrac{a_n + jb_n}{2}\varepsilon^{-j\frac{n\pi}{L}x}\right) \quad \cdots ③$$

式③の総和記号 Σ をはずして、各項を書き出します。

$$\frac{a_0}{2} + \frac{a_1 - jb_1}{2}\varepsilon^{j\frac{\pi}{L}x} + \frac{a_1 + jb_1}{2}\varepsilon^{-j\frac{\pi}{L}x} + \frac{a_2 - jb_2}{2}\varepsilon^{j\frac{2\pi}{L}x} + \frac{a_2 + jb_2}{2}\varepsilon^{-j\frac{2\pi}{L}x} + \cdots$$

色の項を $\frac{a_0}{2}$ の左側に並べ替えると、

$$\cdots + \frac{a_2 + jb_2}{2}\varepsilon^{-j\frac{2\pi}{L}x} + \frac{a_1 + jb_1}{2}\varepsilon^{-j\frac{\pi}{L}x} + \frac{a_0}{2} + \frac{a_1 - jb_1}{2}\varepsilon^{j\frac{\pi}{L}x}$$

$$+ \frac{a_2 - jb_2}{2}\varepsilon^{j\frac{2\pi}{L}x} + \cdots \quad \cdots④$$

となります。ここで、フーリエ係数 a_n, b_n の n は正の整数（$n = 1$, 2, 3, $\cdots$）ですが、n が負の整数の場合について考えると、フーリエ係数 a_n, b_n はそれぞれ次のように書けます。

$$a_n = \frac{1}{L}\int_{-L}^{L}f(x)\cos\frac{n\pi}{L}x\,dx = \frac{1}{L}\int_{-L}^{L}f(x)\cos\left(\frac{-n\pi}{L}x\right)dx = a_{-n}$$

偶関数 $\cos\theta = \cos(-\theta)$

$$b_n = \frac{1}{L}\int_{-L}^{L}f(x)\sin\frac{n\pi}{L}x\,dx = \frac{1}{L}\int_{-L}^{L}f(x)\cdot\left\{-\sin\left(\frac{-n\pi}{L}x\right)\right\}dx$$

奇関数 $\sin\theta = -\sin(-\theta)$

$$= -\frac{1}{L}\int_{-L}^{L}f(x)\sin\left(\frac{-n\pi}{L}x\right)dx$$

$$= -b_{-n}$$

これらを式④の色の項に代入すると、フーリエ級数の式は次のようになります。

$$f(x) = \cdots + \frac{a_{-2} - jb_{-2}}{2}\varepsilon^{-j\frac{2\pi}{L}x} + \frac{a_{-1} - jb_{-1}}{2}\varepsilon^{-j\frac{\pi}{L}x} + \frac{a_0}{2} + \frac{a_1 - jb_1}{2}\varepsilon^{j\frac{\pi}{L}x}$$

$$+ \frac{a_2 - jb_2}{2}\varepsilon^{j\frac{2\pi}{L}x} + \cdots$$

$$= \sum_{n=-\infty}^{\infty}\frac{a_n - jb_n}{2}\varepsilon^{j\frac{n\pi}{L}x} \quad \cdots⑤$$

また、$\dfrac{a_n - jb_n}{2} = c_n$ とすると、

$$c_n = \frac{a_n - jb_n}{2} = \frac{1}{2L}\left\{\int_{-L}^{L}f(x)\cos\frac{n\pi}{L}x\,dx - j\int_{-L}^{L}f(x)\sin\frac{n\pi}{L}x\,dx\right\}$$

$$= \frac{1}{2L}\int_{-L}^{L} f(x)\left(\cos\frac{n\pi}{L}x - j\sin\frac{n\pi}{L}x\right)dx$$

$$= \frac{1}{2L}\int_{-L}^{L} f(x)\left[\cos\left(-\frac{n\pi}{L}x\right) + j\sin\left(-\frac{n\pi}{L}x\right)\right]dx$$

$$= \frac{1}{2L}\int_{-L}^{L} f(x)\varepsilon^{-j\frac{n\pi}{L}x}dx$$

←オイラーの公式 $\varepsilon^{j\theta} = \cos\theta + j\sin\theta$

以上をまとめると、次のようになります。

複素フーリエ級数

$$f(x) = \sum_{n=-\infty}^{\infty} c_n \varepsilon^{j\frac{n\pi}{L}x} \quad \text{←複素フーリエ級数}$$

$$c_n = \frac{1}{2L}\int_{-L}^{L} f(x)\varepsilon^{-j\frac{n\pi}{L}x}dx \quad \text{←複素フーリエ係数}$$

たいへん複雑な式になりましたが、上の複素形式のフーリエ級数と、295ページの実数形式のフーリエ級数は、まったく同じものを指していることを理解しておいてください。

例題 3 次のような関数 $f(x)$ を表すフーリエ級数を求めよ。

$$f(x) = \begin{cases} -1 & (-\pi \leq x \leq 0) \\ 1 & (0 \leq x \leq \pi) \end{cases}$$

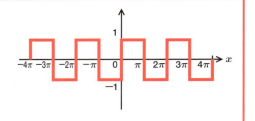

例題の解説

296ページの方形波を表す複素フーリエ級数を求めてみましょう。関数 $f(x)$ は、

$-\pi \leq x \leq 0$ のとき $f(x) = -1$

$0 \leqq x \leqq \pi$ のとき $f(x) = 1$

のように表せます。周期 $2L = 2\pi$ として、前ページの式に当てはめ、c_n を求めます。

$$c_n = \frac{1}{2\pi} \int_{-\pi}^{\pi} f(x) \varepsilon^{-jnx} dx$$

$$= \frac{1}{2\pi} \left\{ \int_{-\pi}^{0} (-1) \cdot \varepsilon^{-jnx} dx + \int_{0}^{\pi} 1 \cdot \varepsilon^{-jnx} dx \right\}$$

$$= \frac{1}{2\pi} \left\{ -\left[-\frac{1}{jn} \varepsilon^{-jnx} \right]_{-\pi}^{0} + \left[-\frac{1}{jn} \varepsilon^{-jnx} \right]_{0}^{\pi} \right\}$$

$$= \frac{1}{j2n\pi} \left\{ \left[\varepsilon^{-jnx} \right]_{-\pi}^{0} - \left[\varepsilon^{-jnx} \right]_{0}^{\pi} \right\}$$

$$= \frac{1}{j2n\pi} \left\{ (1 - \varepsilon^{jn\pi}) - (\varepsilon^{-jn\pi} - 1) \right\}$$

$$= \frac{1}{j2n\pi} (2 - \varepsilon^{jn\pi} - \varepsilon^{-jn\pi})$$

$$= \frac{1}{j2n\pi} (2 - \cos n\pi - j\sin n\pi - \cos n\pi + j\sin n\pi)$$

$$= \frac{1}{j2n\pi} (2 - 2\cos n\pi)$$

$$= \frac{1 - \cos n\pi}{jn\pi}$$

$$= -j\frac{1 - \cos n\pi}{n\pi} \quad \cdots ⑤$$

式⑤より、

$n = \pm 1, \pm 3, \pm 5 \cdots$ のとき、$\cos n\pi = -1$ $\therefore c_n = -j\dfrac{2}{n\pi}$

$n = 0, \pm 2, \pm 4, \pm 6 \cdots$ のとき、$\cos n\pi = 1$ $\therefore c_n = 0$

となります。これらを複素フーリエ級数の式に代入して展開すると、

$$f(x) = \cdots + j\frac{2}{3\pi} \varepsilon^{-j3x} + j\frac{2}{\pi} \varepsilon^{-jx} - j\frac{2}{\pi} \varepsilon^{jx} - j\frac{2}{3\pi} \varepsilon^{j3x} - \cdots$$

$\qquad\qquad\quad\uparrow\qquad\quad\uparrow\qquad\quad\uparrow\qquad\quad\uparrow$
$\qquad\qquad\; n=-3\quad\; n=-1\quad\; n=1\quad\; n=3$

となります。$m = 1, 3, 5, \cdots$とすると、上の式の各項は

$$-j\frac{2}{-m\pi}\varepsilon^{-jmx} \quad \text{と} \quad -j\frac{2}{m\pi}\varepsilon^{jmx}$$

がペアになるので、これらをまとめると、

$$\cancel{-j}\frac{2}{\cancel{-m\pi}}\varepsilon^{-jmx} - j\frac{2}{m\pi}\varepsilon^{jmx}$$

$$= j\frac{2}{m\pi}(\varepsilon^{-jmx} - \varepsilon^{jmx})$$

$$= j\frac{2}{m\pi}(\cos mx - j\sin mx - \cos mx - j\sin mx)$$

$$= j\frac{2}{m\pi}(-j2\sin mx)$$

$$= -j^2\frac{4}{m\pi}\sin mx$$

$$= \frac{4}{m\pi}\sin mx$$

したがって、

$$f(x) = \underset{m=1}{\frac{4}{\pi}\sin x} + \underset{m=3}{\frac{4}{3\pi}\sin 3x} + \underset{m=5}{\frac{4}{5\pi}\sin 5x} + \cdots$$

$$= \frac{4}{\pi}\left(\sin x + \frac{1}{3}\sin 3x + \frac{1}{5}\sin 5x + \cdots\right)$$

となり、300 ページの式と一致します。

【フーリエ変換】
フーリエ変換

フーリエ級数は、複雑な波形を単純なサインやコサインの波形に分解しました。フーリエ変換は、元の波形に含まれる波形の成分を、周波数ごとの関数として表したものです。

▶フーリエ変換とは

方形波やノコギリ波は、一定の波形を何度も繰り返す周期的な関数で、フーリエ級数が表すことができるのは、こうした周期性のある関数でした。

これを拡張して、周期性のない関数も表せるようにしたのが、**フーリエ変換**です。

周期性のない関数は、周期 $2L$ の関数の範囲 $-L \leqq x \leqq L$ を、$-\infty \leqq x \leqq \infty$ に拡張したものと考えることができます。

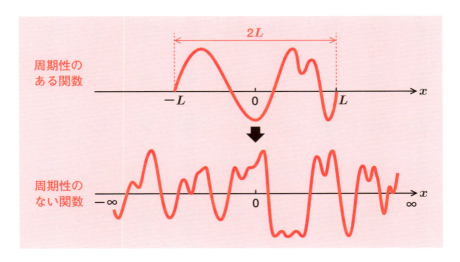

フーリエ変換の式を導出しましょう。306ページの複素フーリエ級数の式

$$f(x) = \sum_{n=-\infty}^{\infty} c_n \varepsilon^{j\frac{n\pi}{L}x}$$

で、n の値は $0, \pm 1, \pm 2, \cdots$ のようなとびとびの値をとります。この n が、連続した実数値をとる場合を考えます。すると総和記号 Σ は積分になり、

$$f(x) = \int_{-\infty}^{\infty} c_n \varepsilon^{j\frac{n\pi}{L}x} dn$$

と書けます。また、

$$\omega = \frac{n\pi}{L}$$

として両辺を n で微分すると、

$$\frac{d\omega}{dn} = \frac{\pi}{L} \quad \therefore dn = \frac{L}{\pi} d\omega$$

となるので、次のように変形できます。

$$
\begin{aligned}
f(x) &= \int_{-\infty}^{\infty} c_n \varepsilon^{j\omega x} \cdot \frac{L}{\pi} d\omega \\
&= \int_{-\infty}^{\infty} \left(\frac{1}{2L} \int_{-L}^{L} f(x) \varepsilon^{-j\omega x} dx \right) \varepsilon^{j\omega x} \cdot \frac{L}{\pi} d\omega \\
&= \frac{1}{2\pi} \int_{-\infty}^{\infty} \left(\int_{-L}^{L} f(x) \varepsilon^{-j\omega x} dx \right) \varepsilon^{j\omega x} d\omega
\end{aligned}
$$

$c_n = \dfrac{1}{2L} \displaystyle\int_{-L}^{L} f(x) \varepsilon^{-j\omega x} dx$ を代入

ここで、フーリエ級数の周期を $-L \leqq x \leqq L$ から $-\infty \leqq x \leqq \infty$ に拡張すれば、

$$f(x) = \frac{1}{2\pi} \int_{-\infty}^{\infty} \left(\int_{-\infty}^{\infty} f(x) \varepsilon^{-j\omega x} dx \right) \varepsilon^{j\omega x} d\omega \quad \cdots ①$$

を得ます。式①は、フーリエ級数を非周期関数に拡張したもので、**フーリエ表現式**といいます。

式①の右辺は二重の積分になっていますが、内側の積分の式を $F(\omega)$ として、

$$F(\omega) = \int_{-\infty}^{\infty} f(x) \varepsilon^{-j\omega x} dx$$

と書けば、関数 $f(x)$ を ω の関数 $F(\omega)$ に変換する式になります。この変換を**フーリエ変換**といい、$\mathcal{F}\{f(x)\}$ と書きます。

また、$F(\omega)$ は、式①より、

$$f(x) = \frac{1}{2\pi} \int_{-\infty}^{\infty} F(\omega) \varepsilon^{j\omega x} d\omega$$

とすればもとの $f(x)$ に戻ります。これを **フーリエ逆変換** といい、$\mathcal{F}^{-1}\{F(\omega)\}$ のように書きます。

フーリエ変換

$$\mathcal{F}\{f(x)\} = F(\omega) = \int_{-\infty}^{\infty} f(x) \varepsilon^{-j\omega x} dx$$

フーリエ逆変換

$$\mathcal{F}^{-1}\{F(\omega)\} = f(x) = \frac{1}{2\pi} \int_{-\infty}^{\infty} F(\omega) \varepsilon^{j\omega x} d\omega$$

注:フーリエ変換を $F(\omega) = \frac{1}{\sqrt{2\pi}} \int_{-\infty}^{\infty} f(x) \varepsilon^{-j\omega x} dx$、

フーリエ逆変換を $f(x) = \frac{1}{\sqrt{2\pi}} \int_{-\infty}^{\infty} F(\omega) \varepsilon^{j\omega x} d\omega$ と定義する場合もあります。

▶フーリエ変換はなぜ必要か

フーリエ変換は、関数 $f(x)$ を ω の関数 $F(\omega)$ に変換します。ここで、変数 ω は、$\sin \omega x$ や $\cos \omega x$ のように、関数 $f(x)$ を合成する波の周波数を変化させる変数ですから、$F(\omega)$ は関数 $f(x)$ に含まれる周波数 ω の波形成分を取り出す関数と考えることができます。

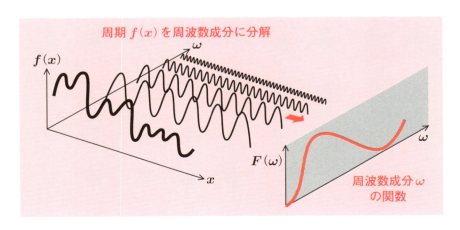

物理学では、電磁気学をはじめ、熱力学、量子力学といった様々な分野の物理量の解析にフーリエ変換が使われています。

▶いろいろな関数をフーリエ変換する

例題 4 次のようなパルス信号のフーリエ変換を求めよ。

$$f(x) = \begin{cases} 1 & (|x| \leq a) \\ 0 & (|x| > a) \end{cases}$$

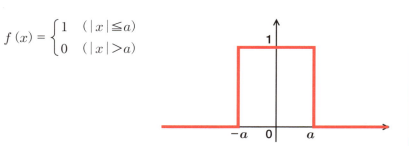

例題の解説

周期的な方形波の複素フーリエ級数については306ページで説明しましたが、ここでは周期が1回だけの方形パルス信号のフーリエ変換を求めます。

310ページの定義にしたがって関数 $f(x)$ をフーリエ変換すると、次のようになります。

$$\begin{aligned}
F(\omega) &= \int_{-\infty}^{\infty} f(x) \varepsilon^{-j\omega x} dx \\
&= \int_{-a}^{a} 1 \cdot \varepsilon^{-j\omega x} dx \quad \leftarrow -a \leq x \leq a \text{ 以外は} f(x)=0 \text{ なので、積分しても0になる} \\
&= \left[-\frac{1}{j\omega} \varepsilon^{-j\omega x} \right]_{-a}^{a} \quad \leftarrow \int \varepsilon^{ax} dx = \frac{1}{a} \varepsilon^{ax} + C \\
&= -\frac{1}{j\omega} (\varepsilon^{-ja\omega} - \varepsilon^{ja\omega}) \\
&= -\frac{1}{j\omega} \cdot (\cos a\omega - j\sin a\omega - \cos a\omega - j\sin a\omega) \\
&= \frac{2\sin a\omega}{\omega} \quad \cdots \text{(答)}
\end{aligned}$$

上の式は、

$$F(\omega) = 2a \frac{\sin a\omega}{a\omega} = 2a \operatorname{sinc}(a\omega)$$

と書くこともあります。sinc 関数は**カーディナルサイン**といい、$\sin x$ を x で割ったものと定義されます $\left(\operatorname{sinc} x = \dfrac{\sin x}{x}\right)$。

例題 5 次の関数 $f(x)$ のフーリエ変換を求めよ。

$$f(x) = \begin{cases} \varepsilon^{-ax} & (x \geq 0) \\ 0 & (x < 0) \end{cases}$$

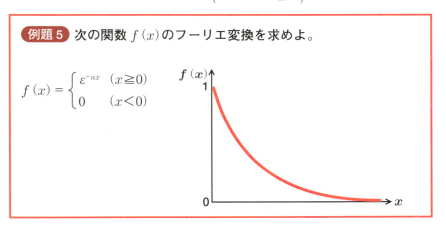

例題の解説

x が増えるにしたがって、値が減衰していく関数のフーリエ変換です。

311 ページの定義にしたがって関数 $f(x)$ をフーリエ変換すると、次のようになります。

$$\begin{aligned}
F(\omega) &= \int_{-\infty}^{\infty} f(x) \varepsilon^{-j\omega x} dx \\
&= \underbrace{\int_{-\infty}^{0} 0 \cdot \varepsilon^{-j\omega x} dx}_{\text{0は積分しても0}} + \int_{0}^{\infty} \varepsilon^{-ax} \cdot \varepsilon^{-j\omega x} dx \\
&= \int_{0}^{\infty} \varepsilon^{-(a+j\omega)x} dx = \left[-\frac{1}{a+j\omega} \varepsilon^{-(a+j\omega)x}\right]_{0}^{\infty} \quad \leftarrow \int \varepsilon^{ax} dx = \frac{1}{a}\varepsilon^{ax} + C \\
&= -\frac{1}{a+j\omega}\left(\underbrace{\varepsilon^{-\infty}}_{=0} - \underbrace{\varepsilon^{0}}_{=1}\right) = \frac{1}{a+j\omega} \quad \cdots \text{(答)}
\end{aligned}$$

フーリエ変換の結果は分母に虚数単位 j が含まれているので、実部と虚部に整理すると、次のようになります。

$$F(\omega) = \frac{1}{a+j\omega} = \frac{a-j\omega}{(a+j\omega)(a-j\omega)} = \frac{a-j\omega}{a^2 - j^2\omega^2}$$

$$= \frac{a-j\omega}{a^2+\omega^2} = \boxed{\frac{a}{a^2+\omega^2}} - j\boxed{\frac{\omega}{a^2+\omega^2}}$$

$j^2 = -1$

実部　　　虚部

　実部と虚部をそれぞれグラフにすると、次のようなグラフになります。とくに、実部がこのような左右対称のグラフになる関数を、**ローレンツ型関数**といいます。

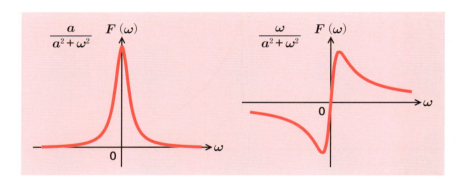

　ローレンツ型関数は、振り子の振り幅が徐々に小さくなっていく運動（減衰振動）のフーリエ変換などでも現れます。

第8章　章末問題

（解答は315～316ページ）

問1 次の関数をフーリエ級数で表せ。

$$f(x) = \begin{cases} -x & (-\pi \leq x \leq 0) \\ x & (0 \leq x \leq \pi) \end{cases}$$

第8章 章末問題 解答

問1 $L = \pi$ として、フーリエ係数 a_0, a_n, b_n を求めます（295 ページ）。ただし、$f(x)$ は y 軸をはさんで対称な偶関数なので、

$$b_n = \frac{1}{\pi} \int_{-\pi}^{\pi} \boxed{f(x)\sin nx} \, dx = 0 \quad \text{←奇関数の} -\pi \text{から} \pi \text{まで積分はゼロ}$$

偶関数×奇関数＝奇関数

となります。また、a_0, a_n はそれぞれ次のようになります。

$$a_0 = \frac{1}{\pi} \int_{-\pi}^{\pi} f(x) \, dx = \frac{1}{\pi} \cdot 2 \int_{0}^{\pi} f(x) \, dx = \frac{2}{\pi} \int_{0}^{\pi} x \, dx$$

$$= \frac{2}{\pi} \left[\frac{1}{2} x^2 \right]_{0}^{\pi} = \frac{1}{\pi} (\pi^2 - 0) = \pi$$

$$a_n = \frac{1}{\pi} \int_{-\pi}^{\pi} f(x) \cos nx \, dx$$

$$= \frac{1}{\pi} \cdot 2 \int_{0}^{\pi} f(x) \cos nx \, dx$$

$$= \frac{2}{\pi} \int_{0}^{\pi} x \cos nx \, dx \quad \text{←} f(x) = x, \ g'(x) = \cos nx \text{として、定積分の部分積分}$$

$$= \frac{2}{\pi} \left\{ \left[\underset{f(x)\ g(x)}{x \cdot \frac{1}{n} \sin nx} \right]_{0}^{\pi} - \int_{0}^{\pi} \underset{f'(x)\ g(x)}{1 \cdot \frac{1}{n} \sin nx} \, dx \right\}$$

$$= \frac{2}{\pi} \left\{ \left(\pi \cdot \frac{1}{n} \boxed{\sin n\pi} \right) - \frac{1}{n} \int_{0}^{\pi} \sin nx \, dx \right\}$$

└ $\sin \pi = \sin 2\pi = \sin 3\pi = \cdots = 0$

$$= \frac{2}{\pi} \left\{ -\frac{1}{n} \left[-\frac{1}{n} \cos nx \right]_{0}^{\pi} \right\}$$

$$= \frac{2}{n^2 \pi} (\cos n\pi - \boxed{\cos 0})$$

└ 1

$$= \frac{2}{n^2 \pi} (\cos n\pi - 1)$$

$n = 1, 3, 5, \cdots$ のとき、$\cos nx = -1$ より、

$$a_n = \frac{2}{n^2 \pi} (-1 - 1) = -\frac{4}{n^2 \pi}$$

$n = 2,\ 4,\ 6,\ \cdots$ のとき、$\cos nx = 1$ より、

$$a_n = \frac{2}{n^2\pi}(1-1) = 0$$

以上をフーリエ級数の式 (295 ページ) に代入すると、次のようになります。

$$f(x) = \frac{a_0}{2} + \sum_{n=1}^{\infty}(a_n \cos nx + b_n \sin nx)$$

$$= \frac{\pi}{2} + a_1\cos x + a_2\cos 2x + a_3\cos 3x + a_4\cos 4x + a_5\cos 5x + \cdots$$

（$a_1 = -\frac{4}{n^2\pi}$, $a_2 = 0$, $a_3 = -\frac{4}{n^2\pi}$, $a_4 = 0$, $a_5 = -\frac{4}{n^2\pi}$）

$$= \frac{\pi}{2} - \frac{4}{\pi}\cos x - \frac{4}{3^2\pi}\cos 3x - \frac{4}{5^2\pi}\cos 5x + \cdots$$

$$= \frac{\pi}{2} - \frac{4}{\pi}\left(\cos x + \frac{1}{3^2}\cos 3x + \frac{1}{5^2}\cos 5x + \cdots\right)$$

総和記号にまとめる

$$= \frac{\pi}{2} - \frac{4}{\pi}\sum_{n=0}^{\infty}\frac{1}{(2n+1)^2}\cos(2n+1)x \quad \cdots \text{（答）}$$

索引

●あ行

アークタンジェント……………… 97
アンペアの周回積分の法則……… 247
移項……………………………… 44
位相……………………………… 106
一次遅れ要素…………………… 284
一次方程式……………………… 43
一般解…………………………… 259
因数分解………………………… 40
インピーダンス………………… 141
オイラーの公式………………… 132
オームの法則…………………… 46
折れ点角速度…………………… 288

●か行

カーディナルサイン…………… 313
解………………………………… 43
階数移動の法則………………… 12
解の公式………………………… 57
ガウスの法則…………………… 239
角周波数………………………… 105
加減法…………………………… 48
過渡現象………………………… 256
加法定理………………………… 85
奇関数…………………………… 297
逆関数…………………………… 187
逆関数の微分公式……………… 188
逆数……………………………… 10
逆数の微分公式………………… 183
共通因数………………………… 41
共役複素数……………………… 150
極座標表示……………………… 123

虚数……………………………… 125
虚数単位………………………… 125
キルヒホッフの法則…………… 53
偶関数…………………………… 297
クーロンの法則………………… 19
係数……………………………… 37
ゲイン…………………………… 285
結合法則………………………… 38
原始関数………………………… 219
項………………………………… 37
交換法則………………………… 38
合成関数の微分公式…………… 185
合成抵抗………………………… 13
公倍数…………………………… 9
コサイン………………………… 70
弧度法…………………………… 98

●さ行

最小公倍数……………………… 9
最小定理………………………… 203
サイン…………………………… 70
三角関数………………………… 76
三角関数の合成………………… 96
三角関数の積分………………… 225
三角関数の微分公式…………… 190
三角比…………………………… 70
三平方の定理…………………… 68
磁気に関するクーロンの法則…… 119
式の展開………………………… 39
式の変形………………………… 47
指数……………………………… 15
次数……………………………… 37

317

指数関数	194			
指数関数の積分	224			
指数関数の微分公式	195			
指数関数表示	132			
指数法則	15			
自然対数	31			
実効値	108			
実数	8			
時定数	261, 284			

●た行

対数	26
対数関数	197
対数関数の微分公式	198
代入法	49
多項式	37
単位円	75
単位ステップ信号	283
単項式	37
タンジェント	70
置換積分	227
通分	9
底	15
定積分	231
定積分の置換積分	234
定積分の部分積分	235
デシベル	285
△（デルタ）結線	161
電圧変動率	212
電位	237
電界の強さ	237
電気力線	238
伝達関数	282
電力ベクトル	152
導関数	177
同類項	37
特殊解	260

左列（続き）:

周期	104
周波数	104
周波数伝達信号	284
循環小数	11
循環節	11
瞬時値	105
商の微分公式	184
消費電力	60
初期条件	260
真数	26
スカラ	116
Y（スター）結線	158
正弦	70
正弦波	102
正接	70
成分表示	121
積の微分公式	182
積分定数	220
積を和にする公式	93
接頭辞	18
線間電圧	159
線電流	158
増減表	201
相電圧	158
相電流	158

●な行

二項定理	179
二次方程式	56
2倍角の公式	90
ネイピア数	31
ノコギリ波	301

318

●は行

半角の公式	91
繁分数	11
判別式	59
ビオ・サバールの法則	241
皮相電力	153
微分係数	175
微分方程式	257
フーリエ逆変換	311
フーリエ級数	295
フーリエ係数	295
フーリエ表現式	310
フーリエ変換	310
複素数	125
複素数表示	129
複素フーリエ級数	306
複素平面	128
不定積分	217
部分積分	229
部分分数展開	276
分数関数の積分	224
分配法則	38
分流の法則	63
平衡三相交流回路	155
平方根	21
べき級数	205
ベクトル	116
ベクトルオペレータ	156
ベル	285
偏角	122
変数分離法	258
方形波	296
方程式	43
ボード線図	287
ボルト	237

●ま行

無効電力	151
無理数	8
無理数	21
文字式	36

●や行

約分	10
有効電力	149
誘導リアクタンス	142
有理化	23
有理数	8
容量リアクタンス	143
余弦	70
余弦定理	83

●ら行

ラジアン	98
ラプラス逆変換	277
ラプラス変換	270
力率	148
力率角	148
利得	285
累乗	15
連立一次方程式	48
ローレンツ型関数	314

●わ行

和分の積	14
和を積にする公式	94

●著者略歴　株式会社ノマド・ワークス（執筆：平塚陽介）

　書籍、雑誌、マニュアルの企画・執筆・編集・制作に従事する。著書に『この1冊で合格！ディープラーニングG検定 集中テキスト＆問題集』『電験三種ポイント攻略テキスト＆問題集』『電験三種に合格するための初歩からのしっかり数学』『中学レベルからはじめる！やさしくわかる統計学のための数学』『高校レベルからはじめる！やさしくわかる物理学のための数学』『高校レベルからはじめる！やさしくわかる線形代数』（ナツメ社）、『消防設備士4類　超速マスター』（TAC出版）、『らくらく突破 乙種第4類危険物取扱者合格テキスト』（技術評論社）、『図解まるわかり時事用語』（新星出版社）、『かんたん合格 基本情報技術者過去問題集』（インプレス）等多数。

本文イラスト◆保田　正和
　　編集協力◆株式会社ノマド・ワークス
　　編集担当◆山路　和彦（ナツメ出版企画株式会社）

ナツメ社Webサイト
https://www.natsume.co.jp
書籍の最新情報（正誤情報を含む）は
ナツメ社Webサイトをご覧ください。

本書に関するお問い合わせは、書名・発行日・該当ページを明記の上、下記のいずれかの方法にてお送りください。電話でのお問い合わせはお受けしておりません。
・ナツメ社webサイトの問い合わせフォーム
　https://www.natsume.co.jp/contact
・FAX（03-3291-1305）
・郵送（下記、ナツメ出版企画株式会社宛て）
なお、回答までに日にちをいただく場合があります。正誤のお問い合わせ以外の書籍内容に関する解説・個別の相談は行っておりません。あらかじめご了承ください。

徹底図解　基本からわかる電気数学

2019年 8月 1日 初版発行
2025年 3月10日 第6刷発行

著　者	ノマド・ワークス	©Nomad Works, 2019
発行者	田村正隆	

発行所　株式会社ナツメ社
　　　　東京都千代田区神田神保町1-52　ナツメ社ビル1F（〒101-0051）
　　　　電話　03（3291）1257（代表）　　FAX　03（3291）5761
　　　　振替　00130-1-58661

制　作　ナツメ出版企画株式会社
　　　　東京都千代田区神田神保町1-52　ナツメ社ビル3F（〒101-0051）
　　　　電話　03（3295）3921（代表）

印刷所　広研印刷株式会社

ISBN978-4-8163-6696-3　　　　　　　　　　　　　　Printed in Japan

＜定価はカバーに表示しています＞＜落丁・乱丁本はお取り替えします＞

本書の一部または全部を著作権法で定められている範囲を超え、ナツメ出版企画株式会社に無断で複写、複製、転載、データファイル化することを禁じます。